第2級アナログ通信

標準テキスト

リックテレコム

はしがき

　工事担任者規則の改正により、2021年4月から工事担任者資格の種類および各資格種の名称が変わり、従来のAI第3種の名称は「第2級アナログ通信」になります。

　本書は、工事担任者「第2級アナログ通信」の資格取得を目指す受験者のためのテキストです。

　本書は、各科目の主要内容を押さえることはもとより、試験に合格するためのエッセンスを抽出し、効率良く学習できるように工夫しています。具体的には、以下の特長を持っています。

1　ひとめでわかる重要ポイント

　本文の中で特に重要な点や間違えやすい点を、マーク（重要）を用いて表示しています。重要ポイントがひとめでわかるので、効率的に学習することができます。

2　豊富な図表

　理解しづらい電気や半導体の性質、データ伝送の仕組み、各種のインタフェースの仕様、法令の規定内容などを豊富な図や表でわかりやすく解説しています。これにより直感的にさまざまな原理や技術内容、法制度を理解することができます。

3　理解度チェックに役立つ練習問題

　実際の試験で過去に出題された問題等を多数掲載しています。問題を解くことで理解度を確認することができ、実力アップにつながります。

4　総仕上げの模擬試験付き

　巻末に模擬試験を収録しています。この模擬試験は、過去に出題された問題等をもとにしています。試験直前の実力判定にご活用ください。

　受験者の皆さんが、本書を有効に活用することにより、合格への栄冠を獲得されることをお祈りいたします。

　2021年1月

編者しるす

工事担任者について

1 工事担任者とは

　工事担任者資格は、法令で定められた国家資格です。電気通信事業者の電気通信回線設備に利用者の端末設備等を接続するための工事を行う(または監督する)ためには、工事担任者資格が必要です。

　工事担任者資格者証の種類は、端末設備等を接続する電気通信回線の種類や工事の規模等に応じて5種類が規定されています。アナログ伝送路設備および総合デジタル通信用設備(ISDN)に端末設備等を接続するための工事を行う「アナログ通信」と、デジタル伝送路設備(ISDNを除く)に端末設備等を接続するための工事を行う「デジタル通信」に分かれ、さらにこれらを統合した「総合通信」があります。具体的には、下表のように区分されています。

表　工事担任者資格者証の種類および工事の範囲

資格者証の種類	工事の範囲
第1級アナログ通信	アナログ伝送路設備(アナログ信号を入出力とする電気通信回線設備をいう。以下同じ。)に端末設備等を接続するための工事および総合デジタル通信用設備に端末設備等を接続するための工事
第2級アナログ通信	アナログ伝送路設備に端末設備を接続するための工事(端末設備に収容される電気通信回線の数が1のものに限る。)および総合デジタル通信用設備に端末設備を接続するための工事(総合デジタル通信回線の数が基本インタフェースで1のものに限る。)
第1級デジタル通信	デジタル伝送路設備(デジタル信号を入出力とする電気通信回線設備をいう。以下同じ。)に端末設備等を接続するための工事。ただし、総合デジタル通信用設備に端末設備等を接続するための工事を除く。
第2級デジタル通信	デジタル伝送路設備に端末設備等を接続するための工事(接続点におけるデジタル信号の入出力速度が1Gbit/s以下であって、主としてインターネットに接続するための回線に係るものに限る。)。ただし、総合デジタル通信用設備に端末設備等を接続するための工事を除く。
総合通信	アナログ伝送路設備またはデジタル伝送路設備に端末設備等を接続するための工事

2 工事担任者試験について

　工事担任者試験の試験科目は、「電気通信技術の基礎」「端末設備の接続のための技術及び理論」「端末設備の接続に関する法規」の3科目です。それぞれの科目の満点は100点で、合格点は60点以上です。

　受験の申請や、試験の実施日、試験の免除申請等、受験に関する詳細については、一般財団法人日本データ通信協会 電気通信国家試験センターのホームページ(https://www.shiken.dekyo.or.jp/)をご参照ください。

目　次

第 I 編

電気通信技術の基礎

第1章

電気回路

1. 電荷と静電気力

電　荷

　2つの異なる材質でできた物体どうしをこすり合わせると、その摩擦により一方には正（プラス）の電気が発生し、もう一方には負（マイナス）の電気が発生する。この電気を**静電気**または摩擦電気という。たとえば、エボナイト棒を毛皮でこすると、エボナイト棒は負電気を帯び、毛皮は正電気を帯びる。また、ガラス棒を絹布でこすると、ガラス棒は正電気を帯び、絹布は負電気を帯びる。このように、物体が電気を帯びることを**帯電**するといい、帯電した物体のことを**帯電体**という。

　帯電のしやすさは物体の材質によって異なる。たとえば、銅線や食塩水などのように電気を通しやすいものは**導体**といわれ、電気が発生してもすぐに移動してしまうため帯電しにくい。一方、空気やポリエチレン、ゴムのような電気を通しにくいものは**絶縁体**または不導体といわれ、発生した電気の多くがその場所に留まるため帯電しやすい。

　物体が帯電すると、正（プラス）または負（マイナス）の電気的性質が生じる。通常、物体は正の電気と負の電気の量が同じであり、電気的に中性であるが、電子が多くなると負の電気を帯び、電子が少なくなると正孔（ホール）を生じて正の電気を帯びる。すなわち、電子および正孔が物体の電気的性質を担っており、これらは**電荷**といわれる。先ほどの例のように、異なる材質でできた2つの物体をこすり合わせると、物体間で電荷の移動が起こり、それぞれの物体内で正電荷と負電荷の量のバランスがくずれるので、帯電が起きる。なお、電荷の量のことを**電気量**といい、その大きさを示す記号（量記号）には一般に Q が用いられ、単位にはクーロン（**C**）が用いられる。

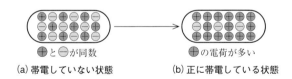

（a）帯電していない状態　　　　　（b）正に帯電している状態

図1・1　帯　電

クーロンの法則

　複数の電荷の間には力が働く。これを**静電気力**という。力とは、物体の運動状態や形状などを変える作用のことで、大きさを表すときの単位にニュートン（**N**）を用いる。静電気力は、それぞれの電荷の**電気量の積に比例**し、それらの間の**距**

離の2乗に反比例する。これを**クーロンの法則**という。

　Q_1〔C〕とQ_2〔C〕の2つの電荷が真空中でr〔m〕の間隔で置かれたとき、これらの間に働く力F〔N〕は、$Q_1 \times Q_2$に比例し、r^2に反比例するので、次式で表される。

重要

$$F = k\frac{Q_1Q_2}{r^2} \text{〔N〕}$$

　ここで、kは比例定数($k \fallingdotseq 9.0 \times 10^9$)である。また、「～に比例する」というときは分数の分子(上)側になり、「～に反比例する」というときは分母(下)側になることに注意する。

　電荷の間に働く力の方向は、同種類(正と正、または負と負)の電荷の場合は互いに離れようとする**反発力**となる。また、異種類(一方が正でもう一方が負)の電荷の場合は互いに引き合う**吸引力**となる。

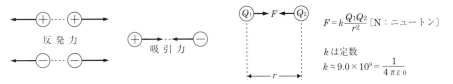

反 発 力　　　　　吸 引 力

同種の電荷の間には反発力が働き、異種の電荷の間には吸引力が働く。

(a)

$$F = k\frac{Q_1Q_2}{r^2} \text{〔N：ニュートン〕}$$

kは定数
$k \fallingdotseq 9.0 \times 10^9 = \dfrac{1}{4\pi\varepsilon_0}$

2つの電荷Q_1、Q_2の間に働く力の大きさFは、それぞれの電荷の量の積に比例し、それらの間の距離rの2乗に反比例する。

(b)

図1・2　クーロンの法則

静電誘導

　図1・3のように、絶縁(周囲との間で電荷の出入りが生じないように設置)されている導体(電荷が移動しやすい性質を持つ物体)に、帯電した物体を近づけると、導体の近い方の端には帯電した物体の電荷とは異なる電荷が、また、遠い方の端には同種の電荷が発生する。このような現象を**静電誘導**という。

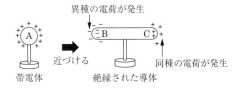

異種の電荷が発生

同種の電荷が発生

帯電体　　近づける　　絶縁された導体

図1・3　静電誘導

　すべての物質は原子といわれる極めて小さい粒子でできていて、正の電荷を持つ原子核のまわりを電子といわれる負の電荷を持つ粒子が高速で回っている構造になっていると考えられている。電子が回る軌道はいくつかの層(殻)に分かれて

いるが、導体では、最も外側の殻を回っている電子が他の原子に飛び移りやすくなっている。このような電子を**自由電子**といい、導体では、この自由電子の分布により、部分部分で電荷が正であるか、負であるか、中性であるかが決まってくる。静電誘導では、近づけた電荷により導体の中の自由電子が片側に寄ると、そこには負電荷が生じ、反対側は自由電子が少なくなって電気的にはプラスの正電荷が生じたことになる。

誘電分極

絶縁体は、電子が原子核に強く束縛されていて自由電子がほとんど存在しないため、静電誘導は生じない。しかし、絶縁体に帯電した物体を近づけた場合も、帯電した物体に近い側の表面には帯電した物体と異なる電荷が現れ、遠い側（反対側）の表面には同種の電荷が現れる。これは、帯電した物体を近づけることで絶縁体の原子核と軌道を回っている電子の平均的な位置関係が図1・4から図1・5のように変わり、絶縁体の原子が見かけ上、図1・6のように正・負の電荷を持つ粒子（電気双極子）になる**分極現象**が起こるからである。電気双極子が持つ正・負の電荷を分極電荷というが、絶縁体の内部では隣り合う分極電荷どうしが打ち消し合って電気的に中性になり、結果的に電荷は絶縁体の表面にのみ現れる。この現象を**誘電分極**という。絶縁体は誘電分極を生じるので**誘電体**ともいわれる。

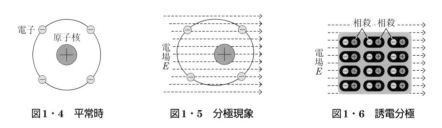

図1・4　平常時　　　　　図1・5　分極現象　　　　　図1・6　誘電分極

電流、電圧

●電流

電流は、導体の中の自由電子すなわち負電荷が移動する現象である。導体の断面をt秒(s)間にQ〔C〕の電荷が流れたとすると、そのときの電流の大きさは、量記号Iで表され、単位を**アンペア(A)**として、次式のように定義される。

$$I = \frac{Q}{t}\,[\text{A}]$$

したがって、1〔s〕に1〔C〕の電荷が移動した場合の電流は**1〔A〕**となる。また、上式を変形して電荷を$Q = It$と表すことができるので、電気量の単位**クーロン(C)**は、**アンペア・秒(A・s)と同じ単位**であるといえる。なお、電流の方向は、「自由電子が動く方向とは逆方向」と定められている。

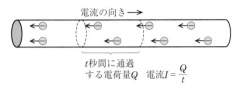

図1・7　電　流

●電圧

　電流は、水を斜面に流すときのたとえで説明されることがある。流れを生み出す原理は異なるが、視覚的にわかりやすいからである。水が存在する高さを水位といい、水は地球の重力により、水位の高いところから水位の低いところに向かって流れる。すなわち、水が流れるためには水位の差が必要であり、水位に差がなければ水は流れない。

　水を流す場合と同様に、電流を流す場合も電位の差、すなわち**電位差**が必要となる。図1・8のように、ある導体上の2点間で電位差があり、高い方の電位をV_H、低い方の電位をV_Lとすると、2点間の電位差Vは、$V_H - V_L$となる。この電位差を**電圧**といい、これが電流を流す力になる。電圧の単位には**ボルト(V)**を用いる。

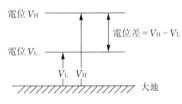

図1・8　電　圧

【参考：単位記号について】

　基礎科目を学ぶにあたって、まずは単位記号を理解しておきたい。
　表1・1に、国際単位系(SI)の主な単位記号を示す。

表1・1　主な単位記号

量	単位記号	名　称	備　考
電　流	A	アンペア	$1〔A〕= 10^3〔mA〕$
電圧・電位	V	ボルト	$1〔V〕= 10^3〔mV〕$
電気抵抗	Ω	オーム	$1〔Ω〕= 10^{-3}〔kΩ〕$
熱　量	J	ジュール	$1〔J〕= 1〔W・s〕$
電　力	W	ワット	$1〔W〕= 10^{-3}〔kW〕$
電気量・電荷	C	クーロン	$1〔C〕= 1〔A・s〕$
静電容量	F	ファラド	$1〔F〕= 10^6〔μF〕= 10^{12}〔pF〕$
コンダクタンス	S	ジーメンス	
インダクタンス	H	ヘンリー	
時　間	s	秒	

2. 静電容量

コンデンサ

　図1・9のように、2つの導体を接触しないように近づけて向かい合わせに置き、一方に正、他方に負の電源を接続すると、それぞれの導体には正と負の電荷が流れ込む。2つの導体に流れ込んだ電荷は静電気力により互いに吸引し合うので、この後に電源を取り外しても、電荷は無くならず蓄えらえることになる。

　この電荷を蓄えることのできる1組の導体の組合せを**コンデンサ**という。電源を接続する導体を電極というが、一般に、コンデンサの電極に使用する導体は板状であるため**極板**と呼ばれ、極板を平行に置いてつくられたコンデンサは**平行板コンデンサ**といわれる。極板間が空気で満たされているものもあるが、真空や窒素ガス、絶縁紙、プラスチックフィルム、鉱油といった絶縁体が挿入されているものも多い。

図1・9　コンデンサ　　　　　　　　　　図1・10　コンデンサの図記号

静電容量

　静電容量とは、コンデンサにある電圧を加えた(それぞれの電極に異なる電位の電源を接続した)とき、どれくらいの電荷を蓄えることができるかを示すもので、容量またはキャパシタンスともいう。静電容量の量記号にはCを用い、単位はファラド(**F**)で表す。

　静電容量Cは、**極板の面積S〔m²〕に比例**し、また、**極板間の距離d〔m〕に反比例**する。これを式で表すと次のようになる。

$$C = \varepsilon \frac{S}{d} \,〔\mathbf{F}〕$$

　ここでεは、比例定数で**誘電率**という。誘電率は極板間に挿入する絶縁体(誘電体)により異なる。極板間が真空の場合の誘電率は8.854×10^{-12}で、これを基準の値として記号ε_0で表す。また、極板間に絶縁体を挿入したとき、その絶縁体の

誘電率は真空の誘電率を ε_r 倍した $\varepsilon_0\,\varepsilon_r$ で表され、ε_r を**比誘電率**という。誘電率の高い（$\varepsilon_r > 1$ の）誘電体を挿入すれば、静電容量を真空時の何倍にも増加させることができる。

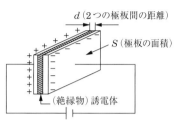

図1・11　コンデンサの静電容量

> コンデンサの静電容量を大きくする方法には、次の3つがある。
> ・極板の面積を大きくする。
> ・極板の間隔を狭くする。
> ・極板間に誘電率が大きい誘電体を挿入する。

蓄えられる電荷の量

コンデンサに蓄えられる電荷量 Q〔C〕と、静電容量 C〔F〕、加えられた電圧 V〔V〕の関係を式で表すと、次のようになる。

$$Q = CV\,\text{〔C〕} \qquad C = \frac{Q}{V}\,\text{〔F〕}$$

この式より、コンデンサの静電容量は、蓄えられる電荷量と加えられた電圧との比であることがわかる。すなわち、**静電容量の単位ファラド（F）はクーロン毎ボルト（C/V）と同一の単位**であるということができる。

なお、静電容量の単位は基本的には**ファラド（F）**であるが、ファラドは実用的には大き過ぎるので、その 10^{-6} 倍（100万分の1）を示す**マイクロファラド（μF）**や、10^{-12} 倍（1兆分の1）を示す**ピコファラド（pF）**が用いられている。

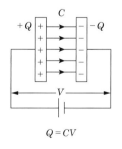

$$Q = CV$$

図1・12　電気量

合成静電容量

複数のコンデンサを接続して回路を作成した場合の回路全体の静電容量を**合成静電容量**といい、その大きさは接続の仕方により異なる。

●並列接続

図1・13のようにコンデンサを並列に接続した場合の合成静電容量は、各コンデンサの静電容量の**和**に等しい。静電容量がそれぞれC_1とC_2の2つのコンデンサを並列に接続したときの合成静電容量Cは、次式で表される。

$$C = C_1 + C_2 \, [\mathrm{F}]$$

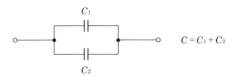

$$C = C_1 + C_2$$

図1・13　コンデンサの並列接続

●直列接続

図1・14のようにコンデンサを直列に接続した場合の合成静電容量は、次式に示すように各コンデンサの静電容量の**逆数の和の逆数**となる。静電容量がそれぞれC_1とC_2の2つのコンデンサを直列に接続したときの合成静電容量Cは、次式で表される。

$$\frac{1}{C} = \frac{1}{C_1} + \frac{1}{C_2} \qquad \therefore \quad C = \frac{1}{\frac{1}{C_1} + \frac{1}{C_2}} = \frac{C_1 C_2}{C_1 + C_2} \, [\mathrm{F}]$$

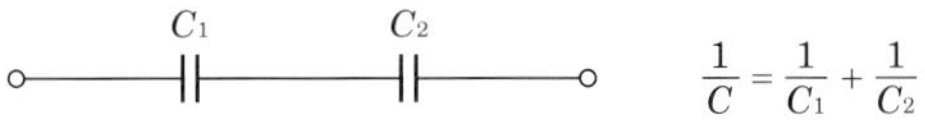

$$\frac{1}{C} = \frac{1}{C_1} + \frac{1}{C_2}$$

図1・14　コンデンサの直列接続

コンデンサのエネルギー

コンデンサの両極板間に電圧Vの電源をつなぐと、極板間の電圧は0から次第に上昇していき、それにつれて最初に0だった電荷も増していき、電圧がVになったときに蓄えられた電荷はQになる。このとき、図1・15の網かけした三角形の面積に等しいエネルギーが必要になる。すなわち、極板間の電圧がV、蓄積されている電荷がQの場合、そのコンデンサに蓄えられた**エネルギーW**[**J**]は、次式で表される。

$$W = \frac{1}{2}QV = \frac{1}{2}CV^2 \text{〔J〕}$$

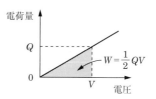

図1・15　コンデンサのエネルギー

練習問題

【1】 コンデンサに蓄えられる電気量とそのコンデンサの端子間の $\boxed{\text{（ア）}}$ との比は、静電容量といわれる。

［① 静電力　② 電　荷　③ 電　圧］

【2】 静電容量 C は、極板の面積 S に比例し、また、2つの極板の間隔 d に反比例する。これを式で表すと $\boxed{\text{（イ）}}$ になる。なお、ε は比例定数で誘電率という。

$$\left[①\ C = \frac{\varepsilon \cdot S}{d} \quad ②\ C = \frac{S}{\varepsilon \cdot d} \quad ③\ C = \frac{\varepsilon \cdot d}{S} \right]$$

【3】 平行板コンデンサにおいて、両極板間に V ボルトの直流電圧を加えたところ、一方の極板に $+Q$ クーロン、他方の極板に $-Q$ クーロンの電荷が現れた。このコンデンサの静電容量を C ファラドとすると、これらの間には、$Q = \boxed{\text{（ウ）}}$ の関係がある。

$$\left[①\ \frac{1}{2}CV \quad ②\ CV \quad ③\ 2CV \right]$$

答（ア）③（イ）①（ウ）②

3. 磁界と電磁誘導

磁界と磁束

　鉄に磁石を近づけると吸い付くが、これは磁石の周囲で**磁力**という力が作用するからである。この磁力が働く空間のことを**磁界**という。磁石には磁力の強い部分と弱い部分があり、両端で最も強くなるが、その両端の部分を**磁極**という。磁極にはN極とS極があり、1つの磁石上にこの2種類の磁極が対になって存在する。磁力はN極からS極へ作用するので、磁石の付近のある地点に磁針(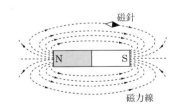)を置いたとき、その磁針のN極が示す方向が**磁界の向き**となる。

　磁極の大きさ(強さ)は、その磁極が帯びている**磁気**(磁力のもととなるもの)の量で表され、量記号にm、単位に**ウェーバ(Wb)**を用いる。**磁界の強さ**は、磁界中に$+1$〔Wb〕の磁極(単位正磁極)を置いたときにその磁極に働く力の大きさ〔N〕によって、また、磁界の向きはその力の方向によって定めることができる。このとき、磁界の強さの単位はニュートン毎ウェーバ(N/Wb)となる。

　磁石の外部にできる磁界の様子を図示したものが**磁力線**であり、磁力線はN極から出てS極に入る。磁力線の方向は、その点における磁界の方向を示し、磁力線に垂直な面を通る単位面積当たりの磁力線の本数によって磁界の強さを表す。

　ところが、磁極に出入りする磁力線の本数は、磁極の大きさが同じでも周囲にある物質によって異なるため、取扱いが複雑になる。そこで、周囲の物質に関係なく、$+m$〔Wb〕の磁極からはm〔本〕の磁気的な線が出ているものと考えて取り扱うことがある。この線を**磁束**といい、量記号にΦを用い、単位には磁極と同じ〔Wb〕を用いる。また、磁束に垂直な面を通る1〔m²〕当たりの磁束の本数を**磁束密度**といい、単位に**テスラ(T)**を用いる。なお、〔T〕は〔Wb/m²〕と同じ単位である。

磁針

N　S

磁力線

図1・16　磁界と磁力線

右ねじの法則

　直線状の導体に電流を流すと、そのまわりに磁界ができる。磁界は導体を中心とす

る同心円状にでき、右ねじを締めるときねじが進む方向に電流が流れているとすると、磁界の方向は、ねじを回す方向と同じになる。これを**アンペールの右ねじの法則**という。また、円周率を π（円の直径を1としたときの円周の長さのことで、値は約3.14）、電流を I〔A〕とすると、導線から r〔m〕離れた点における磁界の強さ H は、次式で表される。

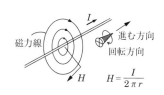

図1・17　右ねじの法則

 $$H = \frac{I}{2\pi r} \ \text{〔A/m〕}$$

ここでは、単位は**アンペア毎メートル（A/m）**となるが、これは〔N/Wb〕と同じ単位である。

コイルと磁界

導線をらせん状に巻いたものを**コイル**という。コイルに電流を流すと磁界が発生し、図1・18のように筒状にしたコイルでは、1本の棒磁石のように両端にN極とS極が生じる。このような磁石は、電流によって作られることから電磁石という。磁力をより強くするため、コイルの中に鉄心などの**強磁性体**が入れられているものもある。コイルの1〔m〕当たりの巻数を N〔回〕、コイルの導線（巻線）に流れる電流を I〔A〕とすると、コイルの中の磁界の強さ H〔A/m〕は、次式で表される。

 $$H = NI \ \text{〔A/m〕}$$

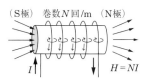

図1・18　コイルと磁界

図1・19　コイルの図記号

電磁力

磁界中に導体を置いて電流を流すと、その導体はある方向に力を受ける。この力を**電磁力**という。電流の方向を逆方向にすると、電磁力の方向は逆になる。

磁界、電流、電磁力の方向には一定の関係がある。図1・21のように左手の親指、人差し指、中指を互いに直角になるように開き、人差し指を磁界、中指を電流の方向に合わせると、親指の方向に電磁力が働く。これを**フレミングの左手の法則**という。

左手の親指を電磁力の方向とすると、人差し指は磁界、中指は電流の方向になる。

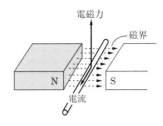

図1・20　磁界、電流、電磁力

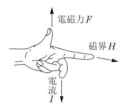

図1・21　フレミングの左手の法則

平行導体に働く力

　2本の導体を平行に置き、図1・22（a）のようにそれぞれの導体に同じ方向の電流を流すと、導体間には**互いに引き合う力**が働く。また、図1・22（b）のように電流の方向を互いに逆になるようにした場合、導体間には**反発し合う力**が働く。

　これは、一方の導体に流れる電流により発生した磁界と、他方の導体に流れる電流が作用して、フレミングの左手の法則の方向に電磁力が発生するためである。

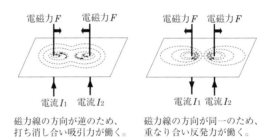

磁力線の方向が逆のため、打ち消し合い吸引力が働く。

磁力線の方向が同一のため、重なり合い反発力が働く。

（a）電流が同じ方向　　　（b）電流が逆の方向

図1・22　平行導体に働く力

 平行導体の電流の方向が ┌ 同じ ── 引き合う力
　　　　　　　　　　　　　　└ 逆 ──── 反発し合う力

起磁力と磁気回路

　図1・23のように、環状の鉄心に導線を巻いてコイルを作り、電流を流すと、鉄心の中には**磁束**が発生する。コイル鉄心の中に発生した磁束は、ほとんどが鉄

　心中を通り、空中を通るものは極めて少ない。このように鉄心の中に磁束が発生する状態になっている回路を、**磁気回路**という。

　磁気回路において、**コイルに流れる電流(I)とコイルの巻数(N)との積**は、磁束を生じさせる力で、**起磁力**という。

　また、磁気回路に発生する**磁束は起磁力に比例**し、その比例定数の逆数を**磁気抵抗**という。磁気抵抗は、量記号にR_m、単位にアンペア毎ウェーバ(A/Wb)を用いる。これにより、磁気回路における起磁力NI、磁束ϕ、磁気抵抗R_mの関係は、電気回路における起電力、電流、電気抵抗の関係(22頁参照)に対応させることができ、磁気回路では次のオームの法則(**磁気回路のオームの法則**)が成り立つ。

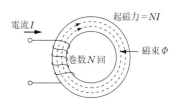

図1・23　磁気回路

$$\phi = \frac{NI}{R_m}$$

電磁誘導

　図1・24のようにコイルに検流計(微弱な電流を検出する装置)を接続し、そのコイルに磁石を近づけたり遠ざけたりすると、検流計の針が振れ、電流が生じたことがわかる。これは、磁石を動かすことにより、コイルと鎖交(あたかも鎖の各リンクが交差し合うように交わること)する磁束が変化し、このとき磁束の変化に応じた電流を流そうとする**起電力**が発生するためである。このように1つの回路と鎖交する磁束の変化によって起電力が発生する現象を**電磁誘導**という。

　電磁誘導により発生する起電力の大きさは、回路に鎖交する磁束の時間当たりの変化の割合に比例する。これを**ファラデーの電磁誘導の法則**という。また、起電力の向きは、**磁束の変化を妨げる方向**に発生する。これを**レンツの法則**という。

　コイルを貫く磁束が微小時間Δt〔s〕の間に$\Delta\phi$〔Wb〕だけ変化するとき、コイル1巻きには$\dfrac{\Delta\phi}{\Delta t}$に比例する起電力が発生する。このときの比例定数は、SI単位系では1となっている。N回巻きのコイルなら、発生する起電力はこのN倍の大きさとなる。また、磁束の変化を妨げる向きになるため、マイナスの符号を付けて表す。したがって、N回巻きのコイルに発生する起電力e〔V〕は、次式で表される。

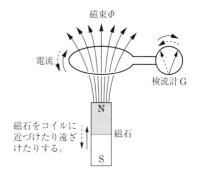

図1・24　電磁誘導

$$e = -N\frac{\Delta\Phi}{\Delta t}\,\text{(V)}$$

自己誘導と自己インダクタンス

　コイルの巻線に電流を流し、その大きさを変化させると、$\Phi = \dfrac{NI}{R_\mathrm{m}}$ の関係より、巻線と鎖交する磁束も変化する。そして、この磁束が巻線を切るため、巻線には起電力が発生する。この現象は、コイルを流れる電流によりそのコイル自身に起電力が発生するため、**自己誘導**といわれる。N回巻きのコイルの鎖交磁束数$N\Phi$が巻線を流れる電流Iの大きさに比例するので、比例定数をLとして$N\Phi = LI$と置けば、コイルに発生する起電力e〔V〕は、ごく短い時間Δt〔s〕の間における電流の変化ΔI〔A〕の割合を用いて、次式で表される。

$$e = -N\frac{\Delta\Phi}{\Delta t} = -L\frac{\Delta I}{\Delta t}\,\text{(V)}$$

　このときの比例定数Lを**自己インダクタンス**という。自己インダクタンスの値は、コイルの巻数、形状、磁路(鉄心など磁束の通路)の透磁率によって決まる定数で、単位には**ヘンリー(H)**を用いる。

練習問題

【1】 平行に置かれた2本の直線状の電線に、互いに反対向きに直流電流を流したとき、両電線間には　(ア)　。

① 互いに引き合う力が働く　　　　　② 互いに反発し合う力が働く
③ 引き合う力も反発し合う力も働かない

【2】 コイルのインダクタンスを大きくする方法の一つに、　(イ)　方法がある。

① コイルの断面積を小さくする
② コイルの巻数を少なくする
③ コイルの中心に比透磁率の大きい金属を挿入する

解説　**【2】 コイルの中心に比透磁率の大きい金属を挿入する**と磁束が大きくなり、この結果、インダクタンスも大きくなる(インダクタンスと磁束は比例関係にある)。ここで透磁率とは、磁束の通りやすさのことをいい、真空の透磁率との比をとったものを比透磁率という。なお、インダクタンスを大きくする方法には、この他、コイルの巻数を多くする方法や、コイルの断面積を大きくする方法がある。

答 (ア) ② (イ) ③

4. 電気抵抗とオームの法則等

電気抵抗

　導体に電源を接続し、電圧を加えると、接続点間に電流が流れる。しかし、その大きさは、導体の種類や導線の長さ、形状などにより異なる。そこで、**電気抵抗**という、電流の流れにくさの指標を用いてその導体の電気的な性質を示すこととしている。その大きさを示す量記号には一般にRが用いられ、単位は**オーム(Ω)**である。なお、電気抵抗は、単に**抵抗**といわれる場合も多い。

　電気抵抗は、導体の中で自由電子が移動するとき、導体の分子から摩擦抵抗を受けるために生じる。したがって、導体が長ければ長いほど自由電子の動きはそれだけ多くの分子に妨げられ、電気抵抗は大きくなる。反対に、断面積が大きく導体が太くなれば自由電子は移動しやすくなるため、電気抵抗は小さくなる。

　図1・25において、導体の長さをl〔m〕、断面積をS〔m^2〕とすると、導体の電気抵抗R〔Ω〕は、**長さlに比例し**、**断面積Sに反比例する**。また、この導体の断面が円形で直径がD〔m〕なら、断面積S〔m^2〕は、円の面積の公式「円の面積$= \pi \times (半径)^2$」から$S = \pi \cdot \left(\frac{1}{2}D\right)^2$となるので、電気抵抗は次式で表される。

$$R = \rho \, \frac{l}{S} = \rho \, \frac{l}{\pi \cdot \left(\frac{1}{2}D\right)^2} \,〔Ω〕$$

　ここでρは、導体を作る物質によって決まる定数であり、**抵抗率**という。抵抗率はその物質を流れる電流の通しにくさを表し、同じ電圧を加えた場合は抵抗率が大きいほど流れる電流は小さくなる。また、抵抗率の逆数$\left(\frac{1}{\rho}\right)$を**導電率**$\sigma$といい、その物質の電流の通しやすさを表す。

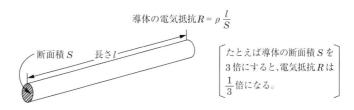

導体の電気抵抗$R = \rho \, \dfrac{l}{S}$

断面積S　　長さl

たとえば導体の断面積Sを3倍にすると、電気抵抗Rは$\frac{1}{3}$倍になる。

図1・25　導体の電気抵抗

　電気抵抗は温度によっても変化する。温度が上昇すると導体の分子の振動が激しくなるため、自由電子は移動しにくくなる。すなわち、導体の**温度が上昇すると電気抵抗は大きくなる**。

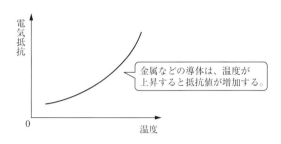

図1・26　導体の温度と電気抵抗

オームの法則

　導体に流れる電流の大きさは、加えた電圧に比例し、導体の電気抵抗に反比例する。この性質を**オームの法則**という。導体に加えた電圧をEボルト（V）、そのとき流れた電流をIアンペア（A）、導体の抵抗をRオーム（Ω）とすると、オームの法則は次式で表される。

$$I = \frac{E}{R}\,[\mathrm{A}] \qquad E = IR\,[\mathrm{V}] \qquad R = \frac{E}{I}\,[\Omega]$$

図1・27　電気抵抗の図記号

図1・28　直流電源の図記号

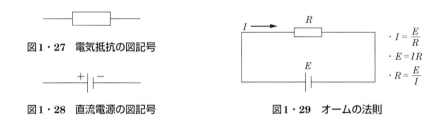

- $I = \dfrac{E}{R}$
- $E = IR$
- $R = \dfrac{E}{I}$

図1・29　オームの法則

電力量と熱量

　電圧V〔V〕と電流I〔A〕の積を**電力**という。これは、電気のエネルギーが行う1秒（s）間当たりの仕事量（仕事率）を表し、単位に**ワット（W）**を用いる。また、電気のエネルギーがt秒（s）間に行う仕事量を**電力量**といい、単位に**ワット・秒（W・s）**を用いる。

- ・電　力　$P = VI$〔W〕
- ・電力量　$W = Pt$〔W・s〕

　電気のエネルギー（電力量）は、回路に接続された負荷で消費され、モータを回転させたり電灯を点灯させたりするが、単純な導体ではすべて熱エネルギー（**熱量**）

に変換され、抵抗 R〔Ω〕の導体に I〔A〕の電流が流れると、1秒(s)間に

$$P = V \times I = IR \times I = I^2 R \,\text{〔W〕}$$

の熱量が発生する。したがって、この導体に t 秒(s)間電流を流したときに発生する熱量すなわち電力量 W〔W・s〕は、次式で表される。

重要　$W = I^2 Rt$〔W・s〕

　このとき発生する熱を**ジュール熱**といい、熱量を表すときには、数値はそのままで単位のワット・秒(W・s)をジュール(J)に置き換えることが多い。同様に、ワット(W)もそのままジュール毎秒(J/s)に置き換えることができる。

練習問題

【1】 一般に、導体の温度が上昇したとき、その抵抗値は、　(ア)　。
　[① 増加する　② 変わらない　③ 減少する]

【2】 導体の抵抗を R、抵抗率を ρ、長さを l、断面積を S とすると、これらの間には、　(イ)　の関係がある。また、断面が円形の導体の抵抗値は、導体の長さを9倍にしたとき、直径を　(ウ)　倍にすれば、変化しない。

$$\left[① R = \frac{l}{\rho \cdot S} \quad ② R = \frac{S}{\rho \cdot l} \quad ③ R = \frac{\rho \cdot l}{S} \quad ④ \frac{1}{3} \quad ⑤ 3 \quad ⑥ 9 \right]$$

解説　**【2】** 図1の導体において、断面積 S が大きいほど電流が流れやすくなるので抵抗 R は小さくなる(Sに反比例)。また、長さ l が長いほどその分抵抗は増えるので R は大きくなる(lに比例)。したがって、図1の導体の抵抗 R は次式で表すことができる。

$$R = \frac{\rho \cdot l}{S} = \frac{\rho \cdot l}{\pi \left(\frac{1}{2} D\right)^2} \qquad \left(\begin{array}{ll} \rho:\text{抵抗率} & l:\text{長さ} \\ S:\text{断面積} & D:\text{直径} \end{array} \right)$$

　ここで、長さ l を9倍にしたとき抵抗 R が変わらないようにするためには S を9倍にする必要がある。このとき、断面積 S は直径 D の2乗に比例するので、導体の直径 D は3倍にすればよい。

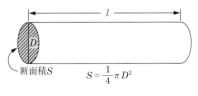

$$S = \frac{1}{4} \pi D^2$$

図1

答 (ア)① (イ)③ (ウ)⑤

5. 直流回路の計算

抵抗を直列に接続した回路の合成抵抗

抵抗を直列に接続したときの合成抵抗は、各抵抗の大きさ(値)の**和**となる。たとえば図1・30のように、2つの抵抗R_1〔Ω〕とR_2〔Ω〕を直列に接続した場合の合成抵抗をR〔Ω〕とすれば、Rは次式で表される。

重要
$$R = R_1 + R_2 \text{〔Ω〕}$$

このとき、抵抗R_1に加わる電圧をV_1〔V〕、抵抗R_2に加わる電圧をV_2〔V〕とすれば、これらの和$V_1 + V_2$は回路全体に加えた電圧に等しく、V_1、V_2の大きさは、全体の電圧をR_1、R_2の各抵抗値の割合に比例して配分した値となる。各抵抗にかかる電圧を**分圧**という。

重要
$$V_1 : V_2 = R_1 : R_2$$

また、抵抗R_1に流れる電流I_1〔A〕と抵抗R_2に流れる電流I_2〔A〕の大きさは等しく($I_1 = I_2$)なる。

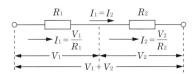

図1・30　抵抗の直列接続

抵抗を並列に接続した回路の合成抵抗

抵抗を並列に接続したときの合成抵抗は、各抵抗の値の**逆数の和の逆数**となる。たとえば、図1・31のように、抵抗R_1とR_2を並列に接続した場合、合成抵抗Rは、次のように求められる。

$$\frac{1}{R} = \frac{1}{R_1} + \frac{1}{R_2}$$

$$\therefore R = \frac{1}{\dfrac{1}{R}} = \frac{1}{\dfrac{1}{R_1} + \dfrac{1}{R_2}} = \frac{R_1 R_2}{R_1 R_2} \cdot \frac{1}{\dfrac{1}{R_1} + \dfrac{1}{R_2}} = \frac{R_1 R_2}{\dfrac{R_1 R_2}{R_1} + \dfrac{R_1 R_2}{R_2}} = \frac{R_1 R_2}{R_2 + R_1}$$

$$R = \frac{R_1 R_2}{R_1 + R_2}$$

　特に、並列に接続した抵抗が2つの場合、合成抵抗を求める式は、分母が各抵抗の和で、分子が各抵抗の積となるので、「和分の積」と覚えておくとよい。

　このとき、抵抗R_1に流れる電流をI_1とし、抵抗R_2に流れる電流をI_2とすれば、これらの和$I_1 + I_2$は回路全体の電流に等しく、I_1、I_2の大きさはそれぞれ各抵抗値の逆数に比例して配分した値となる。各抵抗に流れる電流を**分流電流**という。

$$I_1 : I_2 = \frac{1}{R_1} : \frac{1}{R_2}$$

　また、抵抗R_1に加わる電圧V_1と抵抗R_2に加わる電圧V_2の大きさは等しく($V_1 = V_2$)なる。

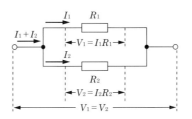

図1・31　抵抗の並列接続

直並列回路の計算方法

　図1・32のように直列接続と並列接続を組み合わせた回路の場合は、部分ごとに直列接続と並列接続を適用して考える。また、複雑な形状のものは、直列接続と並列接続の組合せに書き換えて計算を行う。

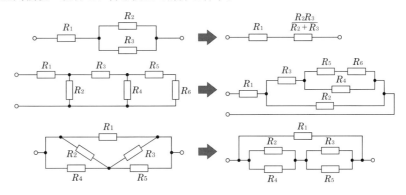

図1・32　直並列回路の例

例 題

図1・33に示す回路において、端子a－b間の合成抵抗を求める。

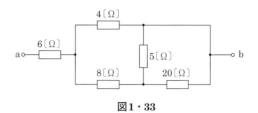

図1・33

この回路は図1・34のように書き換えることができる。それぞれの接続点をc、d、e、fとし、各端子間の合成抵抗を順次求めて、端子a－b間の合成抵抗を求める。

端子d－e間の合成抵抗R_{de}は、

$$R_{de} = \frac{20 \times 5}{20 + 5} = \frac{100}{25} = 4 \,[\Omega]$$

端子c－e間の合成抵抗R_{ce}は、

$$R_{ce} = 8 + 4 = 12 \,[\Omega]$$

端子c－f間の合成抵抗R_{cf}は、

$$R_{cf} = \frac{12 \times 4}{12 + 4} = \frac{48}{16} = 3 \,[\Omega]$$

したがって、端子a－b間の合成抵抗R_{ab}は、

$$R_{ab} = 6 + 3 = 9 \,[\Omega]$$

となる。

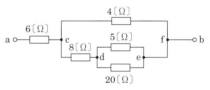

図1・34

練 習 問 題

【1】 図1に示す回路において、端子a－b間の合成抵抗は、　(ア)　オームである。

［① 10　② 17　③ 34］

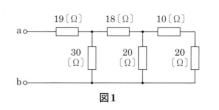

図1

【2】 図2に示す回路において、抵抗R_2に2アンペアの電流が流れているとき、この回路に接続された電池Eの電圧は、　（イ）　ボルトである。ただし、電池の内部抵抗は無視するものとする。

　[① 24　② 30　③ 36]

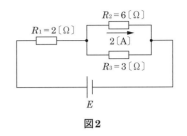

図2

解説 　**【1】** 図3(a)の破線の枠内の合成抵抗R_1を求める。

　　10〔Ω〕と20〔Ω〕の抵抗の直列回路で30〔Ω〕（＝10〔Ω〕＋20〔Ω〕）となり、これと20〔Ω〕の抵抗が並列に接続されているので、合成抵抗R_1は、

$$R_1 = \frac{30 \times 20}{30 + 20} = \frac{600}{50} = 12 \, [\Omega]$$

となる。したがって、図(a)の回路は図(b)のように書き換えることができる。

　　次に、図(b)の回路の破線の枠内の合成抵抗R_2は、図(a)の破線の枠内と同様に考えてR_2は15〔Ω〕となる。したがって、図(b)の回路は図(c)のように書き換えることができる。さらに、a－b間の合成抵抗R_3を求めると次のようになる。

$$R_3 = 19 + 15 = \mathbf{34} \, [\Omega]$$

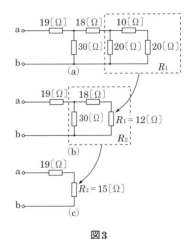

図3

【2】 設問の回路において、抵抗R_2、R_3に流れる電流をそれぞれI_2、I_3とすると、$I_2 R_2 = I_3 R_3$であるから[*]、I_3を求めると、

$$I_3 = \frac{I_2 R_2}{R_3} = \frac{2 \times 6}{3} = \frac{12}{3} = 4 \, [A]$$

　ここで、$I_2 + I_3 = 2 + 4 = 6$〔A〕が回路の電流Iであるから、電池Eの電圧は、次のようになる。

$$E = R \text{（回路の合成抵抗）} \times I \text{（回路の電流）} = \left(\frac{R_2 R_3}{R_2 + R_3} + R_1 \right) \times 6$$

$$= \left(\frac{6 \times 3}{6 + 3} + 2 \right) \times 6 = \left(\frac{18}{9} + \frac{18}{9} \right) \times 6 = \frac{36}{9} \times 6 = 4 \times 6 = \mathbf{24} \, [V]$$

（*）抵抗R_2とR_3は並列に接続されているので、それぞれに加わる電圧の値は同じである。

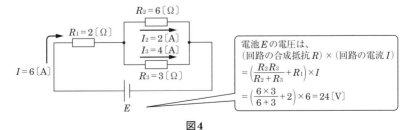

図4

答（ア）③（イ）①

6. 電流計と電圧計

電流計

●電流計の使用法

　電流計は、回路に流れる電流を測定する計器で、図1・35のように、測定したい箇所に**直列に接続**して使用する。一般的に用いられている電流計は、固定永久磁石の磁界中に指針を取り付けた可動式のコイルを置き、コイルに流れた電流と磁界の間に発生する電磁力により指針を回転させる構造になっている。このコイルは金属でできているため直流電流をよく通すが、ある大きさの電気抵抗を有しており、これを**内部抵抗**という。電流計は、回路に挿入したとき回路に流れる電流にできる限り影響を与えないよう、内部抵抗を小さくしている。

図1・35　電流計

●測定範囲の拡大

　可動コイル型計器に流すことのできる電流はそれほど大きくないため、そのままでは測定できる電流の大きさも限られる。したがって、電流を測定する際には何らかの工夫を施して測定範囲を拡大する必要がある。一般的には、図1・36に示すように電流計と並列に抵抗R_Sを接続して測定する電流を2つに分け、電流計では電流の一部を計るようにすることで、測定範囲を本来の数倍に拡大している。この並列に接続する抵抗R_Sを**分流器**という。

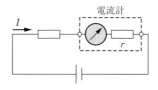

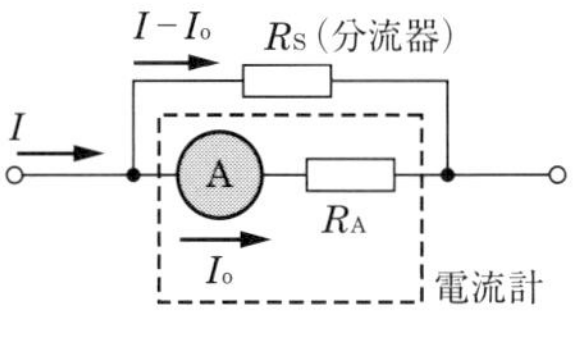

図1・36　分流器

　いま、電流計の内部抵抗をR_A、回路に流れる電流をI、電流計が測定できる最大電流をI_0とすると、各抵抗にかかる電圧は等しいので、次式が成り立つ。

$$R_S(I - I_0) = R_A I_0 \quad \therefore \quad R_S I = (R_S + R_A) I_0$$

したがって、R_Sを接続することにより拡大される電流の倍率n_iは、次式で表される。

$$n_i = \frac{I}{I_0} = 1 + \frac{R_A}{R_S}$$

電圧計

●電圧計の使用法

　電圧計は、電圧を測定する計器で、図1・37に示すように、測定したい2点間に対して**並列に接続**して使用する。電圧計は、電流計に抵抗を直列に接続し、内部抵抗を大きくしたものである。内部抵抗を大きくすることにより、電圧計を並列に接続したとき測定する2点間の電圧に影響を与えないようにしている。

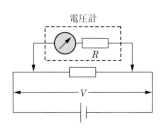

図1・37　電圧計

●測定範囲の拡大

　電圧計の測定範囲を拡大するためには、図1・38に示すように、電圧計に対して直列に抵抗R_mを接続して、測定する電圧を分圧し、電圧計では一部の電圧を測定する。こうして、本来の計測範囲の数倍の範囲の計測ができるようになる。この電圧計と直列に接続する抵抗R_mを**倍率器**という。

　電圧計の内部抵抗をR_v、測定する電圧をV、電圧計が測定できる最大電圧をV_0とすると、各抵抗に流れる電流は等しいので、次式が成り立つ。

$$\frac{V - V_0}{R_m} = \frac{V_0}{R_v} \qquad \therefore \quad R_v V = (R_v + R_m) V_0$$

　したがって、R_mを接続することにより拡大される電圧の倍率n_vは、次式で表される。

$$n_v = \frac{V}{V_0} = 1 + \frac{R_m}{R_v}$$

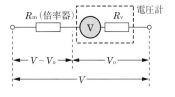

図1・38　倍率器

練習問題

【1】 図1に示すように、最大指示電流が40ミリアンペア、内部抵抗 r が3オームの電流計Aに、 (ア) オームの抵抗 R を並列に接続すると、最大240ミリアンペアの電流 I を測定できる。

〔① 0.6　② 0.8　③ 1.2〕

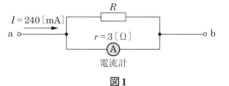

図1

【2】 図2に示すように、最大指示電圧が10ボルト、内部抵抗 r が10キロオームの電圧計Vに、 (イ) キロオームの抵抗 R を直列に接続すると、最大30ボルトの電圧を測定できる。

〔① 20　② 40　③ 50〕

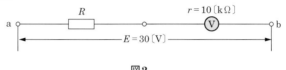

図2

解説　**【1】** 最大電流値240〔mA〕の電流 I を測定するには、電流計に40〔mA〕(0.04〔A〕)、抵抗 R に200〔mA〕(0.2〔A〕)の電流が流れるようにすればよい。そこで題意にあわせて回路図を変形すると、図3のようになる。電流計の両端をa、bとして、まず、電流計 r に加わる電圧 E を求める。

$E = I_2 r$ であるから、それぞれの値を代入すると、

$E = 0.04 \times 3 = 0.12$〔V〕

次に、R の抵抗値を求めると、a－b間の電圧 E が0.12〔V〕、電流 I_1 が200〔mA〕(0.2〔A〕)なので、$R = \dfrac{E}{I_1}$ より、

$R = \dfrac{0.12}{0.2} = \mathbf{0.6}$〔Ω〕

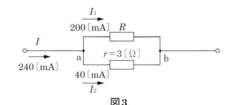

図3

【2】 設問の図2において、電圧計の両端の電圧を V_V とすれば、

$IR + Ir = E$ 　　 $Ir = V_V$

が成り立ち、上式より次のように表される。

$\dfrac{IR}{Ir} + \dfrac{Ir}{Ir} = \dfrac{E}{Ir}$ 　　∴　$\dfrac{E}{V_V} = 1 + \dfrac{R}{r}$

この式に設問の数値を代入して R を求めると、次のようになる。

$\dfrac{30}{10} = 1 + \dfrac{R}{10 \times 10^3}$

$3 - 1 = \dfrac{R}{10 \times 10^3}$ 　　$2 = \dfrac{R}{10 \times 10^3}$ 　　$R = 2 \times 10 \times 10^3$

∴　$R = 20 \times 10^3$〔Ω〕 $= \mathbf{20}$〔kΩ〕

答（ア）① （イ）①

7. 交流回路

直流と交流

　電圧、電流の大きさと正・負の向きが時間の経過に対して一定で変わらないことを**直流**（DC：Direct Current）という。代表的な直流電源には、乾電池や太陽電池などがある。これに対し、大きさと方向が時間の経過とともに変化することを**交流**（AC：Alternating Current）という。電力会社から一般家庭に供給されている商用電源は、ほとんどが交流である。なお、向きは変わらないが大きさが変わることを脈流と呼ぶ場合もある。

　交流の波形がある状態から出発して、完全に元の状態に戻るまでの変化を周波またはサイクルという。また、1秒間に周波が何回繰り返されるかを示す値を**周波数**といい、通常、記号 f で表し、単位に**ヘルツ（Hz）**を用いる。

　交流が1回の周波に要する時間を**周期**といい、一般的に秒（s）を単位として表す。周期を T とすれば、T と周波数 f は逆数の関係になっており、次式が成り立つ。

$$T = \frac{1}{f}\,[\text{s}] \qquad f = \frac{1}{T}\,[\text{Hz}]$$

図1・39　交流電源の図記号

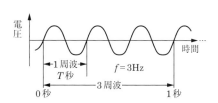

図1・40　交流の波形

正弦波交流

　次頁の図1・41のように、永久磁石のN極とS極の間でコイルを回転させると、コイルが磁束を切ることになるので、コイルの導体には誘導起電力 e〔V〕が発生する。コイルが回転する速度を一定としたとき、横軸をその瞬間の時刻、縦軸を誘導起電力として変化を記録し、グラフを作成すると、一定の規則性を持つ整った波状の曲線が描かれる。このような電気の波は、三角関数の正弦（sin）で表すことができるため、**正弦波**、**正弦波交流**、あるいはサインカーブなどといわれる。

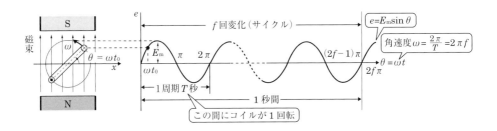

図1・41　正弦波交流

最大値と実効値

正弦波交流の電圧を式で表すと、

$$e = E_{\mathrm{m}}\sin(\omega t + \phi)\,[\mathrm{V}]$$

となる。$\omega\,[\mathrm{rad/s}]$ は**角周波数**といわれ、周波数 $f\,[\mathrm{Hz}]$ を用いて $\omega = 2\pi f$ のように表される。また、$\phi\,[\mathrm{rad}]$ を**位相**といい、電気的な角度のずれを表す。rad は「ラジアン」と読み、半径1の扇形の中心角の大きさをその角度に対応する弧の長さで表す弧度法の単位である。中心角が度数法で360°の場合は円であり、これを弧度法で表すと、円の直径(半径1の2倍)に円周率 π をかけた $2\pi\,[\mathrm{rad}]$ となる。

e の値は $-E_{\mathrm{m}}\,[\mathrm{V}]$ から $+E_{\mathrm{m}}\,[\mathrm{V}]$ まで変化するが、変化する過程での各瞬間の値を**瞬時値**といい、E_{m} を交流の**最大値**という。また、瞬時値の2乗を平均し、平方根をとったものを交流の**実効値**という。実効値は、交流が電力として仕事をするとき、これと同じ仕事をする直流の大きさに相当するものである。

通常、交流の電圧や電流を表す場合は、実効値が用いられる。一般的に電圧では瞬時値を $e\,[\mathrm{V}]$ で表し、実効値を $E\,[\mathrm{V}]$ で表す。また、電流では瞬時値を $i\,[\mathrm{A}]$ で表し、実効値を $I\,[\mathrm{A}]$ で表す。電圧の実効値 E と最大値 E_{m}、電流の実効値 I と最大値 I_{m} の間には、それぞれ次の関係がある。

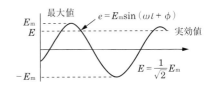

図1・42　最大値と実効値

$$E = \frac{1}{\sqrt{2}}E_{\mathrm{m}} \fallingdotseq \frac{1}{1.414}E_{\mathrm{m}} \fallingdotseq 0.707E_{\mathrm{m}}\,[\mathrm{V}]$$

$$I = \frac{1}{\sqrt{2}}I_{\mathrm{m}} \fallingdotseq \frac{1}{1.414}I_{\mathrm{m}} \fallingdotseq 0.707I_{\mathrm{m}}\,[\mathrm{A}]$$

ひずみ波

利用する電気は正確な正弦波であるのが理想であるが、さまざまな周波数や位相を持つ波が混入し、実際に得られる交流波形は意図した通りにはならない場合が多い。交流において正弦波でない波形を、非正弦波または**ひずみ波**という。

　ひずみ波は、数学的には周波数の異なるいくつもの正弦波（周波数成分）に分解することができる。そのうち、周波数の最も低いものを**基本波**という。このひずみ波を分解してみると、基本波と、基本波の2倍、3倍、…、n倍というような周波数を含んだものになる。これらn倍の周波数成分を**高調波**という。

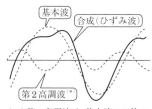

（＊）第2高調波は、基本波の2倍の
　　　周波数の高調波である。

図1・43　ひずみ波

インピーダンス

　直流回路においては、電流を妨げる働きをするものは抵抗のみであったが、交流回路においては抵抗の他に、コイル（インダクタンス）やコンデンサがある。コイルやコンデンサにおける交流電流の流れにくさを**リアクタンス**という。また、抵抗とリアクタンスの組合せにより電流を妨げる働きを**インピーダンス**といい、量記号Zで表し、単位は**オーム（Ω）**を用いる。

　抵抗にコイルやコンデンサを組み合わせた回路では、電圧の位相と電流の位相に違い（**位相差**）が生じるため、インピーダンスは抵抗とリアクタンスの単純な足し算とはならない。それぞれの電圧、電流の位相を表現する方法として、ベクトル（大きさと向きを矢線で表したもの）がよく用いられ、これに直角三角形の性質を適用して値を求める。

●抵抗

　抵抗は、交流でも直流の場合と同様の働きをし、周波数に関係なく一定の値を示す。また、抵抗を流れる交流電流と抵抗の両端にかかる交流電圧の間には位相差がなく、電流と電圧のベクトルは同じ向きになる。

 抵抗に流れる交流電流の位相と、その抵抗に
加わる交流電圧の位相は同じである。

●誘導性リアクタンス

　コイル（インダクタンス）により生じるリアクタンスを**誘導性リアクタンス**といい、その大きさX_L〔Ω〕は次式で表される。

$$X_L = \omega L \,〔\Omega〕$$

ここで、$\omega〔\mathrm{rad/s}〕$は角周波数（$\omega = 2\pi f$）なので、誘導性リアクタンスは周波数$f〔\mathrm{Hz}〕$に比例し、周波数が高くなるほど大きくなる。すなわち、コイルでは交流電流は高周波のとき流れにくく、低周波のとき流れやすい。特に直流（$\omega = 0$）では、リアクタンスは$X_L = 0〔\Omega〕$となる。

コイルに流れる交流電流と、そのコイルに加わる交流電圧との関係は、次のとおり。

 コイルに加わる交流電圧の位相は、交流電流の位相に対して$\dfrac{\pi}{2}〔\mathrm{rad}〕$（**90°**）進む。これを言い換えると、コイルに流れる交流電流の位相は、交流電圧の位相に対して**90°遅れる**。

●容量性リアクタンス

コンデンサにより生じるリアクタンスを**容量性リアクタンス**といい、その大きさ$X_C〔\Omega〕$は次式で表される。

$$X_C = \frac{1}{\omega C}〔\Omega〕$$

容量性リアクタンスは、誘導性リアクタンスとは反対に周波数fに反比例し、周波数が低くなるほど大きくなる。すなわち、コンデンサでは交流電流は高周波のとき流れやすく、低周波のとき流れにくい。特に直流（$\omega = 0$）では、リアクタンスは$X_C = \infty$（無限大）となり電流は流れない。

コンデンサに流れる交流電流と、そのコンデンサに加わる交流電圧との関係は次のとおり。

 コンデンサに加わる交流電圧の位相は、交流電流の位相に対して$\dfrac{\pi}{2}$ラジアン（**90°**）遅れる。これを言い換えると、コンデンサに流れる交流電流の位相は、交流電圧の位相に対して**90°進む**。

表1・2　電圧と電流の位相差

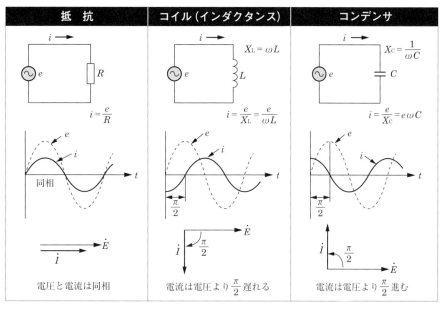

抵　抗	コイル（インダクタンス）	コンデンサ
電圧と電流は同相	電流は電圧より $\frac{\pi}{2}$ 遅れる	電流は電圧より $\frac{\pi}{2}$ 進む

交流回路のオームの法則

交流回路において、交流電流 I〔A〕、交流電圧 E〔V〕、インピーダンス Z〔Ω〕の間には、直流回路の場合と同様にオームの法則が成り立つ。

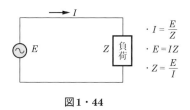

$$\cdot I = \frac{E}{Z}$$
$$\cdot E = IZ$$
$$\cdot Z = \frac{E}{I}$$

図1・44

重要

$$I = \frac{E}{Z} \text{〔A〕} \qquad E = IZ \text{〔V〕} \qquad Z = \frac{E}{I} \text{〔Ω〕}$$

交流回路の電力

交流回路においては、電流・電圧がともに刻々と変化していくので、その積として与えられる瞬時の電力値も同様に刻々と変化する。そこで、交流回路での電力は、変化する瞬時電力の平均値で表すことにしている。

　　交流回路の中で電力が消費されるのは抵抗のみである。コイルは電流が増加するときには電源からの電力を磁界のエネルギーとして蓄え、電流が減少するときには蓄えていた電力を放出して電源に戻す。また、コンデンサは、電圧が増加するときには電源からの電力を電界のエネルギーとして蓄え、電圧が減少するときには蓄えていた電力を放出して電源に戻す。このように、コイルとコンデンサでは、電力は電源との間で受け渡しが行われるだけで、消費はされない。

　　交流回路において抵抗が消費する電力を**有効電力P〔W〕**といい、次式で表される。

　　　$P = EI\cos\theta$〔W〕

　　ここで、E〔V〕は交流電圧の実効値、I〔A〕は交流電流の実効値であり、θ〔rad〕はEとIの位相差である。

　　また、単純なEとIの積$S = EI$を**皮相電力**といい、単位に**ボルトアンペア（VA）**を用いる。この皮相電力のうちの有効電力の割合を示すのが**力率$\cos\theta$**で、θの大きさに応じて0以上1以下の値をとる。皮相電力と有効電力は、それぞれ次のように表される。

重要

> ・**皮相電力〔VA〕＝電圧の実効値×電流の実効値**
> ・**有効電力〔W〕＝電圧の実効値×電流の実効値×力率**

　　皮相電力と有効電力の関係をベクトルで表すと、図1・46のようになる。有効電力を水平方向とし、皮相電力と有効電力のベクトルの起点を合わせれば、有効電力のベクトルの終点は、皮相電力のベクトルの終点から垂線を下した位置になる。

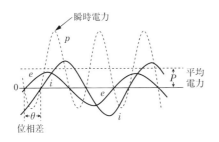

図1・45　交流回路の電力

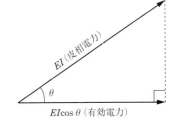

図1・46　電力ベクトル図

練習問題

【1】 抵抗とコイルの直列回路の両端に交流電圧を加えたとき、流れる電流の位相は、電圧の位相に対して、　(ア)　。
〔① 遅れる　② 進む　③ 同相である〕

【2】 交流回路でのエネルギーの消費電力は、皮相電力に対して　(イ)　電力と呼ばれる。
〔① 絶　対　② 相　対　③ 有　効〕

答（ア）①（イ）③

8. 交流直列回路の計算

RL直列回路

　図1・47に示すように、R〔Ω〕の抵抗とインダクタンスがL〔H〕のコイルを直列に接続したRL直列回路に実効値V〔V〕の交流電圧を加えたとき、回路に流れる交流電流をI〔A〕とする。この場合、抵抗の両端の電圧をV_R〔V〕、コイルの両端の電圧をV_L〔V〕とすれば、V_Rの位相はIと同相であり、V_Lの位相はIより$\dfrac{\pi}{2}$〔rad〕進む。したがって、V_RとV_L、およびこれらの全体の電圧V〔V〕のベクトル関係は、図1・48のように表される。

　また、コイルの誘導性リアクタンスをX_L〔Ω〕とすると、V_RとV_Lの大きさは次式で表される。

$$V_R = IR \,〔V〕 \qquad V_L = IX_L \,〔V〕$$

　ここで、Vは、なす角が直角であるV_RとV_Lの合成ベクトルとなっていることから、ピタゴラスの三平方の定理より

$$V = \sqrt{V_R{}^2 + V_L{}^2} = \sqrt{(IR)^2 + (IX_L)^2} = \sqrt{I^2 R^2 + I^2 X_L{}^2} \,〔V〕$$

であり、$V = IZ$より、

$$I^2 Z^2 = I^2 R^2 + I^2 X_L{}^2 \quad \rightarrow \quad Z^2 = R^2 + X_L{}^2$$

となる。したがって、RとX_Lの合成インピーダンスZ〔Ω〕は、次式で表される。

$$Z = \sqrt{R^2 + X_L{}^2} = \sqrt{R^2 + (\omega L)^2} \,〔Ω〕$$

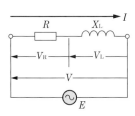

図1・47　*RL*直列回路

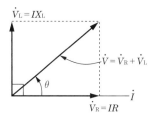

図1・48　電圧ベクトル図

【参考：根号（ルート）について】

　交流回路の計算では、$\sqrt{}$記号（これを根号またはルートという）が登場する。計算問題を解くにあたって、$\sqrt{X^2} = X$という基本的事項[*]を押さえておく必要がある。たとえば、$\sqrt{100}$について考えてみよう。$\sqrt{}$の中の数字、すなわち100は10の2乗であるから、$\sqrt{100} = \sqrt{10^2} = 10$となる。同様に、$\sqrt{9^2 + 12^2}$についても計算してみると、$\sqrt{9^2 + 12^2} = \sqrt{(3 \times 3)^2 + (3 \times 4)^2} = \sqrt{3^2 \times 3^2 + 3^2 \times 4^2} = \sqrt{3^2 \times (3^2 + 4^2)}$ $= 3\sqrt{3^2 + 4^2} = 3\sqrt{9 + 16} = 3\sqrt{25} = 3 \times 5 = 15$となる。

（*）ある数Xを2乗するとaになる（つまり$X^2 = a$になる）場合、Xをaの平方根という。

RC直列回路

　図1・49のようなR〔Ω〕の抵抗と静電容量がC〔F〕のコンデンサを直列に接続したRC直列回路は、考え方はRL直列回路と同じであるが、コンデンサの両端の電圧V_C〔V〕の位相は、コイルの両端の電圧V_Lの場合と反対で電流I〔A〕に対して$\dfrac{\pi}{2}$〔rad〕遅れる。V_R〔V〕とV_C〔V〕、およびこれらの全体の電圧V〔V〕のベクトル関係は、図1・50のように表される。

　したがって、RとX_Cの合成インピーダンスZ〔Ω〕は、次式で表される。

 $$Z = \sqrt{R^2 + X_C{}^2} = \sqrt{R^2 + \left(\frac{1}{\omega C}\right)^2} \ \text{〔Ω〕}$$

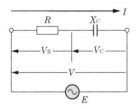 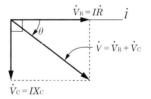

図1・49　RC直列回路　　　　図1・50　電圧ベクトル図

RLC直列回路

　図1・51のようなRLC直列回路の場合、R〔Ω〕の抵抗、L〔H〕のコイル、C〔F〕のコンデンサのそれぞれに加わる電圧V_R〔V〕、V_L〔V〕、V_C〔V〕と全体の電圧V〔V〕のベクトル関係は、図1・52のように表される。

　したがって、R、X_L、X_Cの合成インピーダンスZ〔Ω〕は、次式で表される。

 $$Z = \sqrt{R^2 + (X_L - X_C)^2} = \sqrt{R^2 + \left(\omega L - \frac{1}{\omega C}\right)^2} \ \text{〔Ω〕}$$

基礎1章

　ここで、V〔V〕とI〔A〕の関係をみると、X_LがX_Cより大きいときVはIに対して位相が進み、反対にX_LがX_Cより小さいときVはIに対して位相が遅れることになる。

　また、X_LがX_Cと同じときは合成インピーダンスZが最小（$Z = \sqrt{R^2 + 0} = R$）となり、流れる電流が最大となる。この状態を直列回路の**共振**という。

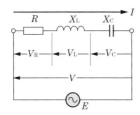

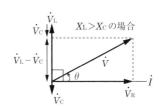

図1・51　*RLC*直列回路　　　　図1・52　電圧ベクトル図

練習問題

【1】 図1に示す回路において、交流電流が4アンペア流れているとき、この回路の端子a－b間に現れる電圧は、　（ア）　ボルトである。

〔① 13　② 26　③ 52〕

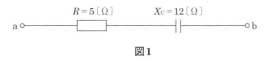

図1

- -

解説　**【1】** 設問の図1の回路の抵抗Rと容量性リアクタンスX_Cの直列回路の合成インピーダンスZの大きさは、

$$Z = \sqrt{R^2 + X_C{}^2} = \sqrt{5^2 + 12^2} = \sqrt{25 + 144} = \sqrt{169} = 13\,〔\Omega〕$$

したがって、端子a－b間に現れる電圧V_{ab}は、

$$V_{ab} = 4 \times 13 = \mathbf{52}\,〔V〕$$

　ここで、直角三角形の辺の比のうち代表的なものを図2に示す。交流回路の計算問題では、(a)や(b)を利用すれば、簡単に$\sqrt{}$をはずすことができるようになっている場合が多い。たとえば(a)を使って$\sqrt{3^2+4^2}=\sqrt{5^2}= 5$のような変形がすぐにできるので、覚えておくと便利である。

(a)　　　　　(b)　　　　　(c)　　　　　(d)

図2

答（ア）③

9. 交流並列回路の計算

RL並列回路

　図1・53に示すように、R〔Ω〕の抵抗と自己インダクタンスがL〔H〕のコイルを並列に接続したRL並列回路に実効値V〔V〕の交流電圧を加えたとき、回路に流れる交流電流をI〔A〕とする。この場合、抵抗に流れる電流をI_R〔A〕、コイルに流れる電流をI_L〔A〕とすると、I_Rの位相はVと同相になり、I_Lの位相はVより$\dfrac{\pi}{2}$〔rad〕遅れる。したがって、I_RとI_L、およびこれらの全体の電流Iのベクトル関係は、図1・54のように表される。

　また、コイルの誘導性リアクタンスをX_L〔Ω〕とすると、I_RとI_Lの大きさは次式で表される。

$$I_R = \frac{V}{R} \text{〔A〕} \qquad I_L = \frac{V}{X_L} \text{〔A〕}$$

　ここで、IはI_RとI_Lの合成ベクトルになっていることから、

$$I = \sqrt{{I_R}^2 + {I_L}^2} = \sqrt{\left(\frac{V}{R}\right)^2 + \left(\frac{V}{X_L}\right)^2} = V\sqrt{\left(\frac{1}{R}\right)^2 + \left(\frac{1}{X_L}\right)^2}$$

となる。ここで、$I = \dfrac{V}{Z}$であるから、合成インピーダンスZ〔Ω〕は次式で表される。

$$\frac{1}{Z} = \frac{I}{V} = \sqrt{\left(\frac{1}{R}\right)^2 + \left(\frac{1}{X_L}\right)^2}$$

 重要

$$Z = \frac{1}{\sqrt{\left(\dfrac{1}{R}\right)^2 + \left(\dfrac{1}{X_L}\right)^2}} = \frac{1}{\sqrt{\left(\dfrac{1}{R}\right)^2 + \left(\dfrac{1}{\omega L}\right)^2}} \text{〔Ω〕}$$

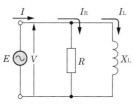

図1・53　RL並列回路

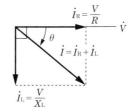

図1・54　電流ベクトル図

RC並列回路

　図1・55のようなR〔Ω〕の抵抗と静電容量がC〔F〕のコンデンサを並列に接続し

たRC並列回路は、考え方はRL並列回路と同じであるが、コンデンサに流れる電流I_C〔A〕の位相は、コイルを流れる電流I_Lの場合と反対で電流Iに対して$\dfrac{\pi}{2}$〔rad〕進む。したがって、I_RとI_C、およびこれらの合成電流Iのベクトル関係は、図1・56のようになり、合成インピーダンスZ〔Ω〕は次式で表される。

$$\frac{1}{Z} = \sqrt{\left(\frac{1}{R}\right)^2 + \left(\frac{1}{X_C}\right)^2}$$

$$Z = \frac{1}{\sqrt{\left(\dfrac{1}{R}\right)^2 + \left(\dfrac{1}{X_C}\right)^2}} = \frac{1}{\sqrt{\left(\dfrac{1}{R}\right)^2 + (\omega C)^2}} \ \text{〔Ω〕}$$

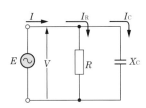

図1・55　RC並列回路

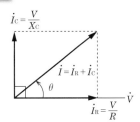

図1・56　電流ベクトル図

練習問題

【1】図1に示す回路において、端子a−b間の合成インピーダンスは、　(ア)　オームである。

〔① 3.0　② 5.1　③ 7.2〕

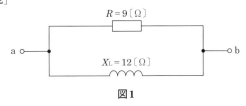

$R = 9$〔Ω〕

$X_L = 12$〔Ω〕

図1

解説 【1】設問の図1に示す回路は、抵抗Rと誘導性リアクタンスX_Lの並列接続であるから、その合成インピーダンスZは次のようになる。

$$\frac{1}{Z} = \sqrt{\left(\frac{1}{R}\right)^2 + \left(\frac{1}{X_L}\right)^2}$$

$$= \sqrt{\left(\frac{1}{9}\right)^2 + \left(\frac{1}{12}\right)^2} = \sqrt{\left(\frac{1}{3 \times 3}\right)^2 + \left(\frac{1}{3 \times 4}\right)^2} = \sqrt{\left(\frac{1}{3}\right)^2 \times \left\{\left(\frac{1}{3}\right)^2 + \left(\frac{1}{4}\right)^2\right\}}$$

$$= \frac{1}{3}\sqrt{\frac{1}{9} + \frac{1}{16}} = \frac{1}{3}\sqrt{\frac{25}{144}} = \frac{1}{3} \times \frac{5}{12} = \frac{5}{36}$$

$$\therefore \quad Z = \frac{36}{5} = \mathbf{7.2}\ \text{〔Ω〕}$$

答（ア）③

第2章

電子回路

1. 半導体の性質、種類

半導体

　物質には、金属や電解液のように電気を通しやすい物質と、ゴムやガラスのように電気をほとんど通さない物質がある。電気を通しやすい物質を**導体**、通しにくい物質を**絶縁体**という。ゲルマニウム(Ge)やシリコン(Si)は**半導体**と呼ばれる物質で、抵抗率でみると導体と絶縁体の中間に位置する。半導体は、ダイオードをはじめとする各種電子部品の材料として用いられている。

図2・1　物質の抵抗率

半導体の性質

●負の温度係数

　金属は一般に、温度が上昇すると抵抗値も増加する(正の温度係数)。これに対し半導体は、**温度が上昇すると抵抗値が減少する**(負の温度係数)。この性質を利用したものに**サーミスタ**がある。サーミスタはわずかな温度変化で抵抗値が著しく変化する(温度係数の絶対値が大きい)ため、温度センサや電子回路の温度補償として使われている。

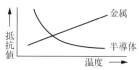

図2・2　温度と抵抗値

　半導体は、温度が上昇すると抵抗値が減少する
「負の温度係数」を持つ。

●整流効果

　異種の半導体を接合すると、電圧をかける方向によって電流が流れたり流れなかったりする。これを整流効果といい、交流を直流に変換する整流器に利用されている。

●光電効果

半導体には、光の変化に反応して抵抗値が変化する性質がある。これを応用したものに、光伝送の素子として使用される**発光ダイオード**や**ホトダイオード**、**CdS（硫化カドミウム）セル**などがある。

●熱電効果

異種の半導体を接合し、その接合面の温度を変化させると、電流が発生する。

価電子と共有結合

原子は、中心部の原子核と、原子核を周回する電子から形成されている。電子は原子核のまわりをさまざまな軌道で周回しているが、このうち最も外側の軌道を周回する電子を**価電子**といい、この価電子が原子間の結合に関与している。

真性半導体は、4個の価電子を持った原子（これを4価の原子という）、たとえばゲルマニウム（Ge）やシリコン（Si）などの単結晶である。真性半導体では、隣接する4つの原子が互いに1個ずつ電子を出し合って共有する、いわゆる**共有結合**をしているが、この状態では、自由に動き回る自由電子がないため絶縁体となる。

ここで、真性半導体の温度を上げると原子が振動し、一部の電子が共有結合から離れて動き回るようになる。このため、真性半導体は低い温度では絶縁体であるが、温度が高くなると電流が流れるようになる。

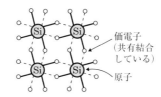

最も外側の軌道を周回する電子を価電子といい、
隣接する原子どうしで共有結合されている。

図2・3　価電子と共有結合

半導体の種類

●n形半導体

4価の原子の純粋な結晶である真性半導体に、不純物原子として5価の原子、たとえばリン（P）をわずかに加えると、不純物原子は4価の原子の中で共有結合を行うようになる。しかし、不純物原子は5個の価電子を有するので4価の原子と共有結合すると価電子が1つ余る。この余った価電子が自由に動き回る**自由電子**となり、電気伝導の担い手（**キャリア**）となる。

このように不純物の混入により自由電子が多数存在する半導体を、**n（negative）形半導体**という。

●p形半導体

　真性半導体中に不純物原子として3価の原子、たとえばインジウム（In）をわずかに加えると、共有結合するために価電子が1つ不足し**正孔**（ホール）が生じる。正孔は電子がない穴であるため、電気的には正電荷を持つ粒とみなすことができ、正孔も自由電子と同様に電気伝導の担い手（キャリア）となる。このように不純物の混入により正孔が多数存在する半導体を、**p**（positive）**形半導体**という。

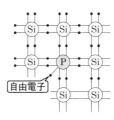

図2・4　n形半導体　　　　　　　図2・5　p形半導体

多数キャリアと少数キャリア

　電荷を持っていて、それが移動することにより電流を流す働きをするものを**キャリア**という。半導体中にもともと多数存在しているキャリアを**多数キャリア**といい、わずかながら存在するキャリアを**少数キャリア**という。

　n形半導体の多数キャリアは自由電子、少数キャリアは正孔である。一方、p形半導体の多数キャリアは正孔、少数キャリアは自由電子である。

　n形半導体の不純物を、「価電子の提供者」という意味で**ドナー**（donor）といい、真性半導体にこれを加えると自由電子が生じる。また、p形半導体の不純物を、「価電子を受け取る者」という意味で**アクセプタ**（acceptor）といい、真性半導体にこれを加えると正孔が生じる。

重要 表2・1　半導体のキャリア

	n形半導体	**p形半導体**
多数キャリア(電気伝導の担い手)	自由電子	正　孔
少数キャリア	正　孔	自由電子

【1】 真性半導体に不純物が加わると、結晶中において　(ア)　結合を行う電子に過不足が生じてキャリアが生成されることにより、導電率が増大する。
　　　［① 拡　散　② 共　有　③ 静　電］

答（ア）②

2. ダイオード

pn接合の整流作用

　p形の半導体結晶とn形の半導体結晶を接合させることを**pn接合**といい、pn接合によってできた半導体を**pn接合半導体**という。

　このpn接合半導体の両端に電極を取り付け、電極間に電圧を加えたとき、電圧の極性によって電流が流れる場合と流れない場合がある。このような性質を**整流作用**という。電極間に加える電圧の極性には、順方向と逆方向がある。

●順方向電圧

　p形半導体側がプラス、n形半導体側がマイナスになるように電圧を印加した場合、n形半導体内にある自由電子はp形半導体に接続されたプラス電極に、また、p形半導体内にある正孔はn形半導体に接続されたマイナス電極に引き寄せられ、互いに接合面を越えて相手領域に入り、混ざり合う方向に移動する。

　この結果、自由電子や正孔の存在しない領域(**空乏層**)の幅は狭くなり、全体としてはプラス電極からマイナス電極に向かう電流が流れる。この方向の電圧を**順方向電圧**という。

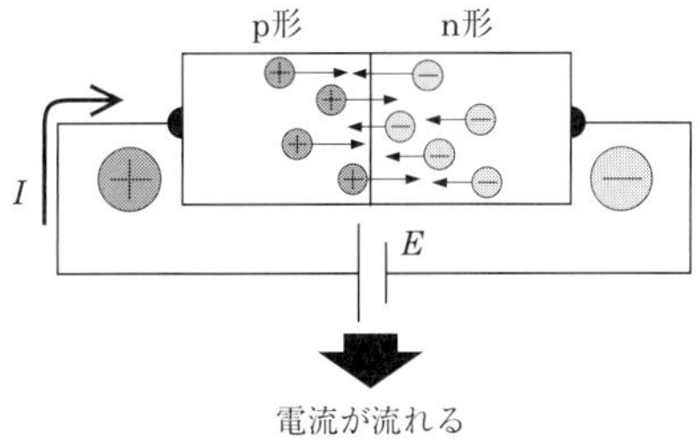

図2・6　順方向電圧

●逆方向電圧

　p形半導体側がマイナス、n形半導体側がプラスになるように電圧を印加した場合、p形半導体内にある正孔はp形半導体に接続されたマイナス電極に引き寄せられ、また、n形半導体内にある自由電子はn形半導体に接続されたプラス電極に引き寄せられる。

　この結果、空乏層の幅が広がり、電流が流れない状態になる。この方向の電圧を**逆方向電圧**という。

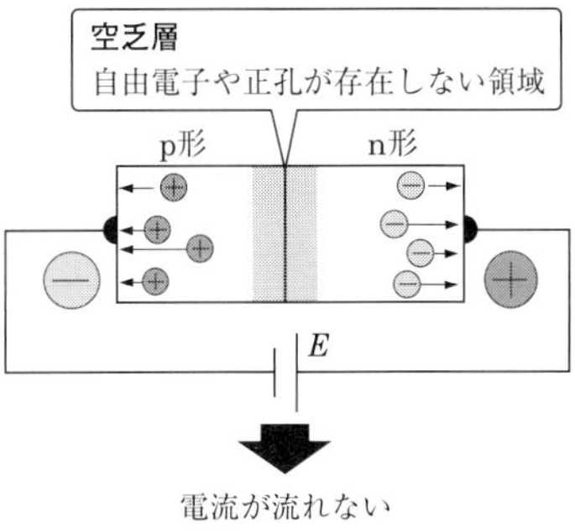

図2・7　逆方向電圧

半導体の**pn**接合に逆方向電圧を加えると、**p**形領域の多数キャリア
である正孔はマイナス電極に引き寄せられ、空乏層が広がる。

pn接合ダイオード

　1組のpn接合に電極を接続した素子で整流特性を持つものを、**pn接合ダイオー
ド**という。**ダイオード**とは、2つの電極を持つ電子デバイスをいうが、今日、単に
ダイオードといえば、このpn接合ダイオードのことを指している。pn接合ダイオード
では、p形半導体に接続された電極を**アノード(A)**といい、n形半導体に接続さ
れた電極を**カソード(K)**という。電流は順方向の電圧(順方向バイアス電圧)をかけ
たときのみアノードからカソードに向かって流れ、逆方向の電圧(逆方向バイアス
電圧)をかけたときは電流は流れない。すなわち、pn接合ダイオードは、順方向電
圧に対しては抵抗値が低く、逆方向電圧に対しては抵抗値が高くなる。
　このような整流作用を利用して、pn接合ダイオードは、**電源整流回路**(交流－直
流変換)などに用いられている。また、電流が流れる方向をスイッチのオン(導通)、
流れない方向をスイッチのオフ(遮断)とした**スイッチング素子**としても利用される。
　pn接合ダイオードの半導体材料には、**シリコン(Si)**や**ゲルマニウム(Ge)**などが
あるが、一般にはシリコンが用いられている。シリコンダイオードは他のpn接合
ダイオードと比較して耐熱性に優れているなどの特徴を有している。

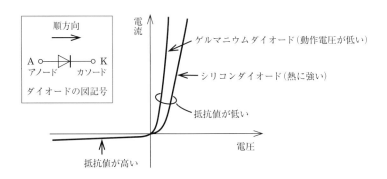

図2・8　シリコンダイオードとゲルマニウムダイオードの比較

ダイオードの応用

●定電圧ダイオード

　定電圧ダイオードは**ツェナーダイオード**ともいわれ、広い電流範囲でダイオー
ドにかかる電圧を一定に保持する半導体素子である。加える逆方向電圧がある大
きさ以上になると電流が急激に増加するが、その後、端子電圧は一定に保たれる。
この現象を**降伏現象**といい、電流が急激に増加する境界となる電圧(図2・9中の

V_Z)を**降伏電圧**という。

　定電圧ダイオードは、この降伏現象により、定電圧回路に使用されている。

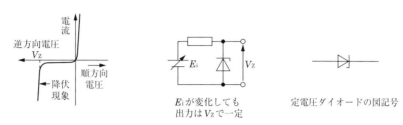

図2・9　定電圧ダイオードの降伏現象、図記号

　定電圧ダイオード(ツェナーダイオード)は、逆方向電圧が一定値を超えると急激に電流が増大する降伏現象を示す素子である。

●バリスタ

　バリスタは、図2・10に示すように電圧－電流特性が原点に対して対称となっており、原点付近の低い電圧では高抵抗で、電圧がある値以上になると急激に抵抗値が下がり、電流が流れ出す性質を持っている。この特性を利用して、電話機回路中の電気的衝撃音(クリック)防止回路や、送話レベル、受話レベルの自動調整回路などに使用されている。

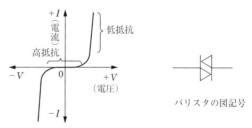

図2・10　バリスタの電圧－電流特性、図記号

　バリスタは、加えられた電圧が一定値を超えると急激に抵抗値が低下する非直線性の特性を持つ。

●可変容量ダイオード

　可変容量ダイオードは、コンデンサの働きをするダイオードで、pn接合に加える**逆方向電圧**を制御することにより、静電容量を変化させることができる。

　空乏層の幅は、pn接合に加える逆方向電圧により変化し、逆方向電圧が大きくなると広くなる。可変容量ダイオードが空乏層を利用すると、逆方向電圧によって静電容量を変化させるコンデンサになる。

図2・11　可変容量ダイオードの図記号

●発光ダイオード

発光ダイオード（**LED**：Light Emitting Diode）は、電気信号を光信号に変換する**発光素子**である。p形半導体とn形半導体の間に極めて薄い活性層を挟み、境界をヘテロ接合（組成が異なる2種類の半導体間で接合）した構造となっており、pn接合に**順方向**の**電圧**を加えたとき光を発する。

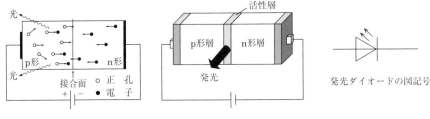

図2・12　発光の原理　　　　図2・13　発光ダイオードの構造、図記号

　発光ダイオード（LED）は、pn接合ダイオードに順方向の電圧を加えて発光させる半導体光素子である。

●半導体レーザダイオード

半導体レーザダイオード（**LD**：Laser Diode）は、発光ダイオードと同じく、電気信号を光信号に変換する**発光素子**である。p形半導体とn形半導体の間に極めて薄い活性層を挟み、光の波長の整数倍の長さに切断した両面を反射鏡とした構造になっている。活性層の間に閉じ込めた光を誘導放射により増幅し共鳴させることでレーザ発振を起こさせて、そのレーザ光の一部を放出する。

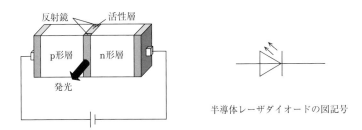

半導体レーザダイオードの図記号

図2・14　半導体レーザダイオードの構造、図記号

●ホトダイオード

ホトダイオード（**PD**：Photo Diode）は、光信号を電気信号に変換する**受光素子**であり、**逆方向電圧**を加えたpn接合に光を照射すると、逆方向電流が増加する。受光素子には、この他、ホトトランジスタなどがある。

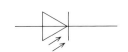

図2・15　ホトダイオードの図記号

3. ダイオード回路

整流回路

　　整流回路は、交流信号を直流信号に変換する回路である。ダイオードを用いた整流回路には、図2・16の半波整流回路と図2・17の全波整流回路がある。

　　半波整流回路は、入力波形のうち、正または負のいずれか片方の側をカットする。これに対し全波整流回路は、負側の波形を反転させることにより入力波形すべてを正の波形にして出力するものである。

　　なお、図2・17のようにダイオードを4個使用した全波整流回路を、ブリッジ整流回路という。

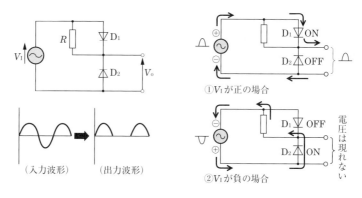

図2・16　半波整流回路

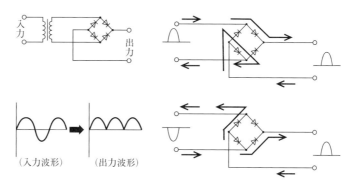

図2・17　全波整流回路

波形整形回路

　波形整形回路は、入力波形の一部を切り取り、残った部分を出力する回路であり、波形操作の違いによりクリッパやスライサなどの種類がある。

　任意の入力波形に対して、ある特定の基準電圧以上または以下の部分を取り出したり、取り除いたりする波形整形回路を総称して**クリッパ**という。クリッパには、基準電圧以上を取り出す**ベースクリッパ**と、基準電圧以下を取り出す**ピーククリッパ(リミッタ)**がある。

　表2・2内の図①の直列形ベースクリッパ回路において、入力電圧をV_I、出力電圧をV_Oとすると、V_Iが基準電圧Eより小さい$(V_I<E)$ときは、ダイオードのカソード(K)側の電位が高いのでダイオードはOFF(遮断)となり、V_OにはEの電圧のみが出力される(図②)。反対にV_Iが基準電圧Eより大きい$(V_I>E)$ときは、アノード(A)側の電位が高いのでダイオードはON(導通)となり、V_OにはV_Iの電圧が出力される(図②)。

　また、表2・2内の図③の並列形ピーククリッパ回路において、入力電圧をV_I、出力電圧をV_Oとすると、V_Iが基準電圧Eより小さい$(V_I<E)$とき、電位はアノード(A)側よりもカソード(K)側の方が高いのでダイオードはOFF(遮断)となり、入力波形はそのまま出力される(図④)。反対にV_Iが基準電圧Eより大きい$(V_I>E)$

 表2・2　クリッパ

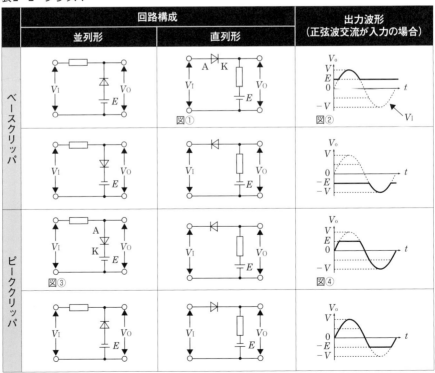

ときは、カソード(K)側の電位はEと同じなのでアノード(A)側の方が電位が高くなり、ダイオードはON(導通)となる。このとき出力端子V_oには、入力波形に関係なく電圧Eが出力される(図④)。

さて、波形整形回路の1つに**スライサ**がある。これは、入力信号波形から、上の基準電圧以上と下の基準電圧以下を切り取り、中央部(上下の基準電圧の振幅レベルに入る部分)の信号波形だけを取り出す回路である。

論理回路

論理回路は、ダイオードのスイッチング作用を利用して、AND回路やOR回路として動作させるものである。図2・18はOR回路として動作するものであり、2つの入力端子のV_1またはV_2のどちらか、あるいは両方に電圧が加えられるとダイオードを通して抵抗Rに電流が流れ、出力端子に電圧が発生する。

一方、入力端子の両方が0〔V〕であると抵抗には電流が流れないため、出力端子も0〔V〕となり電圧は発生しない。したがって、「電圧あり」を"1"、「電圧なし」を"0"とすると、この回路は論理回路のOR回路に相当することになる。

一方、図2・19の回路では、両方の入力端子に電圧が加えられたときのみ出力端子に電圧が発生するので、これはAND回路として動作する。

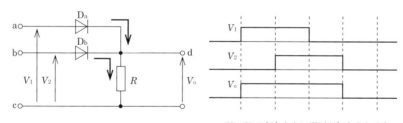

V_1、V_2のどちらかに電圧が加えられると、V_oに電圧が現れる。

図2・18 論理回路(OR回路)

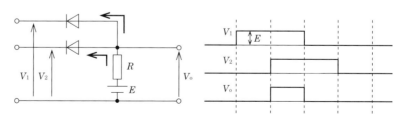

V_1、V_2の両方に電圧が加えられたときのみV_oに電圧が現れる。

図2・19 論理回路(AND回路)

4. トランジスタの構造と原理

トランジスタの構造

　トランジスタの構造は、p形とn形の半導体を交互に三層に接合したもので、接合の違いにより、**pnp形**と**npn形**の2種類がある。いずれも電極は3つあり、中間層の電極をベース（B：Base）、他の電極をそれぞれ**コレクタ**（C：Collector）、**エミッタ**（E：Emitter）と呼ぶ。

表2・3　トランジスタの構造と図記号

pnp形		npn形	
構　造	図記号	構　造	図記号
（p/n/p）	（図記号）	（n/p/n）	（図記号）

> トランジスタの図記号では、エミッタの矢印の方向でpnp形かnpn形かを区別する。
> 矢印の方向は電流が流れる方向を示し、矢印が内側を向いている場合はpnp形、
> 矢印が外側を向いている場合はnpn形となる。

トランジスタの動作原理

　トランジスタの動作原理について、npn形を例にとって説明する。

①まず、エミッタ−ベース間にベース電極（p形半導体）がプラス、エミッタ電極（n形半導体）がマイナスになるように電圧を加える。これはpn接合に対して順方向電圧を加えている状態なので、エミッタ電流I_Eが流れる。このときI_Eを運ぶ多数キャリアは、エミッタからベースに注入される自由電子である。

②次に、コレクタ電極（n形半導体）がプラス、ベース電極（p形半導体）がマイナスになるように電圧を加える。これはpn接合に逆方向電圧を加えた状態になるので、コレクタ−ベース接合面の空乏層が大きくなり電流は流れない。

③さらに、npn形トランジスタのエミッタ−ベース間に**順方向電圧**を、コレクタ−ベース間に**逆方向電圧**を同時に加える。

　エミッタからベースに注入された自由電子は、ベース領域を拡散していく。そして、この自由電子の一部は、ベース領域中の正孔と結合して消滅する。ここで、トランジスタのベース層は極めて薄く作られているので、大部分の自由電子が

ベース領域を通過してコレクタ領域に到達する。さらに、自由電子はコレクタ－ベース間の空乏層が作る高い電界に引き込まれてコレクタ電極に到達し、コレクタ電流I_Cとなる。このとき、ベース領域中で結合して消滅する自由電子の量は全体の1%以下で、99%以上の自由電子はコレクタに到達する。

pnp形のトランジスタも同様の原理であり、自由電子と正孔を置き換えて考えればよい。

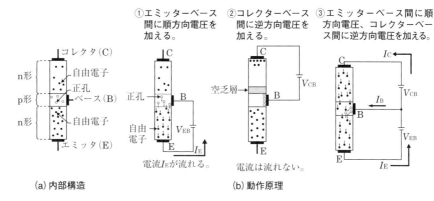

(a) 内部構造   (b) 動作原理

図2・20　トランジスタの内部構造および動作原理(npn形トランジスタの場合)

電流の関係

エミッタを流れる電流をI_E、ベースを流れる電流をI_B、コレクタを流れる電流をI_Cとすると、これらの間には次の関係がある。

重要

$$I_E = I_B + I_C$$

一般に、ベース電流は数十〔μA〕～数百〔μA〕程度であるが、コレクタ電流は数〔mA〕～数十〔mA〕と大きな値になる。これは、すなわち**小さなベース電流で大きなコレクタ電流を制御**していることになる。ベース電流を入力、コレクタ電流を出力とした場合、トランジスタは**電流増幅**を行うことができる。

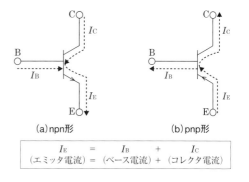

(a) npn形   (b) pnp形

I_E	=	I_B	+	I_C
(エミッタ電流)	=	(ベース電流)	+	(コレクタ電流)

図2・21　電流の関係

例題

　ベース電流I_Bが20〔μA〕、エミッタ電流I_Eが2.40〔mA〕流れているときの、コレクタ電流I_Cの値を求める。
　トランジスタにおけるエミッタ電流I_E、ベース電流I_B、コレクタ電流I_Cの関係式$(I_E = I_B + I_C)$に、$I_E = 2.40$〔mA〕、$I_B = 20$〔μA〕$= 0.02$〔mA〕を代入してI_Cを求めると、
$$I_C = I_E - I_B = 2.40 - 0.02 = 2.38 〔mA〕 \quad （参考：1〔mA〕= 1,000〔\mu A〕）$$

トランジスタの接地方式

　一般に、電子回路は入力側が2端子、出力側が2端子の計4端子で扱われる。トランジスタの電極は3つあるので、4端子回路とするためには、このうちの電極の1つを入出力共通の端子とする必要がある。この共通端子の選び方により、次の3種類の接地方式に大別される。

●ベース接地
　3つの接地方式の中で**電圧増幅度（電圧利得）が最も大きい**。入力インピーダンスが低く、出力インピーダンスが高いので、多段接続をする際にはインピーダンス整合が必要となる。高周波において良好な特性を得られるので、高周波増幅回路として使用される。

●エミッタ接地
　3つの接地方式の中で**電力増幅度（電力利得）が最も大きい**。このため、増幅回路に多く使用されている。

●コレクタ接地
　一般に、エミッタホロワといい、**電力増幅度が最も小さい**。ベース接地とは逆に入力インピーダンスが高く出力インピーダンスが低いので、高インピーダンスから低インピーダンスへのインピーダンス変換に使用される。

表2・4 トランジスタの接地方式

		ベース接地	エミッタ接地	コレクタ接地
回路図	npn			
	pnp			
入力インピーダンス		低	中	高
出力インピーダンス		高	中	低
電流増幅度(電流利得)		小 (＜1)	大	大
電圧増幅度(電圧利得)		大*	中	小 (ほぼ1)
電力増幅度(電力利得)		中	大	小
入力と出力の電圧位相		同 相	逆 相	同 相
高周波特性		非常に良い	悪 い	良 い
用 途		高周波増幅回路	増幅回路	インピーダンス変換

〔注〕＊は負荷抵抗が大きい場合。

練習問題

【1】トランジスタ回路を動作させるとき、エミッタとベース間のpn接合には　(ア)　電圧を加える。
〔① 逆方向　② 順方向　③ 遮　断〕

【2】トランジスタに電圧を加えて、ベース電流が30マイクロアンペア、コレクタ電流が2.77ミリアンペア流れているとき、エミッタ電流は、　(イ)　ミリアンペアとなる。
〔① 2.47　② 2.74　③ 2.80〕

【3】トランジスタ回路の三つの接地方式のうち、入出力電流がほぼ等しくなる回路は、　(ウ)　接地方式である。
〔① ベース　② エミッタ　③ コレクタ〕

解説　【2】トランジスタにおけるエミッタ電流I_E、ベース電流I_B、コレクタ電流I_Cの関係は次のようになる。

$$I_E = I_B + I_C$$

上式に$I_B = 30〔\mu A〕= 0.03〔mA〕$、$I_C = 2.77〔mA〕$を代入して$I_E$を求めると、

$$I_E = 0.03 + 2.77 = \mathbf{2.80}〔mA〕 \quad （参考：1〔mA〕= 1,000〔\mu A〕）$$

答 (ア) ② (イ) ③ (ウ) ①

5. トランジスタ回路

増幅回路

　トランジスタの増幅回路は、一般に図2・22のような構成で用いられ、入力側の小さなベース電流i_Bにより出力側で大きなコレクタ電流i_Cを得る。

　入力信号e_iを入力するとき、e_iは交流信号なので、電圧が正のときはベース-エミッタ間が順方向電圧となるが、電圧が負のときは逆方向電圧となりトランジスタが動作しなくなる。そこで、常にベース電圧が正となるように、入力信号e_iに一定の直流電圧(ベースバイアス電圧V_{BB})を加える必要がある。

　増幅されたコレクタ電流I_Cを出力電圧信号として取り出すために、負荷抵抗R_Lを接続し、R_Lの両端の電圧降下を利用してe_oを出力として取り出す。入力信号が大きいときはコレクタ電流も大きく、R_Lでの電圧降下も大きくなるため、出力電圧e_oは小さくなる。したがって、出力電圧の波形は、入力信号と位相が180度反転すなわち逆相となっている。

　図中のコンデンサCを結合コンデンサといい、直流信号成分を阻止し、交流信号成分のみを取り出している。また、入力信号に対する出力信号の変化の度合いを**増幅度**といい、増幅回路において、**電流増幅度**、**電圧増幅度**、および**電力増幅度**が次のように定義されている。

- 電流増幅度 = $\dfrac{\text{出力電流}}{\text{入力電流}}$ ・電圧増幅度 = $\dfrac{\text{出力電圧}}{\text{入力電圧}}$ ・電力増幅度 = $\dfrac{\text{出力電力}}{\text{入力電力}}$

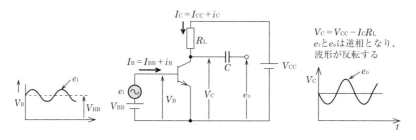

図2・22　増幅回路

バイアス回路

　図2・22の増幅回路ではベース入力に対してバイアス電圧が必要となるが、実際の回路では、これを共通の電源から供給するよう構成されている。図2・23の回路はその一例であり、ベースの入力信号に対するバイアス電圧を、V_{CC}電源を利用し

てR_1とR_2で分圧して供給している。これによりA点のバイアス電圧は、

$$\text{A点の電圧} = \frac{R_1}{R_1 + R_2} V_{CC}$$

となり、これに入力信号が加わることとなる。

なお、R_4はトランジスタ回路の**動作点**を安定化させるもので、I_Cを増加しようとするとR_4によりエミッタ電圧V_Eが上がり、その結果V_{BE}が小さくなってI_Cの増加が抑えられるように働く。また、C_3は、交流信号においてエミッタ端子がR_4を介さず直接接地されるようにするためのものである。

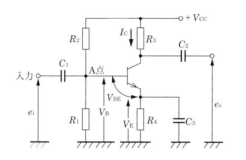 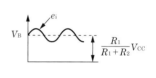

図2・23　バイアス回路(npn形)

図2・23はnpn形トランジスタを用いた回路であるが、pnp形トランジスタを用いた場合の回路は、図2・24のように電圧の加え方が反対になる。

図2・24の回路において、たとえばR_2が切断されるとベース電圧V_Bが上昇し、ベース−エミッタ間の電圧V_{BE}が小さくなるのでコレクタ電流I_Cが小さくなり、その結果、コレクタ電圧V_Cが低下する。また、R_3またはR_4が切断するとコレクタ電流I_Cおよびエミッタ電流I_Eが流れなくなるため、エミッタ電圧V_Eは上昇し、コレクタ電圧V_Cは低下する。

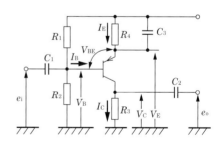

図2・24　バイアス回路(pnp形)

 バイアス回路は、トランジスタの動作点の設定を行うために必要な直流電流を供給する回路である。

トランジスタのスイッチング動作

次頁に示す図2・25のようなエミッタ接地のトランジスタ回路において、ベース電流を大きくしていくと、コレクタ電流I_Cも増加するが、ベース電流をいくら

増加させてもI_Cは$\dfrac{V_{CC}}{R_L}$以上には大きくならない。この状態を**飽和状態**という。飽和状態のときは、コレクター-エミッタ間の電圧は、ほぼ0〔V〕になる。

図2・25(a)の回路において、ベースへの入力電圧が0〔V〕のときはI_Cが流れないため、コレクター-エミッタ間は切断状態と等価になる。一方、図2・25(b)のように、ベースに十分大きい電圧の信号を入力すると、トランジスタは飽和状態に入り、コレクター-エミッタ間の出力電圧はほぼ0〔V〕となる。すなわち、コレクター-エミッタ間が短絡された状態と等価になる。

これは、ベースの入力信号の「ある」「なし」により、トランジスタのコレクター-エミッタ間をON、OFFさせることと同じ作用となる。

> **トランジスタが飽和状態に入ったとき、スイッチング作用がONとして動作する。**

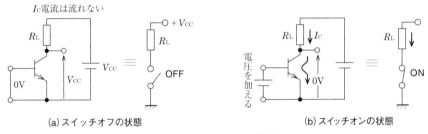

(a) スイッチオフの状態　　　(b) スイッチオンの状態

図2・25　スイッチング動作

帰還回路

増幅された信号の一部を入力側に戻すことを**帰還**(フィードバック)という。このとき、戻された信号の極性が入力信号と同位相であれば、これを**正帰還**といい、逆位相であれば**負帰還**という。

図2・26(a)のように、10倍の増幅器Aに$\dfrac{1}{20}$の正帰還回路を接続して入力へ1を加えると出力が20となり、見かけ上は20倍の増幅度となって、もとの増幅度Aより大きくなる。この見かけの増幅度を**正帰還後の増幅度**という。

一方、図2・26(b)のように、10倍の増幅器Aに$\dfrac{1}{20}$の負帰還回路を接続して入力へ3を加えると出力は20となり、見かけの増幅度は$\dfrac{20}{3}$となって、もとの増幅度Aより小さくなる。この見かけの増幅度を**負帰還後の増幅度**という。

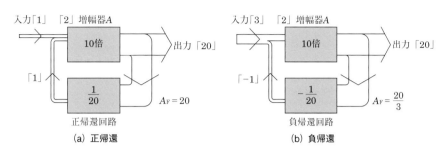

図2・26　帰還回路

トランジスタの静特性

トランジスタの特性を表すものとして、一般に静特性図が用いられる。**静特性**とは、トランジスタ単体の電気的特性（電圧－電流特性等）を示したもので、主にエミッタ接地のものが用いられる。トランジスタの静特性には、**入力特性**、**出力特性**、**電流伝達特性**、および**電圧帰還特性**がある。

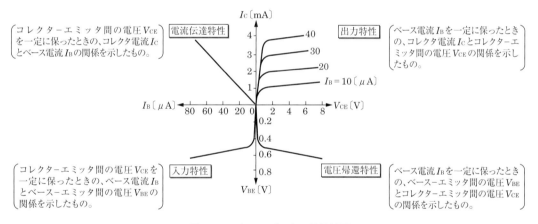

図2・27　トランジスタの静特性図

練習問題

【1】 増幅された信号の一部を取り出して入力側に戻すことを帰還といい、戻された信号の極性が入力信号と同位相であれば、これを　(ア)　と呼び、逆位相であれば　(イ)　と呼ぶ。

［① 正帰還　② 負帰還　③ 増幅度］

答（ア）①（イ）②

6. 電界効果トランジスタ（FET）

FETの特徴

　一般にトランジスタといえば、**バイポーラ形トランジスタ**のことを指す。これは、自由電子と正孔の2つのキャリアで動作するトランジスタである。

　これに対し、**電界効果トランジスタ**（**FET**：Field Effect Transistor）は、動作に寄与するキャリアが1つなので**ユニポーラ形トランジスタ**と呼ばれている。

　FETは、ドレイン（D）、ゲート（G）、ソース（S）の3つの電極を持ち、ゲートに加えた電圧で電界を作り、その電界を変化させることで出力電流を制御する。

 重要 電界効果トランジスタは、半導体の多数キャリアの流れを電界によって制御する、電圧制御型のトランジスタである。

FETの分類

　FETは、構造および制御の違いにより、**接合形**と**MOS形**に分類される。それぞれ**nチャネル形**と**pチャネル形**があり、電流の通路となる半導体がn形半導体のものをnチャネル形といい、p形半導体のものをpチャネル形という。

表2・5　接合形FET

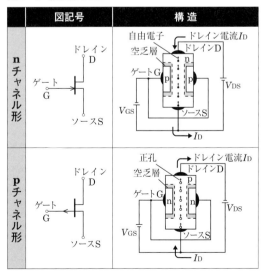

表2・6　MOS形FET

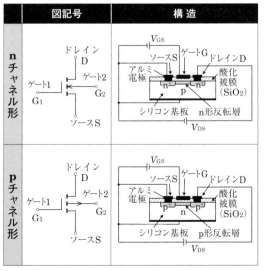

7. 半導体集積回路（IC）

半導体集積回路（IC）の概要

　集積回路は一般に **IC**（Integrated Circuit）と呼ばれ、半導体基板中あるいは表面上に分離不能な状態で、トランジスタ、ダイオード、抵抗およびコンデンサなどの回路素子を複数個接続して、高密度に実装した回路である。

　半導体集積回路は、回路に用いられるトランジスタの動作原理から**バイポーラ形**と**ユニポーラ形**に大別される。前頁で述べたように、バイポーラ形が自由電子と正孔という2極性のキャリアで動作するのに対し、ユニポーラ形は、動作に寄与するキャリアに自由電子または正孔のどちらか一方のみを使用する。ユニポーラ形は、バイポーラ形に比べて集積度が高く、消費電力が少ないという利点を持つ。ユニポーラ形のICとしては、半導体の表面に酸化膜を付け、その上に金属を配置した**MOS**（Metal Oxide Semiconductor：金属酸化膜半導体）**形IC**が多く用いられている。

記憶素子

　記憶素子は、情報の一時的な記憶やプログラムの格納を行う素子であり、一般に、メモリと呼ばれている。記憶素子の主な種類を表2・7に示す。

表2・7　記憶素子の主な種類

記憶素子の名称	説　明
RAM （Random Access Memory）	随時読み書き可能なメモリをいう。CPUと連携して各種の演算処理を行う際に必要である。RAMは通常、電源がOFFになるとメモリの内容が消去されてしまうため、一般に、**揮発性メモリ**とも呼ばれている。 RAMは、記憶保持動作が不要な**SRAM**（Static RAM）と、記憶保持動作が必要な**DRAM**（Dynamic RAM）に分類される。DRAMは、メモリセルの構造上、電源ON時でも一定時間経過するとデータが消失してしまうため、データの消失前に一定時間ごとに再書き込みを行う必要がある（この再書き込み動作を**リフレッシュ**という）。
ROM （Read Only Memory）	製造時に情報を記録しておき、以後は書き換えができないようにした読み出し専用のメモリをいう。変更の必要がない情報やプログラムを格納しておくのに用いる。RAMとは異なり、電源をOFFにしてもメモリの内容は保持される。PROMやEEPROMと区別するため、**マスクROM**とも呼ばれる。
PROM （Programmable ROM）	機器に組み込む前にユーザが手元でデータの書き込みを行い、記憶内容の読み出し専用のメモリとして使用するものをいう。データの書き込みが1回だけ可能なワンタイムPROMと、データの書き込みや消去が繰り返し可能なEPROMがある。
EPROM （Erasable PROM）	紫外線の照射によりデータを消去し、再書き込みが可能なPROMをいう。EPROMは、EEPROMと区別するため、一般に、**UV−EPROM**と呼ばれる。
EEPROM （Electrically EPROM）	データの電気的な書き込みおよび消去が可能なメモリをいう。EEPROMではデータを書き換えるのにすべてのデータをいったん消去しなければならないが、これを改良してブロック単位の書き換えができるようにしたものを**フラッシュメモリ**という。

第3章

論理回路

1. 10進数と2進数

10進数、2進数

　10進数は、基数を10とした数値の表現方法であり、一般の日常生活で使用されている。桁が1つ増加するごとに値が10倍になり、"0"から"9"の10種類を用いて数値を表現する。一方、**2進数**は、基数を2とした数値の表現方法であり、コンピュータなどの電子回路で使用されている。桁が1つ増加するごとに値が2倍になり、"0"と"1"の2種類のみですべての数値を表現するので、電子回路のON/OFFと対応させることができる。

10進数と2進数の変換

●10進数から2進数への変換
　10進数の数を2進数に変換する場合は、10進数を2で割っていき、その余りを下から順に並べることにより求められる。たとえば、10進数の126を2進数に変換すると、次のようになる。

```
2 ) 1 2 6
2 )   6 3  ── 余り0
2 )   3 1  ── 余り1
2 )   1 5  ── 余り1
2 )     7  ── 余り1
2 )     3  ── 余り1
        1  ── 余り1
```

126を2進数で表現すると1111110

図3・1　10進数から2進数への変換例

●2進数から10進数への変換
　2進数の数を10進数に変換するには、2進数のそれぞれの桁に、下位から2^0、2^1、2^2、2^3、・・・、2^nを対応させ、これに2進数の各桁の数字(1または0)を掛けて総和を求める。たとえば、8桁の2進数10010001を10進数に変換すると、次のようになる。

$$
\begin{aligned}
1\ 0\ 0\ 1\ 0\ 0\ 0\ 1 &= 2^7{\times}1+2^6{\times}0+2^5{\times}0+2^4{\times}1+2^3{\times}0+2^2{\times}0+2^1{\times}0+2^0{\times}1 \\
&= 128+0+0+16+0+0+0+1 \\
&= 145
\end{aligned}
$$

2^7の位 2^6の位 2^5の位 2^4の位 2^3の位 2^2の位 2^1の位 2^0の位

図3・2　2進数から10進数への変換例

2進数の加算、乗算

●2進数の加算

10進数では、1と1を足し合わせると2になる（1＋1＝2）。しかし、2進数では1と1を足し合わせると桁が上がり、10となる（**1＋1＝10**）。したがって、2進数の加算は、最下位の桁の位置（右端）をそろえて、下位の桁から順に桁上がりを考慮しながら行う必要がある。

たとえば、8桁の2進数10011101と9桁の2進数101100110を足し合わせると、次のようになる。

```
        10011101
+) 101100110
   1000000011
```

図3・3　2進数の加算例

●2進数の乗算

10進数と同様に、$0 \times 0 = 0$、$0 \times 1 = 0$、$1 \times 0 = 0$、$1 \times 1 = 1$である。たとえば、6桁の2進数100011に5桁の2進数10101を掛けると、次のようになる。

```
          100011
×)         10101
          100011
         100011
+) 100011
   1011011111
```

図3・4　2進数の乗算例

練習問題

【1】 表1に示す2進数のX_1、X_2を用いて、計算式（加算）$X_0 = X_1 + X_2$からX_0を求め、2進数で表示すると、　（ア）　になる。
〔① 1010111　② 1111111　③ 1100001〕

表1

2進数
$X_1 = 100110$
$X_2 = 1011001$

解説 【1】X_1、X_2の最下位桁（右端）の位置をそろえ、桁上がりに注意しながら次のように計算する。

```
      100110      ←……  X_1
+) 1011001      ←……  X_2
   1111111      ……→  X_0 = X_1 + X_2
```

したがって正解は、**1111111**である。

答（ア）②

2. 論理素子

論理回路と論理素子

コンピュータでは、"1"と"0"の2値で演算処理を行う。この2値の演算を行う回路を**論理回路**といい、基本的な演算を行う論理素子の組合せで構成される。論理素子には、**AND**（論理積）、**OR**（論理和）、**NOT**（否定論理）、**NAND**（否定論理積）、**NOR**（否定論理和）などがある。

論理回路は、論理素子の図記号の組合せで表される。また、論理回路の動作を表にまとめたものを**真理値表**といい、数式で表現したものを**論理式**という。

主な論理素子の図記号と、その真理値表、論理式などを、表3・1に示す。

重要 表3・1　各種論理素子

各 称	図記号（MIL規格）	ベン図（詳細は **66頁参照**）	真理値表			論理式
AND（論理積）	A B —f	A B	A	B	f	$f = A \cdot B$
			0	0	0	
			0	1	0	
			1	0	0	
			1	1	1	
OR（論理和）	A B —f	A B	A	B	f	$f = A + B$
			0	0	0	
			0	1	1	
			1	0	1	
			1	1	1	
NOT（否定論理）	A —f	A	A	f		$f = \overline{A}$
			0	1		
			1	0		
NAND（否定論理積）	A B —f	A B	A	B	f	$f = \overline{A \cdot B}$
			0	0	1	
			0	1	1	
			1	0	1	
			1	1	0	
NOR（否定論理和）	A B —f	A B	A	B	f	$f = \overline{A + B}$
			0	0	1	
			0	1	0	
			1	0	0	
			1	1	0	

論理素子の種類

●AND（論理積）

　2個以上の入力端子と1個の出力端子を持ち、すべての入力端子に"1"が入力された場合のみ出力端子に"1"を出力し、入力端子の少なくとも1個に"0"が入力された場合は"0"を出力する。ANDの入力をAおよびB、出力をfとすると、論理式は$\mathbf{f}＝\mathbf{A}\cdot\mathbf{B}$で表される。

●OR（論理和）

　2個以上の入力端子と1個の出力端子を持ち、入力端子の少なくとも1個に"1"が入力された場合は出力端子に"1"を出力し、すべての入力端子に"0"が入力された場合のみ"0"を出力する。ORの入力をAおよびB、出力をfとすると、論理式は$\mathbf{f}＝\mathbf{A}＋\mathbf{B}$で表される。

●NOT（否定論理）

　1個の入力端子と1個の出力端子を持ち、入力端子に"0"が入力されたとき出力端子に"1"を出力し、入力端子に"1"が入力されたとき出力端子に"0"を出力する。NOTの入力をA、出力をfとすると、論理式は$\mathbf{f}＝\overline{\mathbf{A}}$で表される。

●NAND（否定論理積）

　NANDは、ANDの出力をNOTで反転させたものである。したがって、すべての入力端子に"1"が入力された場合は出力端子に"0"を出力し、入力端子の少なくとも1個に"0"が入力された場合は"1"を出力する。NANDの入力をAおよびB、出力をfとすると、論理式は$\mathbf{f}＝\overline{\mathbf{A}\cdot\mathbf{B}}$で表される。

NAND　＝　AND　NOT

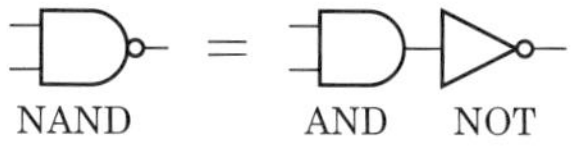

図3・5　NAND

●NOR（否定論理和）

　NORは、ORの出力をNOTで反転させたものである。したがって、入力端子の少なくとも1個に"1"が入力された場合は出力端子に"0"を出力し、すべての入力端子に"0"が入力された場合のみ"1"を出力する。NORの入力をAおよびB、出力をfとすると、論理式は$\mathbf{f}＝\overline{\mathbf{A}＋\mathbf{B}}$で表される。

NOR　　OR　NOT

図3・6　NOR

3. ベン図と論理代数の法則

ベン図

論理式を視覚的に表す方法として**ベン図**が用いられる。ベン図は、A、Bの2つの円またはA、B、Cの3つの円の組合せを用いて塗りつぶした部分の領域で、論理式を示すことができる。具体的なベン図の例を図3・7に示す。

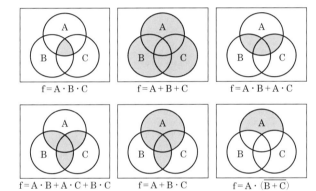

$$f=A \cdot B \cdot C$$ $$f=A+B+C$$ $$f=A \cdot B+A \cdot C$$

$$f=A \cdot B+A \cdot C+B \cdot C$$ $$f=\overline{A+B+C}$$ $$f=A \cdot \overline{(B+C)}$$
$$=A \cdot \overline{B} \cdot \overline{C}$$

図3・7 ベン図

論理代数（ブール代数）の法則

論理回路の組合せによって構成される回路を表現する場合、その変数や関数の値が"0"または"1"しかとらない代数が必要である。そこで**論理代数（ブール代数）**がよく用いられている。論理代数を使って論理回路を表す際の基本公式を、以下に示す。

- 交換の法則：$A+B=B+A$　　　$A \cdot B=B \cdot A$
- 結合の法則：$A+(B+C)=(A+B)+C$　　　$A \cdot (B \cdot C)=(A \cdot B) \cdot C$
- 分配の法則：$A \cdot (B+C)=A \cdot B+A \cdot C$
- 恒等の法則：$A+1=1$　　　$A+0=A$　　　$A \cdot 1=A$　　　$A \cdot 0=0$
- 同一の法則：$A+A=A$　　　$A \cdot A=A$
- 補元の法則：$A+\overline{A}=1$　　　$A \cdot \overline{A}=0$
- ド・モルガンの法則：$\overline{A+B}=\overline{A} \cdot \overline{B}$　　　$\overline{A \cdot B}=\overline{A}+\overline{B}$
- 復元の法則：$\overline{\overline{A}}=A$
- 吸収の法則：$A+A \cdot B=A$　　　$A \cdot (A+B)=A$

論理代数は、ベン図とも密接な関わりを持つ。論理代数をベン図で表記すると
表3・2のようになる。

表3・2 論理代数の諸法則

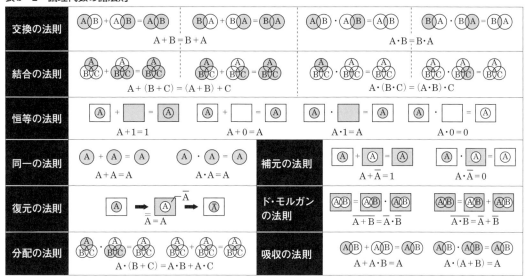

交換の法則	$A+B=B+A$	$A\cdot B=B\cdot A$
結合の法則	$A+(B+C)=(A+B)+C$	$A\cdot (B\cdot C)=(A\cdot B)\cdot C$
恒等の法則	$A+1=1$　　$A+0=A$	$A\cdot 1=A$　　$A\cdot 0=0$
同一の法則	$A+A=A$　　$A\cdot A=A$	補元の法則　$A+\overline{A}=1$　　$A\cdot \overline{A}=0$
復元の法則	$\overline{\overline{A}}=A$	ド・モルガンの法則　$\overline{A+B}=\overline{A}\cdot \overline{B}$　　$\overline{A\cdot B}=\overline{A}+\overline{B}$
分配の法則	$A\cdot (B+C)=A\cdot B+A\cdot C$	吸収の法則　$A+A\cdot B=A$　　$A\cdot (A+B)=A$

練習問題

【1】図1に示すベン図において、A、B及びCが、それぞれの円の内部を表す
とき、塗りつぶした部分を示す論理式は、 （ア） の式で表すことがで
きる。

［① $\overline{A}\cdot B$　② $\overline{A}\cdot B\cdot C$　③ $\overline{A}+B+C$］

図1

【2】図2及び図3に示すベン図において、A、B及びCが、そ
れぞれの円の内部を表すとき、図2及び図3の塗りつぶし
た部分を示す論理式の論理積は、 （イ） である。

［① $A\cdot B\cdot \overline{C}+A\cdot \overline{B}\cdot C$　② $A\cdot \overline{C}+\overline{A}\cdot C+B$
　③ $A\cdot B+\overline{A}\cdot C+B\cdot C$］

図2　図3

【3】次の論理関数Xは、ブール代数の公式等を利用して変形し、簡単にすると、 （ウ） になる。

$X=(A+\overline{B})\cdot (B+\overline{C})+(A+B)\cdot (B+\overline{C})$

［① 1　② $\overline{B}$　③ $B+\overline{C}$］

【4】次の論理関数Xは、ブール代数の公式等を利用して変形し、簡単にすると、 （エ） になる。

$X=\overline{A}\cdot (\overline{\overline{B}+\overline{C}})\cdot C+(\overline{A}+C)\cdot \overline{B}\cdot C$

［① 0　② $\overline{A}\cdot B\cdot C$　③ $A\cdot \overline{B}+\overline{A}\cdot B\cdot C$］

解説 【1】設問のベン図の塗りつぶした部分は、Cの有無とは無関係であり、A以外の部分（$\overline{A}$）とBの論理積すなわち$\overline{A} \cdot B$に相当する。

【2】設問の図2および図3の塗りつぶした部分を示す論理式の論理積をベン図で示す。図2と図3の両方で共通して塗りつぶされている領域を求めればよいので、図4の右辺のようになる。

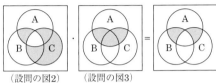

（設問の図2）　（設問の図3）

図4

　ここで、図4の右辺のベン図を、図5のようにXとYの2つに分けて考えると、X、Yはそれぞれ、$X = A \cdot B \cdot \overline{C}$、$Y = A \cdot \overline{B} \cdot C$の論理式で示される。

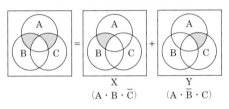

X　　　　　　Y
$(A \cdot B \cdot \overline{C})$　　$(A \cdot \overline{B} \cdot C)$

図5

　したがって、$X + Y = \mathbf{A \cdot B \cdot \overline{C} + A \cdot \overline{B} \cdot C}$

【3】設問の論理関数Xをブール代数の公式を用いて変形し、簡単にすると、以下のようになる。

$X = (A + \overline{B}) \cdot (B + \overline{C}) + (A + B) \cdot (B + \overline{C})$

$= A \cdot B + A \cdot \overline{C} + \overline{B} \cdot B + \overline{B} \cdot \overline{C} + A \cdot B + A \cdot \overline{C} + B \cdot B + B \cdot \overline{C}$ 〔分配の法則〕

$= A \cdot B + A \cdot \overline{C} + 0 + \overline{B} \cdot \overline{C} + B + B \cdot \overline{C}$ 〔同一の法則：$A \cdot B + A \cdot B = A \cdot B$、

　　　　　　　　　　　　　　　　　　　　$A \cdot \overline{C} + A \cdot \overline{C} = A \cdot \overline{C}$、$B \cdot B = B$〕

　　　　　　　　　　　　　　　　　　　〔補元の法則：$\overline{B} \cdot B = 0$〕

$= B \cdot (A + 1) + \overline{C} \cdot (A + \overline{B} + B)$ 〔交換の法則〕

　　　　　　　　　　　　　　　　　　　〔恒等の法則：$0 + \overline{B} \cdot \overline{C} = \overline{B} \cdot \overline{C}$〕

$= B \cdot (A + 1) + \overline{C} \cdot (A + 1)$ 〔補元の法則：$\overline{B} + B = 1$〕

$= B \cdot 1 + \overline{C} \cdot 1$ 〔恒等の法則：$A + 1 = 1$〕

$= \mathbf{B + \overline{C}}$ 〔恒等の法則：$B \cdot 1 = B$、$\overline{C} \cdot 1 = \overline{C}$〕

【4】設問の論理関数Xをブール代数の公式を用いて変形し、簡単にすると、以下のようになる。

$X = \overline{A} \cdot (\overline{\overline{B} + \overline{C}}) \cdot C + (\overline{\overline{A} + C}) \cdot \overline{B} \cdot C$

$= \overline{A} \cdot (\overline{\overline{B}} \cdot \overline{\overline{C}}) \cdot C + (\overline{\overline{A}} \cdot \overline{C}) \cdot \overline{B} \cdot C$ 〔ド・モルガンの法則：$(\overline{\overline{B} + \overline{C}}) = (\overline{\overline{B}} \cdot \overline{\overline{C}})$、

　　　　　　　　　　　　　　　　　　　$(\overline{\overline{A} + C}) = (\overline{\overline{A}} \cdot \overline{C})$〕

$= \overline{A} \cdot (B \cdot C) \cdot C + (A \cdot \overline{C}) \cdot \overline{B} \cdot C$ 〔復元の法則：$\overline{\overline{B}} = B$、$\overline{\overline{C}} = C$、$\overline{\overline{A}} = A$〕

$= \overline{A} \cdot B \cdot C + A \cdot 0 \cdot \overline{B}$ 〔同一の法則：$C \cdot C = C$〕

　　　　　　　　　　　　　　　　　　　〔補元の法則：$\overline{C} \cdot C = 0$〕

$= \overline{A} \cdot B \cdot C + 0$ 〔恒等の法則：$A \cdot 0 \cdot \overline{B} = 0$〕

$= \mathbf{\overline{A} \cdot B \cdot C}$ 〔恒等の法則：$\overline{A} \cdot B \cdot C + 0 = \overline{A} \cdot B \cdot C$〕

答 （ア）① （イ）① （ウ）③ （エ）②

4. 論理回路の出力

論理回路と真理値表

図3・8の論理回路の真理値表は、2つの論理素子(OR、NAND)の動作の組合せとして表3・3のようになる。この真理値表の作り方を簡単に説明すると、まず、図中の点線囲みで示したように入力a、bの値の組合せに対する点d、および出力cの値を求め、次に、これを表3・3の真理値表にまとめる。

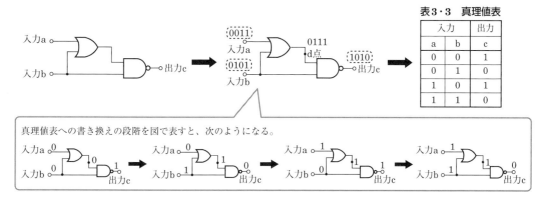

表3・3　真理値表

入力		出力
a	b	c
0	0	1
0	1	0
1	0	1
1	1	0

図3・8　論理回路の動作と真理値表

例題

図3・9の論理回路において、入力aおよび入力bに、図3・10に示す入力があるとする。この場合、図3・9の出力cは、図3・10の出力c1〜c3のうち、どれに該当するかを考えてみる。

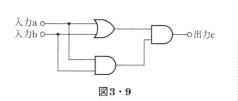

図3・9

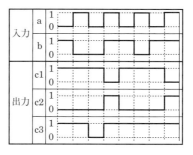

図3・10

　図3・9の論理回路の入力aおよび入力bに表3・4の真理値表の論理レベルを入力すると、回路中の各論理素子における論理レベルの変化は図3・11のようになり、出力cは0、0、0、1となる。

　したがって、入力aの論理レベルと入力bの論理レベルがいずれも1のときのみ出力cの論理レベルが1となることから、表3・5より図3・10中のc2が該当する。

表3・4　図3・9の論理回路の真理値表

入力	a	0	0	1	1
	b	0	1	0	1
出力	c	0	0	0	1

表3・5　図3・10の入力a、bに対する論理回路の出力c

入力	a	0	1	0	1	0	1	0	1
	b	1	0	0	1	1	0	1	1
出力	c	0	0	0	1	0	0	0	1

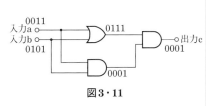

図3・11

　表3・5は、設問の図3・10の入力a、bを順次入力したときの、出力cの論理レベルを示したものである。たとえば、図3・10の一番左側の列、すなわち入力aが0、入力bが1のとき、出力cは0となる（表3・5のⓍ参照）。また、図3・10の左から2番目の列、すなわち入力aが1、入力bが0のとき、出力cは0となる（表3・5のⓎ参照）。
　このように、図3・10の入力a、bを順次入力して出力cの値を求めると、cは、c2の波形すなわち00010001となる。

論理式の選択（論理式での表現）

　図3・12のような論理回路において、入力aおよび入力bから出力されるcにあてはまる**論理式**を選択する場合は、各論理素子の出力を順次計算していく。

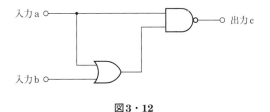

図3・12

　たとえば図3・13において、入力aおよび入力bの論理レベルをそれぞれAおよびB、出力cの論理レベルをCとする。点dの出力はA＋Bなので、Cは$\overline{A \cdot (A + B)}$となる。次に、論理代数の法則を利用して簡略化すると、Cは$\overline{A}$となる。

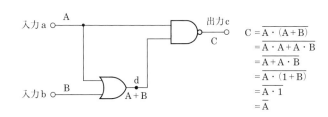

図3・13

回路上の未知の論理素子

　回路上の未知の論理素子を求めるには、まず、空欄になっている部分(未知の論理素子M)の入力と出力の関係が真理値表でどのようになるかを調べる。次に、その真理値表の動作に該当する論理素子を選択する。

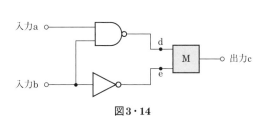

図3・14

表3・6

入力		出力
a	b	c
0	0	1
0	1	0
1	0	1
1	1	0

　たとえば、図3・14の回路において未知の論理素子Mを求めるには、まず、入力a、bに対して、Mの入力d、eと出力cの関係を調べる。点dは入力a、bのNANDの出力であるから、1、1、1、0となる。一方、点eは入力bのNOTの出力であるから、1、0、1、0となる。ここでMの入力と出力の関係から、Mに該当する論理素子を表3・8より選ぶと、ANDとなる。

表3・7

入力		Mの入力		出力
a	b	d	e	c
0	0	1	1	1
0	1	1	0	0
1	0	1	1	1
1	1	0	0	0

NAND
NOT
Mの入出力
➡ ANDの関係

表3・8　各論理素子の関係

入力		出力c			
a	b	OR	AND	NOR	NAND
0	0	0	0	1	1
0	1	1	0	0	1
1	0	1	0	0	1
1	1	1	1	0	0

次に、図3・15の回路について、論理素子Mの入力a、bと出力dの関係を調べてみよう。

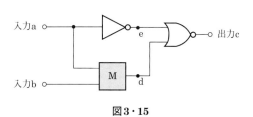

図3・15

表3・9

入力		出力
a	b	c
0	0	0
0	1	0
1	0	0
1	1	1

まず、点eの論理レベルはNOTの出力であるから、1、1、0、0となる。次に点dは、Mが確定していないため不明であるが、NORのもう一方の入力すなわち点eと、出力cとの関係から推定することができる。

ここで、少なくとも1つの入力が1のとき出力が0になるというNORの性質を利用すると、入力eが1、1、0、0で、出力cが0、0、0、1であるとき、入力dの論理レベルは、*、*、1、0となる（*は0または1のどちらかの値をとる）。したがって、Mに該当する論理素子は表3・11よりNANDとなる。

表3・10

入力		NORの入力		出力
a	b	d	e	c
0	0	*	1	0
0	1	*	1	0
1	0	1	0	0
1	1	0	0	1

Mの入出力　NOT　NOR
NANDの関係　（*は0または1）

表3・11　各論理素子の関係

入力		出力c			
a	b	OR	AND	NOR	NAND
0	0	0	0	1	1
0	1	1	0	0	1
1	0	1	0	0	1
1	1	1	1	0	0

例題

図3・16に示す論理回路の入力a、bと出力cの関係が図3・17で表される場合、Mには、どの論理素子が該当するかを考えてみる。

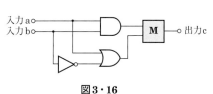

図3・16　　　図3・17

図3・17の入出力の関係を表で示すと、表3・12のようになる。この表を整理して、さらに入力a、b、出力cの論理レベルの関係を表した真理値表を作成すると、表3・13のようになる。

表3・12　図3・16の論理回路の入出力

入力	a	0	1	0	1	0	1	0	1
	b	1	0	0	1	1	0	0	1
出力	c	1	0	0	0	1	0	0	0

表3・13　図3・16の論理回路の真理値表

入力	a	0	0	1	1
	b	0	1	0	1
出力	c	0	1	0	0

次に、図3・16の論理回路の入力a、b、および出力cに表3・13の真理値表の論理レベルをそれぞれ代入すると、各論理素子における論理レベルの変化は図3・18のようになる。

この図3・18に示すように、論理素子Mの入力端子の一方を点e、他方を点fと定め、入力a、bの入力条件に対応した点e、fおよび出力cの真理値表を作ると、表3・14のようになる。この表と、各種論理素子の真理値表を示した表3・11（左頁参照）とを比較すると、MはNORであることがわかる。

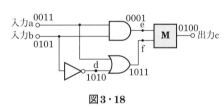

図3・18

表3・14　論理素子Mに関する真理値表

入力		空欄Mの入力		出力
a	b	e	f	c
0	0	0	1	0
0	1	0	0	1
1	0	0	1	0
1	1	1	1	0

Mの入出力

➡ NORの関係

練習問題

【1】 図1の論理回路における入力a及び入力bの論理レベル（それぞれA、B）と出力cの論理レベル（C）との関係式は、C = ［（ア）］ の論理式で表すことができる。
〔① A　② $\overline{A}$　③ $\overline{B}$〕

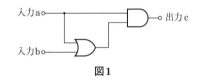

図1

【2】 図2に示す論理回路において、Mの論理素子が ［（イ）］ であるとき、入力a及び入力bと出力cとの関係は、図3で示される。

〔① ⯈◁ ② ⯈◁ ③ ◁ ④ ◁ 〕

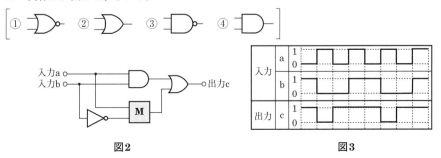

図2　　　　　図3

解説　【1】入力aの論理レベルをA、入力bの論理レベルをB、出力cの論理レベルをCとし、各論理素子の出力を順次計算すると、図4のようになる。したがって、設問の図1の回路の入力論理レベルと出力論理レベルの関係式は、C＝**A**で表すことができる。

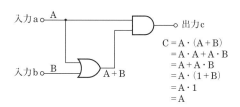

$$C = A \cdot (A + B)$$
$$= A \cdot A + A \cdot B$$
$$= A + A \cdot B$$
$$= A \cdot (1 + B)$$
$$= A \cdot 1$$
$$= A$$

図4

【2】設問の図3の入出力の関係を表で示すと、表1のようになる。この表を整理して、さらに入力a、入力b、出力cの論理レベルの関係を表した真理値表を作成すると、表2のようになる。

表1　図2の論理回路の入出力

入力	a	0	1	0	1	0	1	0	1
	b	1	0	0	1	1	0	0	1
出力	c	1	0	1	1	1	0	1	1

表2　図2の論理回路の真理値表

入力	a	0	0	1	1
	b	0	1	0	1
出力	c	1	1	0	1

　次に、設問の図2の論理回路の入力a、b、および出力cに表2の真理値表の論理レベルをそれぞれ代入すると、各論理素子における論理レベルの変化は図5のようになる。OR素子の片方の入力(f点)は、論理素子Mが確定していないため不明であるが、他方の入力(e点)と出力cから推定することができる。

　ここで、すべての入力が"0"の場合のみ出力が"0"となり、少なくとも1つの入力が"1"のとき出力が"1"になるというOR素子の性質を利用すると、入力eが0、0、0、1で、出力cが1、1、0、1であるとき、入力fの論理レベルは、1、1、0、＊(＊は0または1のどちらかの値をとる)となる。

　この結果から、論理素子Mの入出力に関する真理値表を作成すると、表3のようになる。したがって、解答群中、Mに該当する論理素子は③のNANDであることがわかる。

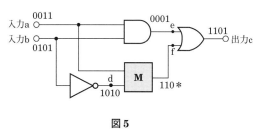

図5

表3　論理素子Mに関する真理値表

空欄Mの入力		ORの入力		出力
a	d	e	f	c
0	1	0	1	1
0	0	0	1	1
1	1	0	0	0
1	0	1	＊	1

Mの入力　　Mの出力
　　　　(＊は0または1)

NANDの関係

答（ア）① （イ）③

第4章

伝送理論

1. 伝送量の計算

伝送量とデシベル

電気通信回線の**伝送量**Aを表す際、**デシベル**(dB)という単位が用いられる。電気通信回線の入力側の電力をP_1、出力側の電力をP_2とすると、伝送量Aは次のように定義される。

$$\text{伝送量}A = 10\ log_{10}\frac{P_2}{P_1}\text{〔dB〕} \quad (P_1：入力電力 \quad P_2：出力電力)$$

伝送量Aを電圧比または電流比で表す場合は、入力側の電圧をV_1、電流をI_1、出力側の電圧をV_2、電流をI_2とすると、次のようになる。

$$\text{伝送量}A = 20\ log_{10}\frac{V_2}{V_1}\text{〔dB〕} \quad (V_1：入力電圧 \quad V_2：出力電圧)$$

$$\text{伝送量}A = 20\ log_{10}\frac{I_2}{I_1}\text{〔dB〕} \quad (I_1：入力電流 \quad I_2：出力電流)$$

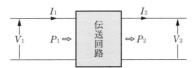

図4・1　伝送量

入力より出力の方が大きくその比が1より大きい場合、伝送量Aはプラスとなり、反対に比が1より小さい場合、Aはマイナスとなる。デシベルがプラスのときは増幅すなわち利得を表し、マイナスのときは減衰を意味する。なお、電圧比、電流比の場合、対数をとってから20を乗じているが、これは、

$$P = \frac{V^2}{R}$$

$$P = I^2 R$$

の関係があり、電力に対して電圧、電流が2乗の関係にあるためである。

このデシベルの単位を用いると、大きな電力比や電圧比、電流比を比較的小さな値で表現できるだけでなく、積や比を加算や減算で計算することができる。たとえば、入力電力が1〔mW〕(ミリワット)、出力電力が100〔mW〕というように電力比が100倍のとき、伝送量Aは、次式に示すように20〔dB〕となる。

$$\text{伝送量}A = 10\ log_{10}\frac{100\text{〔mW〕}}{1\text{〔mW〕}} = 10\ log_{10}100 = 10\ log_{10}10^2 = 10 \times 2 = 20\text{〔dB〕}$$

【参考：常用対数について】

　伝送量を常用対数(10を底とする対数)で表すことにより、伝送量の計算を比較的簡単に行うことができる。ここでは、常用対数の早見表および公式を示す。

(a) 早見表

$1 = 10^0$	$log_{10} 1 = 0$
$10 = 10^1$	$log_{10} 10 = 1$
$100 = 10^2$	$log_{10} 100 = 2$
$1000 = 10^3$	$log_{10} 1000 = 3$
$\dfrac{1}{10} = 10^{-1}$	$log_{10} \dfrac{1}{10} = -1$
$\dfrac{1}{100} = 10^{-2}$	$log_{10} \dfrac{1}{100} = -2$
$\dfrac{1}{1000} = 10^{-3}$	$log_{10} \dfrac{1}{1000} = -3$

(b) 公式

指数関数 $x = 10^y$
対数関数 $y = log_{10} x$
$log_{10} xy = log_{10} x + log_{10} y$
$log_{10} \dfrac{x}{y} = log_{10} x - log_{10} y$
$log_{10} \dfrac{x}{y} = -log_{10} \dfrac{y}{x}$
$log_{10} x^m = m\, log_{10} x$ (m は任意の実数)

相対レベルと絶対レベル

　電気通信回線上の2点間の電力比をデシベルで表したものを**相対レベル**といい、単位は一般に、〔dBr〕が用いられる。また、基準電力[*]に対する比較値を対数で表したものを**絶対レベル**といい、単位は相対レベルと区別するため〔dBm〕などを使用する。

（＊）一般に、1mWを0dBの基準電力とする。この場合、絶対レベルの単位は〔dBm〕を用いる。
　　　なお、1Wを基準電力とする場合、絶対レベルの単位は〔dBW〕を用いる。

　1mWを基準電力としたときの絶対レベルは、次式で表される。

$$絶対レベル = 10\ log_{10} \frac{P〔mW〕}{1〔mW〕} 〔dBm〕$$

　たとえば、1〔W〕は1,000〔mW〕であるから、1〔W〕の絶対レベルは、次式に示すように30〔dBm〕となる。

$$1〔W〕の絶対レベル = 10\ log_{10} \frac{1,000〔mW〕}{1〔mW〕}$$

$$= 10\ log_{10} 10^3 = 10 \times 3 = 30〔dBm〕$$

伝送量の計算方法

　電気通信回線の総合伝送量を求める場合は、デシベルで表示された増幅器の利得、減衰器や伝送損失による減衰量を加減

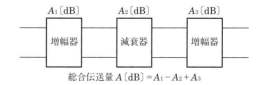

A_1〔dB〕　　　A_2〔dB〕　　　A_3〔dB〕

増幅器　　　減衰器　　　増幅器

総合伝送量 A〔dB〕$= A_1 - A_2 + A_3$

図4・2　電気通信回線の総合伝送量

算して求める。

また、図4・3の電気通信回線において、1〔km〕当たりの**伝送損失**がa〔dB〕のとき、l〔km〕の伝送損失は、$a \times l$で求められる。たとえば、1〔km〕当たりの伝送損失が3〔dB〕の電気通信回線が10〔km〕設置されている場合、全体の伝送損失は3〔dB/km〕$\times$ 10〔km〕$=$ 30〔dB〕となる。

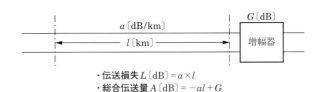

・**伝送損失**L〔dB〕$= a \times l$
・**総合伝送量**A〔dB〕$= -al + G$

図4・3 伝送損失

例題

　図4・4において、電気通信回線への入力電力が16〔mW〕、その伝送損失が1〔km〕当たり0.9〔dB〕、電力計の読みが1.6〔mW〕のときの増幅器の利得を求める。ただし、入出力各部のインピーダンスは整合しているものとする。

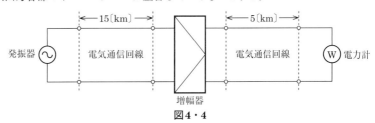

図4・4

　電気通信回線への入力電力をP_1〔mW〕、出力電力（電力計の読み）をP_2〔mW〕、増幅器の利得をG〔dB〕、伝送損失をL〔dB〕とすると、発振器から電力計までの伝送量A〔dB〕は、次式で表される。

$$A = 10 \, log_{10} \frac{P_2}{P_1} = -L + G \text{〔dB〕} \quad \cdots\cdots①$$

1〔km〕当たり0.9〔dB〕の伝送損失が生じることから、電気通信回線全体（15〔km〕$+$ 5〔km〕$=$ 20〔km〕）の伝送損失Lは、

$$L = 20 \times 0.9 = 18 \text{〔dB〕}$$

となる。ここで①の式に$P_1 = 16$〔mW〕、$P_2 = 1.6$〔mW〕、$L = 18$〔dB〕を代入してGを求めると、

$$A = 10 \, log_{10} \frac{1.6}{16} = -18 + G \text{〔dB〕} \quad \rightarrow \quad 10 \, log_{10} \frac{1}{10} = -18 + G$$

$$\rightarrow \quad 10 \, log_{10} 10^{-1} = -18 + G \quad \rightarrow \quad 10 \times (-1) = -18 + G$$

（参考：$log_{10} \frac{1}{10} = log_{10} 10^{-1} = -1$）

$$\rightarrow \quad -10 = -18 + G$$

$$\therefore \quad G = 18 - 10 = 8 \text{〔dB〕}$$

基礎4章

練 習 問 題

【1】 図1において、電気通信回線への入力電力が22ミリワット、その伝送損失が1キロメートル当たり （ア） デシベル、増幅器の利得が11デシベルのとき、電力計の読みは、2.2ミリワットである。ただし、入出力各部のインピーダンスは整合しているものとする。

[① 0.6　② 1.6　③ 16]

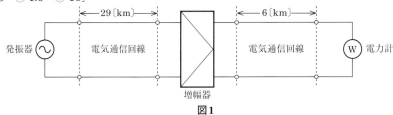

図1

解説 【1】 電気通信回線への入力電力をP_1〔mW〕、出力電力（電力計の読み）をP_2〔mW〕、増幅器の利得をG〔dB〕、伝送損失をL〔dB〕とすると、発振器から電力計までの伝送量A〔dB〕は、次式で表される。

$$A = 10\,log_{10}\frac{P_2}{P_1} = -L + G \,〔dB〕$$

上式に$P_1 = 22$〔mW〕、$P_2 = 2.2$〔mW〕、$G = 11$〔dB〕を代入してLを求めると、

$$A = 10\,log_{10}\frac{2.2}{22} = -L + 11 \,〔dB〕 \quad \rightarrow \quad 10\,log_{10}\frac{1}{10} = -L + 11$$

$$\rightarrow \quad 10\,log_{10}10^{-1} = -L + 11 \quad \rightarrow \quad 10 \times (-1) = -L + 11 \quad （参考：log_{10}\frac{1}{10} = log_{10}10^{-1} = -1）$$

$$\rightarrow \quad -10 = -L + 11 \qquad \therefore \quad L = 10 + 11 = 21 \,〔dB〕$$

したがって、電気通信回線全体（29〔km〕＋ 6〔km〕＝ 35〔km〕）の伝送損失が21〔dB〕であるから、1〔km〕当たりの伝送損失は、

21〔dB〕÷ 35〔km〕＝ **0.6**〔dB／km〕となる。

答 （ア） ①

2. 特性インピーダンス、反射

特性インピーダンス

　一様な線路が無限の長さに続いているとき、線路上では電圧と電流は遠くへ行くほど徐々に減衰していくが、線路上のどの点をとっても電圧と電流の比は一定となる。この比を、**特性インピーダンス**という。これは、送信側での信号入力点についても同様であることから、無限長の一様線路における入力インピーダンスは、その線路の特性インピーダンスと等しくなる。

反　射

　特性インピーダンスが異なる線路を接続したとき、その接続点で入力信号の一部が入力側に戻る現象が生じる。これを**反射**という。図4・5において入射波の電圧（線路の接続点に向かって進行する信号波の、接続点での電圧）をV_F、反射波の電圧（接続点で反射される信号波の電圧）をV_R、そして入射波のうち反射せずに接続点を通過していく信号成分を透過電圧V_Oとする。

図4・5　反射

　ここで、入射波の電圧V_Fと反射波の電圧V_Rの比を**電圧反射係数**(m)といい、次式で表される。

$$電圧反射係数(m) = \frac{反射波の電圧}{入射波の電圧} = \frac{V_R}{V_F} = \frac{Z_2 - Z_1}{Z_2 + Z_1}$$

　また、接続点への入射波の電流I_Fと反射波の電流I_Rの比を**電流反射係数**(m')といい、次式で表される。なお、電圧反射係数(m)と電流反射係数(m')の間には、$\boldsymbol{m = -m'}$の関係がある。

$$電流反射係数(m') = \frac{反射波の電流}{入射波の電流} = \frac{I_R}{I_F} = \frac{Z_1 - Z_2}{Z_1 + Z_2}$$

　ここで、mとm'は、-1から1までの値をとり、反射波の位相が反転した場合はマイナスで表す。また、2つの伝送路の**特性インピーダンスが等しい**$(\boldsymbol{Z_1 = Z_2})$**とき反射係数は0となり、反射波は発生しない。**

　電圧反射係数(m)が0、1、-1のときの反射現象について、図4・6に示す。

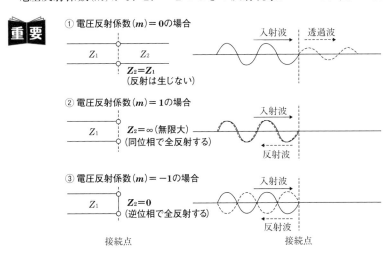

図4・6　電圧反射係数と反射現象

インピーダンス整合

　特性インピーダンスが異なる線路が接続されていると、接続点において反射現象による減衰が発生し、効率的な伝送ができなくなる。そこで、反射による減衰を最小限にするため、接続する2つの線路のインピーダンスを合わせる必要がある。これを**インピーダンス整合**という。

　インピーダンス整合をとる最も一般的な方法として、**変成器**(トランス)が用いられている。変成器は、1次側のコイルと2次側のコイルとの間の相互誘導を利用して電力を伝えるものであり、2つのコイルの巻線比$(n_1 : n_2)$により、電圧や電流、インピーダンスを変換することができる。

　変成器のインピーダンスは巻線数の2乗に比例し、次式の関係で整合の条件が得られる。

$$\left(\frac{\boldsymbol{n_1}}{\boldsymbol{n_2}}\right)^2 = \frac{\boldsymbol{Z_1}}{\boldsymbol{Z_2}}$$

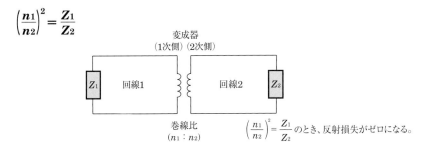

図4・7　変成器によるインピーダンス整合

3. 漏　話

漏話現象

　2つの電気通信回線において、一方の回線の信号が他方の回線に漏れる現象を漏話（ろうわ）という。図4・8のように近接した電気通信回線において妨害を与える回線を**誘導回線**、妨害を受ける回線を**被誘導回線**という。

　被誘導回線に現れる漏話のうち、誘導回線の信号の伝送方向（正の方向）に生じる漏話を**遠端漏話**（えんたん）といい、反対方向（負の方向）に生じる漏話を**近端漏話**（きんたん）と呼ぶ。

　被誘導回線に誘起される漏話電力は近端側に近いほど大きいので、一般に遠端漏話より近端漏話の方の影響が大きい。

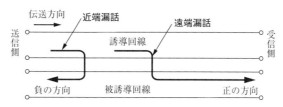

図4・8　近端漏話と遠端漏話

 重要

> 誘導回線の信号の伝送方向に現れる漏話を「遠端漏話」、
> その反対方向に現れる漏話を「近端漏話」という。

　ケーブルの漏話特性の良否は、**漏話減衰量**で表される。漏話減衰量とは、次式のように誘導回線の信号電力と漏話電力の比をデシベルで表示したものである。

$$漏話減衰量 = 10\ log_{10} \frac{信号電力（誘導回線）}{漏話電力（被誘導回線）}〔dB〕$$

　漏話減衰量はその値が大きいほど良い。また、漏話電力は小さいほど良い。

漏話の原因

●平衡対ケーブルの漏話

　平衡対ケーブル（へいこうつい）は、一般に、ポリエチレンなどの絶縁物で被覆されている。簡単な構造で比較的安価であるが、信号の**周波数が高くなると漏話が増大**するという問題を抱えている。平衡対ケーブルにおける漏話の原因は、近接する回線間の静電容量Cの不平衡による**静電結合**と、相互インダクタンスMによる**電磁結合**の

2つがある。一般に、伝送される信号の周波数が高くなると、CまたはMによる結合度が大きくなり、漏話が増加する。

　静電結合による漏話は、回線間に生じる静電容量を通して電流が被誘導回線に流れ込むために生じ、一般に、その大きさは**被誘導回線のインピーダンスに比例**する。

　一方、電磁結合による漏話は、回線間の相互誘導作用により被誘導回線に電圧が誘起されるために生じ、一般に、その大きさは**誘導回線のインピーダンスに反比例**(すなわち誘導回線の電流に比例)する。

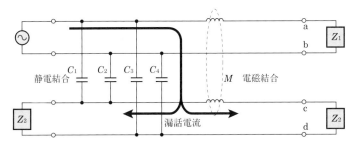

図4・9　平衡対ケーブルの漏話現象

重要　平衡対ケーブルの漏話は、静電結合や電磁結合により生じる。

　平衡対ケーブルでは、静電結合や電磁結合により発生する漏話を防止するために、2本の心線を撚り合わせた(交差させた)**対撚りケーブル**や、2対4本の心線を撚り合わせた**星形カッド撚りケーブル**などを使用している。

(a) 対撚りケーブル　　　　(b) 星形カッド撚りケーブル

平衡対ケーブルでは、心線を撚り合わせて漏話を防止している。

図4・10　平衡対ケーブル

●同軸ケーブルの漏話

　同軸ケーブルは、1本の導体を外部導体によりシールド(遮へい)した構造になっている。そのため、平衡対ケーブルとは異なり、静電結合や電磁結合による漏話は生じない。しかし、同軸ケーブルは不平衡線路であるため、**導電結合**による漏話が生じる。

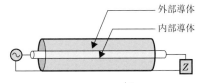

同軸ケーブルは、シールド(遮へい)構造のため、静電結合や電磁結合による漏話は生じない。

図4・11　同軸ケーブル

重要　同軸ケーブルの漏話は、導電結合により生じる。

　2本の同軸ケーブルを密着させて設置すると、外部導体間に、あるインピーダンスで結んだ閉回路が形成される。具体的には、図4・12(a)に示すように2本の同軸ケーブルを密着させて設置したとき、AとBの2点においてケーブル1とケーブル2で閉回路ができ、ケーブル1の外部導体にI_1の信号電流が流れると、その分流電流I_1'がケーブル2の外部導体に流れる。このとき、導電結合による漏話が生じる。ここで、一般に高周波電流は導体の表面に集中する(これを「表皮効果」という)ので、I_1'は図4・12(b)に示すような電流分布となり、実質的漏話分はI_1''となる。

　漏話現象の程度は、外部導体の内表面と外表面との間の導電性によって左右される。導電性は、周波数が低くなると表皮効果が減少するので大きくなる。したがって漏話は、伝送される信号の**周波数が低くなると大きくなる**。

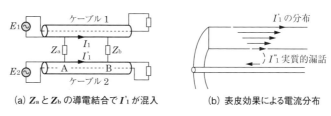

(a) Z_aとZ_bの導電結合でI_1'が混入　　(b) 表皮効果による電流分布

図4・12　同軸ケーブルの漏話現象

練習問題

【1】 誘導回線の信号が被誘導回線に現れる漏話のうち、誘導回線の信号の伝送方向を正の方向とし、その反対方向を負の方向とすると、負の方向に現れるものは、　(ア)　といわれる。

　［① 直　接　　② 間　接　　③ 遠　端　　④ 近　端］

【2】 平衡対ケーブルを用いて構成された電気通信回線間の電磁結合による漏話は、心線間の相互誘導作用により被誘導回線に電圧を誘起させるために生ずるもので、その大きさは、誘導回線の電流に　(イ)　。

　［① 等しい値となる　　② 反比例する　　③ 比例する］

【3】 同軸ケーブルの漏話は、導電結合により生じるが、一般に、その大きさは、伝送される信号の周波数が低く　(ウ)　。

　［① なると大きくなる　　② なると小さくなる　　③ なっても変化しない］

答（ア）④**（イ）**③**（ウ）**①

4. 雑　音

通常の電気通信回線では、送信側で信号を入力しなくても受信側で何らかの信号が現れる。これを**雑音**といい、**熱雑音**や**漏話雑音**などがある。

熱雑音とは、トランジスタなどの回路素子中で自由電子が熱運動をすることによって生じる雑音をいう。これは一般に、全周波数に対して一様に分布する白色雑音（ホワイトノイズ）である。自然界に存在し、原理的に避けることができないため、**基本雑音**とも呼ばれている。

また、漏話雑音とは、漏話現象により生じる雑音をいい、その大きさは、誘導回線における信号の強弱や、漏話減衰量によって大きく異なる。

雑音の大きさを表すものとして、受信電力と雑音電力との相対レベルを用いる。これを**信号電力対雑音電力比（SN比）**という。一般に、受信側において常に雑音電力が発生しているため、受信信号だけの電力を測定することはできない。そのため、これらの相対レベルで雑音の大きさを表すことにしている。このSN比が大きいほど通話品質は良いといえる。

図4・13において、信号送出時の受信側の信号電力をP_S、無信号時の受信側の雑音電力をP_Nとすると、SN比は次式で示される。

$$SN比 = 10\ log_{10}\ \frac{P_S}{P_N} = 10\ log_{10}\ P_S - 10\ log_{10}\ P_N\ [\text{dB}]$$

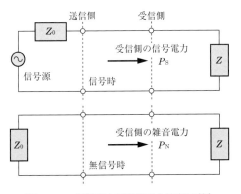

図4・13　信号電力対雑音電力比（SN比）

練習問題

【1】信号電力と、これに混合した伝送に不要な雑音電力との比を ［（ア）］ という。

　　　［① 雑音指数　② CN比　③ SN比］

答（ア）③

第5章

伝送技術

1. 信号の伝送

アナログ伝送方式とデジタル伝送方式

　電気信号には、情報を電気的な量の連続変化として扱う**アナログ信号**と、この
アナログ信号を標本化という技術によって数値化し、"1"と"0"のみで表現する
2進数に変換して取り扱う**デジタル信号**がある。

●アナログ伝送方式

　原信号や変調された信号をアナログ信号のまま伝送する方式である。アナログ
伝送方式は、狭い伝送帯域幅で効率的に伝送ができるが、雑音の影響を受けやす
く、また、伝送路に送出する信号電力が過大であるときは、他の伝送路の回線に
漏話や雑音などの妨害を与えてしまう。

●デジタル伝送方式

　アナログ信号をパルス波形のデジタル信号に変換して伝送する方式である。デ
ジタル伝送方式は、符号の伝送時に伝送損失や雑音などで波形がなまっても受信
側で原信号を忠実に再生することができるが、広い伝送帯域幅が必要となる。

　また、デジタル信号を伝送中に、電気的な雑音の影響を受けて信号の一部が誤っ
て伝送されることがあるが、その際に、信号の誤りを検出したり正しい信号に訂
正したりすることを**誤り制御**といい、**CRC**（Cyclic Redundancy Check）**方式**など
が誤り訂正符号として利用されている。CRC方式では、データのブロック単位を
高次の多項式とみなし、これをあらかじめ定めた生成多項式で割ったときの余り
を検査用ビット（CRC符号）として、データの末尾に付けて送出する。受信側では、
受信したデータを同じ生成多項式で割り算を行い、割り切れなければ誤りとする。
CRC方式は、短時間に集中して発生するバースト誤りに対しても厳密にチェック
することができる。

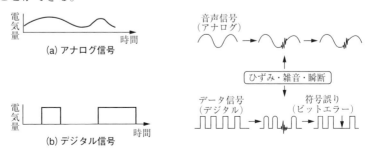

図5・1　アナログ信号とデジタル信号

ベースバンド伝送方式と帯域伝送方式

　　データ伝送で取り扱う信号は、コンピュータなどのデータ端末装置が入出力する符号である。データ端末装置間のデータ伝送では、出力されるパルス波形をそのまま伝送路に送出し伝送することができる。

　　このように原信号をそのまま伝送する方法を、**ベースバンド伝送方式**という。一般に、ベースバンド伝送方式は短い区間の伝送に使用される。

　　一方、アナログ電話回線などでは、ベースバンド伝送を行うことはできない。このため、アナログ電話回線を通じてデータを伝送する場合は、交流信号に変換（これを**変調**という）してから回線に送出し、受信側で再び元のベースバンド信号に戻す（これを**復調**という）必要がある。このような伝送方法を**帯域伝送（ブロードバンド伝送）方式**といい、変調および復調に用いる装置を**変復調装置**または**モデム**という。

多重伝送方式

　　多重伝送とは、複数の伝送路の信号を1つの伝送路で伝送することをいい、主に、中継区間における大容量伝送に用いられている。

　　伝送路の多重化方式には、アナログ伝送路を多重化する**周波数分割多重（FDM**：Frequency Division Multiplexing）**方式**と、デジタル伝送路を多重化する**時分割多重（TDM**：Time Division Multiplexing）**方式**がある。

　　周波数分割多重（FDM）方式では、1つの伝送路の周波数帯域を複数の帯域に分割し、各帯域をそれぞれ独立した1つの伝送チャネルとして使用する。

　　一方、時分割多重（TDM）方式では、1つの伝送路を時間的に分割して複数の通信チャネルを作り出し、各チャネル別にパルス信号の送り出しを時間的にずらして伝送する。具体的には、まず、入力信号の各チャネルの信号をパルス変調しておく。次に、図5・2のように、伝送路へのパルス送出をCH$_1$、CH$_2$、CH$_3$の順で行う。このとき、チャネル数分だけ信号の時間的な幅（周期）を短くする必要があり、たとえば、パルスの繰り返し周期が等しいN個のPCM信号をTDMにより伝送するためには、最小限、多重化後のパルスの繰り返し周期を、元の周期の$\frac{1}{N}$倍になるように変換する必要がある。

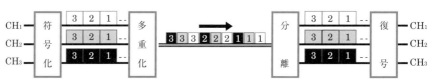

TDM方式は、各チャネル別にパルス信号の送出を時間的にずらして伝送路を多重利用するものである。

図5・2　時分割多重（TDM）方式

重要 デジタル伝送における信号の多重化には、一般に、複数の信号を時間的に少しずつずらして配列する時分割多重（**TDM**）方式が用いられている。

多元接続方式

　多元接続とは、複数のユーザ（端末）が1つの伝送路の容量を動的に利用するための技術であり、**時分割多元接続**（**TDMA**：Time Division Multiple Access）**方式**や**周波数分割多元接続**（**FDMA**：Frequency Division Multiple Access）**方式**などがある。

　時分割多元接続（TDMA）方式では、複数のユーザ（端末）が1つの伝送路を時間的に分割して利用する。この方式では、送信側が複数の伝送路の信号を時間的に多重化して送り、受信側でこれを元の各伝送路の信号に戻す仕組みになっている。このため、送受信端末間で、どのビットがどの伝送路のビットなのかを識別するためのフレーム同期をとる必要がある。

　また、周波数分割多元接続（FDMA）方式では、伝送周波数帯域を複数の帯域に分割する。そして、各帯域にそれぞれ個別の伝送路を割り当てることにより、複数のユーザが同時に通信を行うことを可能にしている。

フィルタ

　フィルタ（ろ波器）は、特定の範囲の周波数の信号を通過、あるいは阻止する（大きく減衰させる）回路素子であり、多重化装置や電気通信回線の接続点において、信号の分離・選択を目的として用いられている。

表5・1　フィルタの種類

種類		機能	周波数特性	回路構成例
アナログ	受動	高域通過フィルタ（HPF：High Pass Filter）	特定の周波数以上の周波数の信号を通過させる。		
		低域通過フィルタ（LPF：Low Pass Filter）	特定の周波数以下の周波数の信号を通過させる。		
		帯域通過フィルタ（BPF：Band Pass Filter）	特定の周波数範囲の周波数の信号だけを通過させる。		
		帯域阻止フィルタ（BEF：Band Elimination Filter）	特定の周波数範囲の周波数の信号だけを大きく減衰させ、その他の周波数の信号は通過させる。		
	能動	アクティブフィルタとも呼ばれる。抵抗、コンデンサ、演算増幅器（OPアンプ）から構成され、帰還回路に周波数特性を持たせている。受動フィルタに比べ、減衰などが少ない。			
デジタル		加算器や乗算器などで構成されている。アナログ信号をいったんデジタル信号に変換して演算処理を行うことにより特定の周波数帯域の信号を取り出し、これをアナログ信号に再変換する。フィルタの精度を上げるためには、アナログ信号をデジタル信号に変換するときに量子化ステップの幅を小さくする必要がある。			

伝送品質

●伝送品質の概要

デジタル通信網の伝送品質を劣化させる要因として、**符号誤り**、**ジッタ**(パルスタイミングの10Hz以上の揺らぎ)、**ワンダ**(10Hz未満の揺らぎ)、**伝送遅延**、**ひずみ**などが挙げられる。ひずみとは、入力側の信号が出力側へ正しく現れない現象のことをいい、信号の伝搬時間が周波数によって異なるために生じる位相ひずみ(群遅延ひずみともいう)などがある。

伝送品質の劣化要因のうち、符号誤りの影響が極めて大きく、ジッタの影響を無視できない高品質映像サービスを除けば、伝送品質はほとんど符号誤りのみで評価することができる。

●符号誤りの評価尺度

符号誤りを評価する尺度の1つに、**長時間平均符号誤り率**(**BER**：Bit Error Rate)がある。これは、測定時間中に伝送された符号(ビット)の総数に対するエラービット数(その測定時間中に誤って受信された符号の数)の割合を表すものである。

BERは、符号誤りがランダム(不規則)に発生する場合には評価尺度として適しているが、短時間に集中して発生する場合には適していない。BERのこうした欠点を補うため、**符号誤り時間率%SES**(percent Severely Errored Seconds)、**%DM**(percent Degraded Minutes)、**%ES**(percent Errored Seconds)などがITU－T(国際電気通信連合の電気通信標準化部門)により勧告されている。

表5・2　符号誤り時間率

名　称	説　明
%SES	1秒ごとに平均符号誤り率を測定し、**平均符号誤り率が1×10^{-3}を超える符号誤りの発生した秒の延べ時間が稼働時間に占める割合**を百分率(%)で表したもの。符号誤りが短時間に集中して発生するような伝送系の評価を行う場合の尺度に適している。
%DM	1分ごとに平均符号誤り率を測定し、**平均符号誤り率が1×10^{-6}を超える符号誤りの発生した分の延べ時間が稼働時間に占める割合**を百分率(%)で表したもの。電話サービスなど、ある程度、符号誤りを許容できる伝送系の評価を行う場合の尺度に適している。
%ES	1秒ごとに符号誤りの発生の有無を調べて、**少なくとも1個以上の符号誤りが発生した秒の延べ時間が稼働時間に占める割合**を百分率(%)で表したもの。データ通信サービスなど、少しの符号誤りも許容できないような伝送系の評価を行う場合の尺度に適している。

練習問題

【1】デジタル伝送路における符号誤りの評価尺度の一つである ［（ア）］ は、1秒ごとに符号誤りの発生の有無を測定して、符号誤りの発生した秒の延べ時間(秒)が、稼働時間に占める割合を百分率で表したものである。

［① %ES　② %SES　③ BER］

答（ア）①

2. 変調方式

振幅変調方式

　ケーブルなどを介して信号を伝送する場合において、その特性や条件などを考慮し信号を伝送に適した形に変換することを**変調**といい、被変調波から元の信号波を分離させて取り出すことを**復調**という。

　変調の方法により、振幅変調、周波数変調、位相変調、パルス変調がある。これらのうち**振幅変調**（**AM**：Amplitude Modulation）**方式**は、音声などの入力信号に応じて、搬送波周波数の振幅を変化させる変調方式である。この方式は占有帯域幅が狭くて済むが、雑音に対しては弱い。

　なお、デジタル信号を振幅変調する場合は、"1"、"0"に対応した2つの振幅に偏移するので、特に**振幅偏移変調**（**ASK**：Amplitude Shift Keying）と呼ばれている。

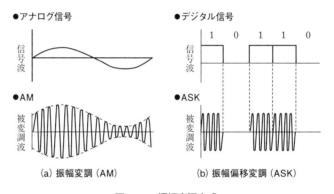

(a) 振幅変調（AM）　　　(b) 振幅偏移変調（ASK）

図5・3　振幅変調方式

　振幅変調を行った場合の周波数スペクトル[*]は、図5・4のように搬送波の周波数 f_c の両側に上側波帯と下側波帯が現れる。この2つの側波帯には同一の情報が含まれているので、片側だけでも情報を伝達することができる。

（＊）信号の強度（振幅）を周波数分布で表したもの。

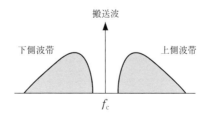

図5・4　周波数スペクトル

　側波帯の伝送方式には、**両側波帯（DSB：Double Side Band)伝送、単側波帯（SSB：Single Side Band)伝送、残留側波帯（VSB：Vestigial Side Band)伝送**という3つの方式がある。

　DSB方式は、上側波帯と下側波帯の信号成分をそのまま伝送する方式であり、占有周波数帯域が信号波の最高周波数の2倍になる。また、SSB方式は、上側波帯または下側波帯のいずれかを用いて伝送する方式であり、DSB方式に比べて占有周波数帯域幅が半分で済む。なお、データ信号や画像信号のように直流成分を含む信号を伝送する場合は、搬送波を中心に片方の側波帯をフィルタで斜めにカットし、直流成分も含めて伝送するVSB方式が用いられる。

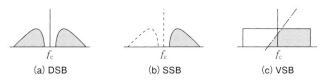

図5・5　側波帯の伝送方式

周波数変調方式

　周波数変調（FM：Frequency Modulation)方式は、搬送波の周波数を、伝送する信号の振幅に応じて変化させる変調方式である。伝送する信号がデジタル信号の場合は、周波数が異なる2つの搬送波を用い、それぞれを符号ビットの"1"と"0"に対応させて伝送する。この方式は、周波数を偏移させるので、特に**周波数偏移変調（FSK：Frequency Shift Keying)**と呼ばれている。FSKは、主に低速回線（1,200bit/s以下）の信号伝送に用いられる。

　周波数変調方式は、振幅変調方式に比べて周波数の伝送帯域が広くなるが、レベル変動や雑音による妨害に強い。信号の雑音成分の多くは振幅性のものであるため、振幅が一定である周波数変調の信号は、受信側で**リミッタ**（振幅制限器）を通すことで雑音を除去できる。

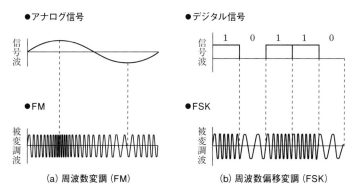

図5・6　周波数変調方式

位相変調方式

　位相変調（**PM**：Phase Modulation）**方式**は、搬送波の位相を、伝送する信号の振幅に応じて変化させる変調方式である。伝送する信号がデジタル信号の場合は、符号ビットの"1"と"0"を位相差に対応させる。このとき、位相がどちらか一方に偏移するので、特に**位相偏移変調**（**PSK**：Phase Shift Keying）と呼ばれている。

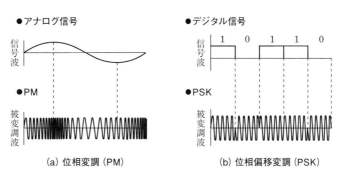

図5・7　位相変調方式

　位相変調方式には、2値のベースバンド信号の値を2相の位相状態で表す**2相位相変調方式**と、4相以上の位相状態で表す**多値変調方式**がある。

●2相位相変調方式

　2相位相変調方式（BPSK）は、搬送波の2つの位相に"1"と"0"を対応させて変調するもので、"1"を0度に、"0"を180度に対応させている。

図5・8　2相位相変調方式の信号点配置

●多値変調方式

　多値変調方式のうち、搬送波の位相を入力信号の変化に応じて90度間隔に4等分し、それぞれを"00"、"01"、"10"、"11"の2ビットの組合せに対応させるものを**4相位相変調方式**（QPSK）という。4相位相変調方式は、1回の変調で2ビットの情報を伝送できるので、2相位相変調方式に比べ伝送容量は2倍となる。

　また、搬送波の位相を入力信号の変化に応じて45度間隔に8等分し、8種類の情報を表現することを可能にしたものを**8相位相変調方式**（8－PSK）という。"1"と"0"で表現する2進数の組合せは$8 = 2^3$であるから、1回の変調当たりの情報量は3ビットとなり、それぞれの位相に"000"、"001"、"010"、"011"、"100"、"101"、"110"、"111"を対応させる。このように8相位相変調方式は、1回の変調で3ビットの情報を伝送できるので、伝送容量は2相位相変調方式の3倍、4相位相変調方式の1.5倍となる。

1回の変調で2ビットの情報を伝送。

図5・9　4相位相変調方式の信号点配置

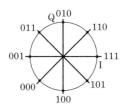

1回の変調で3ビットの情報を伝送。

図5・10　8相位相変調方式の信号点配置

 重要

> デジタル信号の変調において、デジタルパルス信号の1と0に対応して正弦搬送波の周波数を変化させる方式は「**FSK**」、位相を変化させる方式は「**PSK**」と一般に呼ばれている。

パルス変調方式

　　AM、FM、PMなどの変調方式では、搬送波に交流を使用しているが、**パルス変調方式**では、搬送波に方形パルス列を使用して原信号をパルスの振幅や間隔、幅などに変調する。

信号波形

変調波形

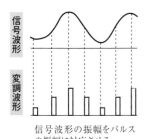

信号波形の振幅をパルスの振幅に対応させる。

(a)パルス振幅変調(PAM)

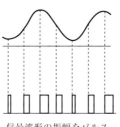

信号波形の振幅をパルスの幅に対応させる。

(b)パルス幅変調(PWM)

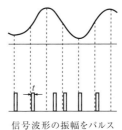

信号波形の振幅をパルスの位置に対応させる。
(tの逆数=変調速度)

(c)パルス位置変調(PPM)

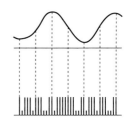

信号波形の振幅を標本化・量子化した後、1と0から成る2進符号に変換する。

(d)パルス符号変調(PCM)

図5・11　パルス変調方式の主な種類

3. PCM 伝送

PCM 伝送の流れ

PCM（Pulse Code Modulation）は、**パルス符号変調**ともいい、アナログ信号の情報を"1"と"0"の2進符号に変換し、これをパルスに対応させて伝送する方式である。比較的広い周波数帯域幅が必要となるが、SN比（信号電力対雑音電力比）を損なわずに長距離伝送を行うことができるなどの利点を持つ。

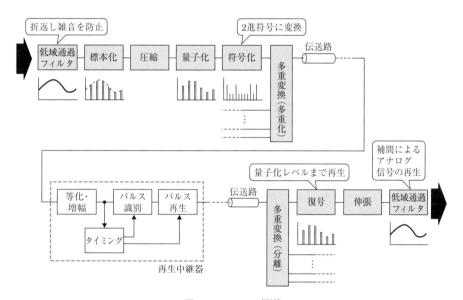

図5・12　PCM伝送

アナログ信号をデジタル信号に変換する場合、一般に、標本化→量子化→符号化という順で行われる。

① 標本化

時間的に連続しているアナログ信号の波形から、その振幅値を一定の時間間隔で標本値として採取していく。この操作を**標本化**または**サンプリング**という。

標本化定理によると、標本化（サンプリング）周波数を、アナログ信号に含まれている最高周波数の**2倍以上**にすると、元のアナログ信号の波形が復元できるとされている。

　音声信号の標本化を例にとると、伝送に必要な最高周波数f_hは約4〔kHz〕であるから、標本化周波数（1秒間当たりの標本化の回数）f_sは、その2倍の8〔kHz〕となる。そして、このときのサンプリング周期${}^{(*)}$ T_sは、$\frac{1}{8}$〔kHz〕$=125$〔μ sec〕となる。

　標本化では、振幅を標本値に対応させたパルスを、サンプリング周期に対応した一定の時間間隔で離散的に配置することにより、**PAM**（Pulse Amplitude Modulation）**信号**に変換する。

　（＊）標本化周波数の逆数で、1つの標本化から次の
　　　標本化までの時間を表す。

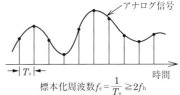

図5・13　標本化

② 量子化

　標本化で得られた標本値（パルス）は無数の値をとるが、これを符号化するためには有限個の値に区切っておく必要がある。この操作を**量子化**といい、区切られたステップ数のことを**量子化ステップ**という。

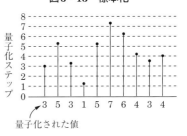

図5・14　量子化

③ 符号化

　量子化によって得られた値を"1"と"0"の2進符号などに変換する操作を**符号化**という。符号化に必要なビット数は、量子化ステップ数により異なり、量子化ステップ数が128個であれば7ビット（$128 = 2^7$）、256個であれば8ビット（$256 = 2^8$）が必要になる。

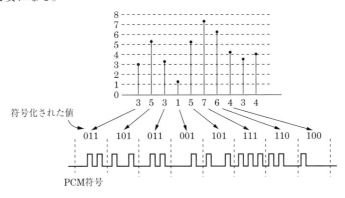

図5・15　符号化

④ 復号、補間

　デジタル伝送路より受け取ったパルス列を、受信側で逆の操作により元の信号（この場合はアナログ信号）に戻す。この操作を**復号**という。

　伝送路からの信号は、まず、復号器によって振幅のあるパルス列の信号に戻される。次に、この振幅のあるパルス列の信号は、伸張器によって元の標本化パルス列の信号（**PAM信号**）に戻される。さらに、標本化周波数の2分の1を遮断周波

数とする**低域通過フィルタ(ローパスフィルタ)**による**補間**操作で、元の音声信号に**復号**され、出力信号となる。なお、補間とは、離散的な信号の間を埋めて連続的な信号にすることをいう。

再生中継

　PCM伝送ではパルス波形を伝送するので、伝送中に雑音などでパルス波形が変形した場合でも、伝送路中に挿入された**再生中継器**により、元の波形を完全に再生することができる。このため、伝送中に雑音やひずみが累積されて増加していくことはなく、レベル変動もほとんどない。

　再生可能な信号レベルは、スレッショルドレベル(識別判定レベル)と呼ばれるしきい値(基準)で判断され、通常、雑音の振幅が信号の振幅の半分より小さければ再生に支障はない。この**再生中継**により、伝送路の信号劣化を少なくできるため、高品質な長距離伝送が可能となる。

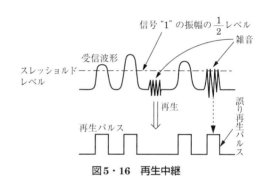

図5・16　再生中継

PCM伝送の符号化・復号の過程で発生する雑音

●量子化雑音
　量子化の際に、PAMパルスの振幅を離散的な数値に近似する過程で誤差が生じるために発生する雑音である。

●折返し雑音
　標本化の際に、入力信号の最高周波数(f_h)が標本化周波数(f_s)の2分の1以内に完全に帯域制限されていないために発生する雑音である。標本化前の入力信号の帯域制限が不十分な場合、$\dfrac{f_s}{2}$以上の信号スペクトルの成分が$\dfrac{f_s}{2}$を中心に折り返される。この折り返された信号スペクトルが復号の際に分離できないため、雑音となる。

●補間雑音
　復号の補間ろ波の過程で、理想的な低域通過フィルタを用いることができないために発生する雑音である。標本化パルスの復号では、入力信号の最高周波数(f_h)以上を全く通過させない低域通過フィルタを用いるのが理想であるが、現実には不可能である。このため、高周波成分が混入して雑音となる。

4. 光ファイバ伝送

光ファイバ

　平衡対ケーブルや同軸ケーブルは電気信号を伝送するが、**光ファイバ**は光の点滅のパルス列を伝送する。

　光ファイバは、屈折率の大きい**中心層（コア）**と屈折率の小さい**外層（クラッド）**の2層構造になっている。光信号はコアの中に取り込まれると、コアとクラッドの境界で**全反射**を繰り返しながら進んでいく。

　光ファイバは、その材料に石英ガラスやプラスチックでできた繊維を使用しており、伝送損失が極めて小さく、長い距離を無中継で伝送することができる。また、光信号は電気信号に比べて波長が短いため、より広帯域の伝送が可能である。さらに、光ファイバは光を伝送しているため、電磁結合や静電結合がなく、漏話も実用上無視できる。そのうえ、外部からの誘導の影響も受けにくい。

光信号は、コア内を全反射しながら伝送していく。

図5・17　光ファイバ

表5・3　光ファイバとメタリックケーブル

伝送媒体の種類 / 比較項目	光ファイバ	メタリックケーブル	
		平衡対ケーブル	同軸ケーブル
伝送損失	極めて小さい。	周波数が高くなると大きくなる。	高周波でも小さい。
大容量伝送	大容量伝送が可能。	適さない。	平衡対ケーブルよりも大容量の伝送が可能。
長距離伝送	極めて長い距離の伝送が可能。	適さない。	平衡対ケーブルよりも長距離の伝送が可能。
漏　話	漏話は無視できる。	静電結合や電磁結合により漏話が生じる。	導電結合により漏話が生じる。

光ファイバの種類と伝搬モード

　光ファイバ内を伝搬する光の波長、コア径、屈折率などから、光の伝わり方の種類が決まる。これを**伝搬モード**と呼び、複数のモードの光を同時に伝搬できる**マルチモード（多モード）型**と、1つのモードのみ伝搬できる**シングルモード（単一モード）型**の2種類に分けられる。

　マルチモード型は、コアの屈折率分布の違いにより、さらに**ステップインデッ**

クス型とグレーデッドインデックス型に分けられる。ステップインデックス型ではコアとクラッドの屈折率分布が階段状に変化するのに対し、グレーデッドインデックス型では連続的に変化する。

　表5・4からもわかるように、シングルモード型は、マルチモード型に比べてコア径が小さい。また、広帯域、低損失であるため、大容量・長距離伝送に適している。

表5・4　光ファイバの種類

光ファイバの種類／比較項目	シングルモード(単一モード)型	マルチモード(多モード)型	
		ステップインデックス(SI)型	グレーデッドインデックス(GI)型
光信号の伝搬方法と屈折率分布			
コア径	〜10μm	50〜85μm	
外径	125μm		
帯域幅	広い(10GHz・km程度)	狭い(100MHz・km程度)	やや広い(1GHz・km程度)
光の分散	小さい	大きい	中程度
光の損失	小さい	大きい	中程度

 重要　シングルモード光ファイバのコア径は、一般に、マルチモード光ファイバのコア径より小さい。

光ファイバ伝送

●光ファイバ伝送の原理

　光ファイバ伝送では、電気信号を光信号に変換して伝送するため、電気から光への信号変換を行う送信装置と、光から電気への信号変換を行う受信器が必要である。これらの変換器は、**光コネクタ**により光ファイバコード(ケーブル)と接続される。なお、光コネクタは光ファイバコード相互の接続にも用いられる。

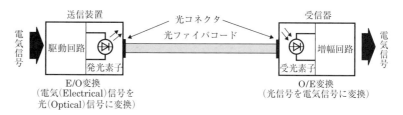

図5・18　光ファイバ伝送

●発光素子と受光素子

　光源となる発光素子には、一般に、**発光ダイオード**（**LED**：Light Emitting Diode）や**半導体レーザダイオード**（**LD**：Laser Diode）が用いられている。発光ダイオードは、光の自然放出現象を利用したもので、短距離系の光伝送システムで多く使用されている。一方、半導体レーザダイオードは、光の誘導放出現象を利用したもので、発光ダイオードよりも応答速度が速く、発光スペクトル幅が狭いため、高速・広帯域の伝送に適している。

　また、受光素子には、一般に、**ホトダイオード**（**PD**：Photo Diode）や**アバランシホトダイオード**（**APD**：Avalanche Photo Diode）が用いられている。ホトダイオードは、pn接合面に光が当たると光の吸収により電流が流れるという現象を利用したものである。一方、アバランシホトダイオードは、電子なだれ降伏現象による光電流の内部増倍作用を利用するもので、ホトダイオードに比べて受光感度は優れているが、雑音が多く発生するなどのデメリットもある。なお、電子なだれ降伏現象とは、高電界により電子が加速され連鎖反応的に電流が増加する現象のことをいう。

●強度変調

　光ファイバ伝送では、一般に、安定した光の周波数や位相を得ることが難しいので、周波数変調や位相変調には向かない。このため、電気信号の強さに応じて光源の光の量を変化させる**強度変調**（振幅変調）が行われる。

　強度変調には、**直接変調方式**と**外部変調方式**がある。直接変調方式は、発光ダイオードや半導体レーザダイオードなどに入力する電気信号の強弱によって光の強度を直接変調し、点滅させる。一方、外部変調方式は、**電気光学効果**（ポッケルス効果）や**電界吸収効果**などを利用する光変調器を用いて、外部から変調を加える。ここで、電気光学効果とは、物質に電圧を加え、その強度を変化させると、その物質における光の屈折率が変化する現象のことを指す。また、電界吸収効果とは、電界強度を変化させると、化合物半導体の光吸収係数の波長依存性が変化する現象のことをいう。

重要
外部変調方式では、光を透過する媒体の屈折率や吸収係数などを変化させることにより、光の属性である強度、周波数、位相などを変化させている。

図5・19　直接変調方式　　　　　　図5・20　外部変調方式

●中継装置

　中継装置は、光ファイバ伝送路で減衰した光信号を元の信号レベルにまで戻すための装置であり、**光再生中継器**や**線形中継器**などがある。

・光再生中継器

　光再生中継器は、受信した信号パルスを、送信時と同じ波形に再生して伝送路に送出する装置であり、**3R機能**と呼ばれる機能を持つ。これは、減衰劣化したパルスを、パルスの有無が判定できる程度まで増幅する**等化増幅（Reshaping）機能**、パルスの有無を判定する時点を設定する**タイミング抽出（Retiming）機能**、等化増幅後の"0"、"1"を識別し、元の信号パルスを再生して伝送路に送出する**識別再生（Regenerating）機能**のことをいう。

　光再生中継器において、タイミングパルスの間隔のふらつきや共振回路の同調周波数のずれが一定でないために、伝送するパルス列の遅延時間の揺らぎ、すなわち**ジッタ**が発生する場合がある。

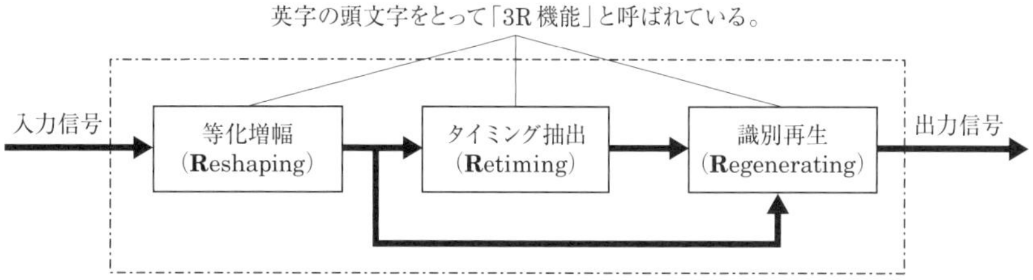

図5・21　光再生中継器

・線形中継器

　線形中継器は、光再生中継器とは異なり、光信号を電気信号に変換することなく、光信号のまま直接増幅して中継を行う装置であり、増幅機能のみを持つ。

光損失、分散等

●光損失

　光ファイバの**光損失**とは、光ファイバを伝搬する光の強度がどれだけ減衰するかを示す尺度であり、光損失が小さければ、伝搬できる距離が長いことを意味する。光ファイバ固有の光損失には、次のものがある。

・レイリー散乱損失

　光ファイバ中の屈折率の微少な変動（揺らぎ）によって、光が散乱するために生じる。これは材料固有の損失であるため、避けることができないとされている。

・マイクロベンディング損失（マイクロベンディングロス）

　微少な曲がり（コア径よりも小さな曲がり）によって生じる損失である。光ファイバの側面に不均一な圧力が加わったときに発生する。

・吸収損失

　光ファイバの材料が光を吸収し、その光エネルギーが熱に変換されることによって生じる。光ファイバ内の不純物によるものと、光ファイバの材料特有のものがある。

・光ファイバの構造不均一による散乱損失

　コアとクラッドの境界面での構造不完全、微小な曲がり、微結晶などによって引き起こされる光損失である。これは光ファイバの製造技術にかかわる損失であり、伝搬する光の波長に依存しない。

●分散

　光ファイバに入射された光パルスが伝搬されていくにつれて時間的に広がった波形になっていく現象を、**分散**という。この分散現象は、発生要因別に**モード分散**、**材料分散**、**構造分散**の3つに分けることができる。なお、材料分散と構造分散は、その大きさが光の波長に依存することから、**波長分散**とも呼ばれている。

表5・5　光ファイバにおける分散現象

種　類		説　明
モード分散		光の各伝搬モードの伝送経路が異なるため到達時間に差が出て、パルス幅が広がる。モード分散は、複数の伝搬モードが存在するマルチモード光ファイバのみに生じる現象であり、伝搬モードが1つしかないシングルモード光ファイバでは生じない。
波長分散	材料分散	光ファイバの材料の屈折率が光の波長により異なっているため、パルス波形に時間的な広がりが生じる。
	構造分散	光ファイバのコア(中心層)とクラッド(外層)の境界面で光が全反射を行う際に、光の一部がクラッドへ漏れてパルス幅が広がる。

●雑音

　光ファイバ伝送における雑音には、光信号の増幅に伴い自然放出光の一部が増幅されて発生する**ASE**(Amplified Spontaneous Emission)**雑音**、入力光信号の時間的な揺らぎによって生じる**ショット雑音**などがある。

光アクセスネットワークの構成

●シングルスター(SS：Single Star)構成法

　最も基本的な構成法であり、図5・22(a)のように、光ファイバを各ユーザが占有する。

●ダブルスター(DS：Double Star)構成法

　光ファイバを複数のユーザが共用する構成法である。この構成法は、さらに**アクティブダブルスター**(**ADS**：Active Double Star)**方式**(図5・22(b))と、パッ

シブダブルスター（**PDS**：Passive Double Star）**方式**（図5・22（c））に大別される。

　ADS方式は、複数のユーザ回線からの電気信号を、設備センタとユーザ宅との間に設置されるRT（Remote Terminal）という多重化装置で多重化するとともに光信号を電気信号に変換し、RTから設備センタまでの光ファイバなどの設備を共用する方式である。

　一方、PDS方式は、RTの代わりに**光スプリッタ（光スターカプラ）**という光受動素子を用いる。PDS方式は、この光スプリッタを用いて、１本の光ファイバを数十本の光ファイバに分岐し、ポイント・ツー・マルチポイント（1対多）間で光信号を電気信号に変換することなく送受信する方式である。この方式は、一般に**PON**（Passive Optical Network）とも呼ばれており、現在、光アクセスネットワーク構成法の主流となっている。

> 光スプリッタは、光信号を電気信号に変換することなく、光信号の分岐・結合を行うデバイスである。
> **PDS（PON）**では、設備センタとユーザ間に光スプリッタを設置して、光ファイバを複数のユーザで共用する。

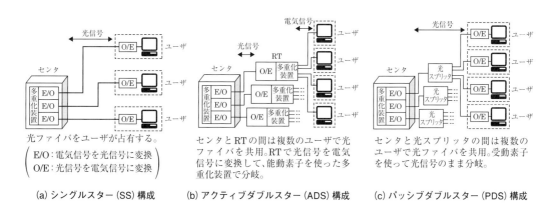

図5・22　光アクセスネットワークの構成

光アクセスネットワークにおける双方向多重伝送方式

　光アクセスネットワークでは、双方向多重伝送方式として、**時間軸圧縮多重（TCM**：Time Compression Multiplexing）**方式**、**波長分割多重（WDM**：Wavelength Division Multiplexing）**方式**、**空間分割多重（SDM**：Space Division Multiplexing）**方式**などが用いられている。

●TCM方式

　上り信号と下り信号を、**時間を分けて交互に伝送する**ことにより、光ファイバ

心線1心で双方向多重伝送を行えるようにした方式である。

●WDM方式

　上り、下り方向それぞれに対して**個別の光波長を割り当てる**ことにより、光ファイバ心線1心で双方向多重伝送を行えるようにした方式である。

　送信側は、波長が異なる複数の光信号を光学処理によって多重化し、1つの光ビームに合成して1心の光ファイバ心線上に送出する。受信側では、波長の違いを利用して、光学処理により、元の複数の光信号に分離する。

●SDM方式

　上り、下り方向それぞれに対して**個別に光ファイバを割り当てて**双方向多重伝送を行う、最も単純な方式である。

練習問題

【1】 光ファイバ通信で用いられる光変調方式の一つに、LEDやLDなどの光源の駆動電流を変化させることにより、電気信号から光信号への変換を行う　(ア)　変調方式がある。
［① 間　接　② 直　接　③ 角　度］

【2】 光ファイバ内における光の伝搬速度がモードや波長により異なり、受信端での信号の到達時間に差が生ずる現象は、　(イ)　といわれ、デジタル伝送においてパルス幅が広がる要因となっている。
［① 散　乱　② 群速度　③ 分　散］

【3】 光アクセスネットワークの形態の一つで、設備センタとユーザとの間に光スプリッタを設け、設備センタと光スプリッタ間の光ファイバ心線を複数のユーザで共用するネットワーク構成はPDSといわれ、この構成を適用したものは　(ウ)　システムといわれる。
［① PON　② SS　③ VPN］

答（ア）② （イ）③ （ウ）①

端末設備の接続のための
技術及び理論

第1章

アナログ電話端末

1. 電話機の基本

一般的に使用されている電話機の基本機能は、通話相手との間に電気信号をやりとりするための通信路（回線）を設定し、利用者が発した音声信号を電気信号に変換して送信し、受信した電気信号から音声信号を再生する機能である。これは**通話機能**といわれる。さらに、これに利用者のニーズに合わせてさまざまな機能を付加した製品が数多く販売されている。付加機能の例としては、保留、再送、転送、電話番号記憶、留守番電話、いたずら電話防止、スピーカトークなどがある。

しかし、すべての電話機に共通しているのは通話機能のみであるため、ここでは、通話のための基本機能および発着信動作について記述する。

電話機の基本機能

●フックスイッチ機能

電話機の通話回路をON／OFFするスイッチ機能。送受器を上げ下ろしする機械的動作により行われる。

●ダイヤル機能

希望する相手の電話機に接続するため交換設備に選択信号を送出する機能。

●着信表示機能

収容されている交換設備から回線（加入者線）を通って呼出信号が到来した際に、呼出音等で着信を知らせる機能。

●送受話機能

音声を電気信号に変換して回線に送出する送話機能と、回線から受信した電気信号を音声等に変換する受話機能がある。

電話の接続から切断までの動作

電話をかけるときは、自分の電話機を相手の電話機に直接つなげるのではなく、電話サービスを提供する電気通信事業者の交換設備に接続し、相手の電話機も交換設備に接続されているのが一般的である。自分側の交換設備と相手側の交換設備は別のものでもよく、双方の交換設備の間の途中の伝送路は交換設備が効率的に選択している。電話機と交換設備を結ぶ線を加入者線といい、電話機と交換設

備の間で制御に必要な情報のやりとりをするための約束事を**加入者線信号方式**という。この加入者線信号方式にもとづき、送受器を上げてから通話を終えて送受器を下ろすまでの一連の動作は、図1・1に示すシーケンスにより行われる。

●発信動作

　交換設備は、電話機との間に流れる電流の変化を常時監視しており、送受器が置いてあるときには送受器を上げる（オフフックする）動作を検出するための監視を行っている。この状態を**端末監視状態**という。利用者が電話機（発信端末）の送受器を上げると、フックスイッチが閉じて回路がONになり、交換設備に内蔵されている直流電源により交換設備と電話機の間で直流電流が流れる**直流ループ**が形成される。これを**発呼信号**という。交換設備は、この発呼信号を検知すると、発信端末に**ダイヤルトーン**（DT）といわれる特定の周波数を持つ交流の電気信号を送出し、**選択信号**（相手の電話番号を示す信号）を受信できる状態になったことを発信端末に伝える。このとき、発信端末の受話器から「ツー」という音が聞こえる。

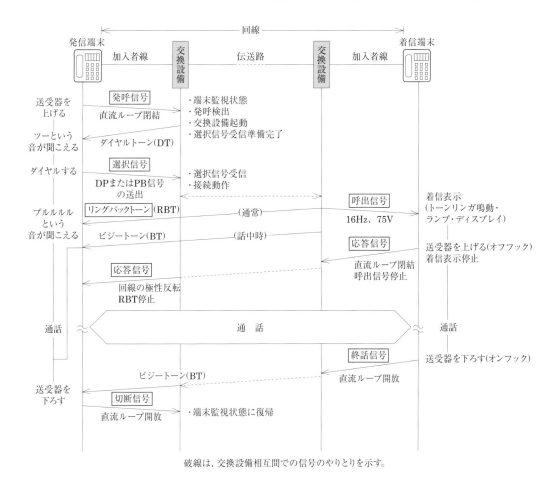

破線は、交換設備相互間での信号のやりとりを示す。

図1・1　接続から終話・切断までのシーケンス

交換設備が選択信号受信準備完了の状態になると、送受器からダイヤルトーンが聞こえる。

●選択信号送出

　発信音確認後にダイヤルまたはプッシュボタンで通話相手の電話番号を入力すると、交換設備に選択信号が送出される。選択信号には、一定時間における直流電流の断・続で表される**ダイヤルパルス（DP）**と、2つの異なる周波数の正弦波を合成してつくる音声波形で表される**押しボタンダイヤル信号（PB信号）**がある。

●通話路選択

　交換設備は、選択信号をもとに相手の電話機（着信端末）に接続するため途中経路を選択し、着信端末または着信端末を収容している交換設備に接続する。中継線がすべて塞がっていて接続ができないときには経路選択を中止し、発信端末に対しビジートーン（BT：「プーッ、プーッ…」という音）を送出する。

●着信表示

　着信側の交換設備は、着信端末に呼出信号を送出する。呼出信号を受信した着信端末は、ベルまたはトーンリンガの鳴動、ディスプレイ表示等により、着呼があったことを利用者に知らせる。また、このとき発信端末に対し、着信端末がオンフック状態であれば着信端末を呼出中であることを示す**リングバックトーン**（RBT：「プルルル…」という音）を送出し、受信端末が使用中（話中）のときは呼出しを中止して発信側に対し**ビジートーン（BT）**を送出する。

●着信応答

　呼出信号受信中に着信端末の送受器を上げると、スイッチが閉じて交換設備との間に直流ループが形成され、これが呼出しに応答したことを交換設備に知らせる**応答信号**となる。応答信号を検出した交換設備は、発信側への呼出音（RBT）を停止し、発信側の交換設備が加入者線の2線間の極性（発信端末との間で形成されている直流回路のプラスとマイナスの向き）を反転することで、着信端末が応答したことを通知する。

●終話・切断

　送受器を下ろす（オンフックする）と交換設備との間の直流ループが開放され、通話が終了（終話）する。どちらか先に送受器を下ろした側の直流ループ開放が**終話信号**となり、終話信号を検出した交換設備は、相手側にビジートーン（BT）を送出して終話を知らせる。話中音を受信した端末で送受器を下ろし交換設備との間の直流ループを開放すると、これが**切断信号**となり、切断信号を検出した交換設

備は、これ以降は端末監視状態(発呼信号待ちの状態)に戻る。

選択信号の概要

　現在のアナログ電話では、利用者が電話機(端末)のフックスイッチやプッシュボタンなどを操作して生じる信号により電気通信事業者の自動式電話交換設備を制御する方式が主流である。電話機(端末)から交換設備に送る信号のうち、回転式のダイヤルやプッシュボタンなどを操作することにより送信される選択信号には、ダイヤルパルス(DP)方式のものと、押しボタンダイヤル信号(PB信号)方式のものがある。

●ダイヤルパルス方式
　初期の自動式電話交換では、利用者の端末は回転ダイヤル式電話機が主流であった。これは、ダイヤルのフィンガープレートの穴に指を入れて回し、指を抜いて元の位置に戻るときに電気接点が開閉することで端末と交換設備の間の直流回路を断続し、ダイヤル数字の回数に相当する回数のパルス列(ただし「0」は10回)を発生させる。そして、交換設備がこの**ダイヤルパルス(DP)**を検知し、数字として解釈する。
　ダイヤルパルス方式の信号において、直流回路が「接」で電流が流れている時間をメーク時間、直流回路が「断」で電流が流れない時間をブレーク時間という。

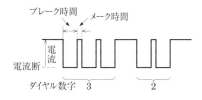

図1・2　ダイヤルパルス

●押しボタンダイヤル方式
　現在使用されている端末は、数字や記号が印字されている押しボタン式のダイヤルスイッチを押すと、その数字や記号に対応した音声信号を送出する、押しボタンダイヤル式電話機が主流である。押しボタンダイヤル信号を発振する**PB信号発振回路**には、シンセサイザ方式のLSIが使用され、ダイヤルスイッチを押したとき、その接点により高群から1つ、低群から1つ選択された2つの周波数の音声波形が合成されて、**押しボタンダイヤル信号(PB信号)**として交換設備に送出される。そして、交換設備がこの押しボタンダイヤル信号を検知し、数字として解釈する。
　押しボタンダイヤル方式では、音声帯域内の周波数の信号を用いているため、

電話網を介して直接エンド・ツー・エンド(端末どうし)で信号を通すことができ、数字や数字以外(「＊」や「＃」)の押しボタンを使って通話以外の簡単なデータ伝送やコントロール等の各種サービスを容易に実施できる。

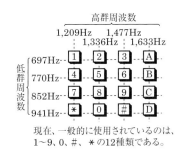

現在、一般的に使用されているのは、
1〜9、0、＃、＊の12種類である。

図1・3　押しボタンダイヤル信号の周波数

練 習 問 題

【1】 アナログ電話端末から選択信号を送出後、受話器でビジートーンを聴取した場合、発信者は、着信側端末が通信中、 (ア) などであることを判別できる。
　[① 着信側加入者線が断線　② 通信相手の応答待ち　③ 中継線が全塞がり]

【2】 電話機と交換機との間の加入者線信号方式において、着信側の押しボタンダイヤル式電話機では、一般に、交換機からの (イ) により、電話機のトーンリンガ回路などが動作し、着信音が鳴動する。
　[① 応答信号　② 呼出信号　③ ダイヤルトーン]

【3】 押しボタンダイヤル式電話機の (ウ) 回路は、一般に、LSIを使用し、デジタル処理によって二つの周波数を組み合わせてダイヤル信号を合成するシンセサイザ方式を採用している。
　[① PB信号受信　② MF信号受信　③ PB信号発振]

【4】 公衆交換電話網(PSTN)を介して接続された状態にある端末機器間において押しボタンダイヤル信号を利用すると、数字や数字以外の押しボタンにより、 (エ) で、通話以外の簡単なデータ伝送やコントロールなどが可能となる。
　[① ステップ・バイ・ステップ　② エンド・ツー・エンド　③ リンク・バイ・リンク]

答（ア）③（イ）②（ウ）③（エ）②

2. 電話機

　従来の電話機は、押しボタンダイヤル信号を発振するPB信号発振回路を除き、ほとんどが機械式の部品で構成されていた。現在一般的に使用されている電話機は、トーンリンガ回路、ダイヤル発振回路、通話回路などを1チップのLSI（大規模集積回路）に集積し、その他各種スイッチ、送受話器、サウンダ等の小型・軽量化を図った**電子化電話機**が主流になっている。

電子化電話機

　電子化電話機は、主要回路がLSIで構成された電話機である。商用電源を用いてLSIを駆動することで、電話の基本機能に加え、さまざまな付加機能を実現している。商用電源の停電時でも、交換設備から供給される電流により基本電話機能のみにはなるが使用可能な製品もあり、たとえば平常時に電源コードを抜いた状態で発信音が取得できる電話機は、停電してもダイヤル発信できるものが多い。電子化電話機の回路構成をブロック図（個別の機能や要素をブロックで表し、それらを線で結んで相互の関係を表現した図）を用いて図1・4に示す。

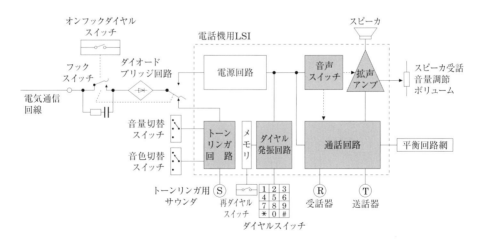

図1・4　電子化電話機の回路ブロック図

●ダイオードブリッジ回路
　電子化電話機は多彩な機能を実現するために商用電源を利用するが、停電時でも最低限の電話機能を維持できるようになっており、そのための電源は、交換設

備から加入者線を通して供給される通話用直流電源を使用している。LSIは供給される直流電圧の極性が反対になると正常な動作ができなくなるので、加入者線側に極性一致回路（ダイオードブリッジ回路）を設けて交換設備からの電流を全波整流し、LSIに加わる直流電圧の極性を一定に保つことで、トーン信号のレベル低下や波形崩れを防止する働きをする。

●トーンリンガ回路

　電子化電話機では、送受器がオンフック（通話回路OFF）のとき加入者線はトーンリンガ回路に接続されており、交換設備からの呼出信号はトーンリンガ回路に入力される。トーンリンガ回路は、呼出信号を受信すると電子音を発生し、利用者に着信を知らせる回路で、シンセサイザ方式の発振回路、発振回路の出力を合成してさまざまな音色を作る制御回路、**サウンダ**（着信音を鳴らすスピーカ）を効率よく鳴動させるための増幅回路から構成される。

　一般にトーンリンガ音は数種類用意され、そのうちから好みの音をスイッチを切り替えることで選択できるようになっている。

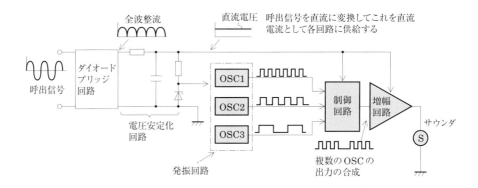

図1・5　トーンリンガ回路

●ダイヤル発振回路（PB信号発振回路）

　ダイヤル発振回路は、低群4周波（697、770、852、941Hz）から1つ、高群4周波（1,209、1,336、1,477、1,633Hz）から1つの正弦波を選択し、この2つの波形をLSIによるデジタル処理で合成して2周波ダイヤル信号を生成する**シンセサイザ方式**を採用した回路で、ダイヤルスイッチからの信号により押しボタンダイヤル信号（PB信号）を発振する。また、再ダイヤルスイッチを押したときは、メモリ内に蓄積されているダイヤル情報がダイヤル発振回路に送られ、押しボタンダイヤル信号を発振する。

●通話回路

　通話回路は、送話器および受話器と電気通信回線とを接続し、入出力する音声

信号を通話に適した状態に調整するための回路で、送受話増幅回路と防側音回路
から構成されている。

・送受話増幅回路

　送受話増幅回路は、電話機に入力される電流(線路電流)の大きさを検出し、自
動的に増幅度を調整している。送受話器を上げるとフックスイッチが閉じて通話回
路がONとなり、ダイオードブリッジのLSI側にあるスイッチも連動してトーン
リンガ回路から電源回路側に切り替わるので、通話回路が動作可能になる。

・防側音回路

　防側音回路は、加入者線路と平衡をとることにより、送話器からの側音電流を
適度に調整するものである。**側音**は、送話者が発した音声(会話など)や室内騒音
などが送話器から入り、通話回路および受話回路を経て受話器から自分の耳に聞
こえる音をいい、通話には**適度に必要**である。また、側音が大きすぎると**ハウリ
ング(鳴音)**などの不具合を生じることもある。このため、電話機には側音の大き
さを適度に調整する防側音回路が必要になる。

　電話機の防側音回路には、ハイブリッドトランス(誘導コイル)を用いたブース
タ形およびブリッジ形、抵抗器と増幅器で構成した抵抗ブリッジ形があるが、電
子化電話機では、一般に**抵抗ブリッジ形**防側音回路が用いられている。抵抗ブリッ
ジ形防側音回路は、ブリッジ回路の2辺に低抵抗を用いて平衡させており、通話
回路の低い電圧での動作を可能にしている。また、ハイブリッドトランスを用い
ていないためブースタ形防側音抵抗回路に比べて低周波領域においてもインダク
タンスの低下による防側音特性の劣化がない。さらに、良好な防側音特性を得る
ため、複数の平衡回路網を備え、ループ電流検出回路で検出された線路電流の大
きさに応じて良好な防側音状態が得られるものに切り替える**自動平衡形**防側音回
路が採用されていることが多い。

●音声スイッチ

　音声スイッチをONにすると、受話器に流れていた電流がスピーカ用の拡声ア
ンプに流れ、通話がスピーカで再生される。

重要

> **PB信号発振回路は、デジタル処理により2周波ダイヤル
> 信号を合成するシンセサイザ方式を採用している。**

技術・理論1章

電子化電話機の各種機能

●再ダイヤル機能

最後に電話をかけた相手のダイヤル番号を内蔵メモリに記憶し、1つのボタンを押すだけで同じ選択信号を送出できる。

●ワンタッチダイヤル機能

専用のボタンなどにあらかじめ特定の相手の電話番号を登録しておき、その特定の相手に電話をかけるとき登録したボタンのみを押すだけでダイヤルできる。

●オンフックダイヤル機能

送受器を置いた（掛けた）状態でダイヤル信号を送出する。スピーカ受話機能と連動している場合が多く、相手が応答したことを確認した後に送受器を手に取って通話するといった使い方ができる。

●ハンズフリー機能

本体にスピーカおよびマイクを備えた電話機において、送受器を取らずに通話ができる機能。

 重要 | 登録したボタンを押すだけでダイヤルできる機能をワンタッチダイヤル機能という。

アウトパルスダイヤル式電話機

アウトパルスダイヤル式電話機とは、ダイヤル操作が数字キーなどを押して入力する押しボタンダイヤル式でありながら、選択信号としてダイヤルパルスを送出する電話機のことで、疑似プッシュホン電話機ともいわれる。

図1・6に示すアウトパルスダイヤル式電話機の回路において、ダイヤルスイッチの数字キーを押すと、H_1〜H_3端子から1つ、L_1〜L_4端子から1つの端子が選択され、接続されることでループができる。信号発生用のICがこれを検出すると、H端子とL端子の組合せによりICのDP端子からダイヤルスイッチの数字に対応したダイヤルパルスによる選択信号が出力される。DP端子の出力によりトランジスタTR_1がON（導通）またはOFF（不通）となり、直流電流を断続させている。TR_2がONの場合は、TR_2のコレクタ〜エミッタ間が導通するため、TR_1のベース〜エミッタ間に電流が流れ、TR_1もONとなる。反対に、TR_2がOFFの場合は、TR_1もOFFとなる。

また、電気通信回線に選択信号を送出している間は、ダイヤルパルスの波形が通話回路の影響を受けないよう、ICのMUTE端子よりMUTE回路を起動して、通話回路を短絡する。これにより、ダイヤルパルスの波形が通話回路の影響でひずまないようにするとともに、パルス音が受話器から聞こえないようにしている。

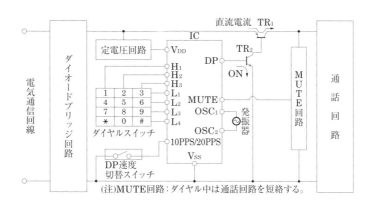

図1・6 アウトパルスダイヤル式電話機の回路ブロック図

 押しボタンダイヤル式のダイヤル操作でDP信号を送出する電話機は、アウトパルスダイヤル式電話機といわれる。

練習問題

【1】 スピーカ、マイクロホンなどを用い、送受器を手に持たずに通話できるようにした多機能電話機では、 (ア) を防止するための防側音特性が必要であるため、自動平衡型防側音回路などが用いられている。
　　　［① ハウリング　② 回線エコー　③ 漏　話］

【2】 ダイヤル操作が押しボタン式であり、選択信号として (イ) 信号を送出する電話機は、アウトパルスダイヤル式電話機などといわれている。
　　　［① PB　② MF　③ DP］

【3】 アウトパルスダイヤル式電話機において、送受器を上げた後、0ボタンを押下した場合は、選択信号として (ウ) 個のダイヤルパルスが電話機から送出される。
　　　［① 1　② 2　③ 10］

答（ア）①（イ）③（ウ）③

3. 各種の電子化電話機

メモリダイヤル電話機

　メモリダイヤル電話機は電子化電話機の一種で、相手の電話番号などを簡単なボタン操作により自動的にダイヤルできる機能を持つ。メモリダイヤル電話機の回路ブロック図を図1・7に示す。

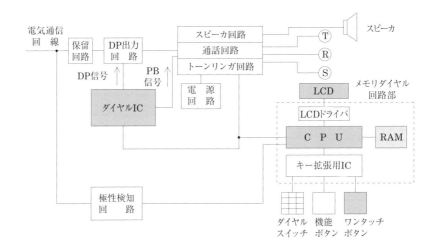

図1・7　メモリダイヤル電話機の回路ブロック図

●ワンタッチダイヤル操作

　メモリダイヤル電話機では、使用頻度が高い電話番号や数字情報を内蔵メモリの**RAM**に複数件記憶させ、再利用することができる。RAMに記憶されている電話番号や数字情報は**ワンタッチボタン**の操作によりCPUに伝わり、CPUはダイヤルICを動作させる。そして、ダイヤルICは交換設備にダイヤルパルス（DP信号）またはPB信号による選択信号を送出する。

　電話番号の登録時や発信時には、入力した番号を確認するための情報が**LCD**（液晶ディスプレイ）に表示される。

●プリセットダイヤル

　電話をかける場合、通常は送受器を手に取りオフフックしてから電話番号を押すが、メモリダイヤル電話機などのLCDを搭載した電子化電話機には、送受器を置いたままオンフック状態で電話番号を押し、LCDに表示された番号を確認およ

び必要に応じて訂正した後、通話キー、外線ボタンなどの操作で発信する機能がある。この機能をプリセットダイヤルという。プリセットダイヤル機能を利用することで、間違い電話を防止することができる。

●通話時間表示

メモリダイヤル電話機などのようにCPUおよびLCDを搭載した電子化電話機には、通話時間を表示できる機能を有するものがある。電話をかけ、相手が応答すると、加入者線の極性が反転するので、極性検知回路でこれを検出してCPUに伝え、CPUはその時点から通話時間を測定し、LCDドライバを介してLCDに表示する。

 電話番号を入力した後ディスプレイなどで確認し、必要があれば訂正してから発信する方法をプリセットダイヤルという。

留守番電話機

留守番電話機は、不在時に着信があった場合、その着信呼に自動的に応答し、発信者の用件メッセージを録音しておく機能を有するものである。録音されたメッセージは、帰宅後などに所定の操作により再生して聞くことができる。留守番電話機の主な機能は、次のとおりである。

●自動応答、応答メッセージ送出

不在時の着信に対し、設定した時間の経過後または設定した回数の着信音鳴動後に自動的に応答するとともに、留守中である旨の応答メッセージを送出する。

●用件メッセージの録音

自動応答、メッセージ送出の後に、相手の用件メッセージを録音する。録音されたメッセージは、後で再生、消去ができる。

●通話録音

通話中に、その内容を録音できる。

●着信モニタ

留守番電話機能に切り替えた状態で着信があると、応答メッセージと相手の声をスピーカで聞くことができる。

技術・理論1章

●遠隔操作

　外出先からPB信号を送出可能な電話機を用いてPB信号で暗証番号やコマンドを送り、録音内容の再生や応答メッセージの変更などの遠隔操作を行うことができる。

●伝言板

　外出時に、メモ代わりに家族等への伝言を録音することができる。これは、応答メッセージとは異なる。

●トールセーバ

　電話機に録音された用件メッセージの有無によって、自動応答までの呼出時間または呼出音の鳴動回数を変更することができる。たとえば、録音されたメッセージを外出先から遠隔操作で聞きたいとき、メッセージが録音されていないときには呼出音2回で応答するような設定をしておけば、呼出音が聞こえた場合はメッセージがないと判断できる。

●自動呼出し

　用件メッセージの録音後に、他の電話機を自動的に呼び出し、録音内容を伝えることができる。

重要　留守番電話機には、外出先からPB信号で暗証番号を送ると録音された内容を再生するなどの遠隔操作ができるものがある。

練習問題

【1】多機能電話機などにおいて、送受器を置いたオンフックの状態で押しボタンにて電話番号を押下し、電話機のディスプレイで電話番号を確認および必要に応じて訂正した後、通話キー、外線ボタンなどの操作で発信する方法は、一般に、　(ア)　ダイヤルといわれる。
　　［① オート　② プリセット　③ ワンタッチ］

【2】留守番電話機には、外出先から押しボタンダイヤル式電話機のPB信号を用いた　(イ)　などを受信し、留守中に録音された内容を再生することなどができる遠隔操作機能を備えたものがある。
　　［① 監視信号　② 応答信号　③ 暗証番号］

答（ア）②（イ）③

4. コードレス電話装置

　コードレス電話装置は、図1・8のように一般の電話機のコード（機ひも）などの部分を無線（電波）に置き換えた電話システムである。一般に**親機**などといわれる**固定部（接続装置）**と、**子機**といわれる**携帯部（電話機）**から構成され、子機と親機の間は無線で、親機は加入者線と有線で結ばれる。無線部分で伝送される信号の変調方式には、アナログ方式とデジタル方式があるが、近年はデジタル方式が主流になっている。

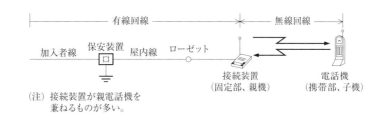

（注）接続装置が親電話機を
　　　兼ねるものが多い。

図1・8　コードレス電話装置のシステム構成

アナログ方式のコードレス電話装置

　アナログ方式のコードレス電話装置は、親機と子機の間の無線部分において、アナログ変調された電波により音声信号を伝送する装置で、微弱電波形のものと、小電力形のものがある。

●微弱電波形
　微弱電波形のコードレス電話装置は、電波法の監理の適用を受けない微弱な電波を使用するもので、使用周波数や変調方式に関する規定がなく、周波数によっては他の無線局から送信される電波の影響を受けやすい。

●小電力形
　小電力形のコードレス電話では、送信出力が10mWまで認められている。また、専用の周波数帯域が割り当てられ、変調方式も規定されているなど、微弱電波形に比べて他の無線局からの影響を受けにくく、安定した通信が可能である。
　親機が送信する電波の周波数は380MHz帯、子機が送信する電波の周波数は250MHz帯で、親機と子機の接続に使用されるチャネル数は89（制御用2、通話

用87）である。また、信号の変調方式は周波数変調方式である。

デジタル方式のコードレス電話装置

　デジタル方式のコードレス電話装置は、親機と子機の間の無線部分において、デジタル変調された電波により音声信号を伝送する装置である。初期のPHS端末をコードレス電話の子機として利用する第二世代コードレス電話、2.4GHz帯のISMバンドを使用する2.4GHz帯コードレス電話、第二世代コードレス電話の新方式として登場した**DECT準拠方式**コードレス電話などがある。

●第二世代コードレス電話
　最初に開発されたデジタルコードレス電話機で、1台のPHS（簡易型携帯電話）端末をPHSサービス用（公衆モード）とコードレス電話の子機としての用途（自営モード）に利用することを想定して開発されたものである。このため、親機と子機の間で使用する無線周波数は、PHSと同じ規格の**1.9GHz帯**とされ、無線アクセス方式はTDMA（時分割多元接続）方式とTDD（時分割複信）方式を組み合わせた**TDMA／TDD方式**を採用している。TDMA方式は、無線キャリアを時間的に分割し、複数のユーザで共用する方式である。また、TDD方式は、上りと下りに同じ周波数を用い、時間方向に圧縮した信号を伝送方向を交互に切り替えて伝送する方式である。
　この方式のデジタルコードレス電話装置の規格は、ARIB（電波産業会）がRCR STD−28として策定している。この規格では、従来のアナログコードレス電話装置を第一世代ととらえ、これに対してPHS端末をコードレス電話に利用するものを第二世代コードレス電話システムと呼んでいる。一般に、親機やステッカーに、現品表示として**1.9−P**の記号が表示される。

●2.4GHz帯コードレス電話
　親機と子機の間で使用する無線周波数を**2.4GHz帯**のISMバンド（産業、科学、医療用の機器で利用するために、法令で定められた出力以下なら免許不要とした周波数帯域）としたコードレス電話システムである。このため、子機を使った通話時には、一般に、電子レンジや無線LAN、Bluetoothなど同じ2.4GHz帯を使用する機器との電波干渉によるノイズが発生しやすいが、一定時間ごとに無線周波数を変えながら伝送する**周波数ホッピング（FH-SS）**技術を用いて電波干渉を発生しにくくしている。この方式の製品の親機やステッカーへの現品表示は、たとえば周波数ホッピング方式で与干渉距離が80mの製品なら、**2.4FH8**の記号となる。

●DECT準拠方式のコードレス電話
　第二世代コードレス電話の新しい方式としては、従来の第二世代コードレス電

話方式を改良したsPHS方式およびさらに改良を加えたsXGP方式と、欧州電気通信標準化機構（ETSI）の**DECT**方式（ETSI EN 300 175規格）を参考にARIBが策定した**ARIB STD－T101**方式がある。これらの方式は、いずれも無線周波数に**1.9GHz帯**を使用する。ここでは、製品として実用化され広く普及しているARIB STD－T101「時分割多元接続方式広帯域デジタルコードレス電話の無線局の無線設備」方式について説明する。

　ARIB STD－T101では、親機と子機の間の無線伝送区間の通信にはTDD方式を用いることとしている。また、多重化方式に、親機から子機への通信ではTDM（時分割多重）方式を用い、子機から親機への通信ではTDMA方式を用いることとしている。したがって、無線アクセス方式は、親機から子機への送信では**TDM／TDD方式**、子機から親機への送信では**TDMA／TDD方式**となる。TDM方式は、1つの伝送路を時間的に分割し、複数の信号に順次割り当てて伝送する方式である。

　一般に、DECT準拠製品の親機やステッカーには、現品表示として**1.9－D**の記号が表示される。

> **ARIB STD－T101**に準拠したデジタルコードレス電話の親機やステッカーには、現品表示として**1.9－D**の記号が表示されている。

コードレス電話装置のシーケンス

　一般的なコードレス電話装置において、子機を操作して発信し、さらに終話操作をする場合のシーケンスを図1・9に、着信に対して子機で応答する場合のシーケンスを図1・10に示す。

　親機と子機の間には、制御チャネルと通話チャネルが設定され、着信待受け、発呼要求は**制御チャネル**により行われる。制御チャネルを通して、識別符号（ID符号）の照合、キャリアセンスによる空き通話チャネルの確認を行った後に、**通話チャネル**に移行し、選択信号の送出や通話が行われる。

●発信動作

　子機において発信のための操作を行うと、子機は、制御チャネルを介して識別符号を含んだ発呼信号を親機に送信する。親機は、識別符号を照合した後、子機に対し通話に使用するチャネルを指定するとともに、交換設備に対しては直流回路を閉じる。通話チャネルに移行すると、親機は、交換設備からの発信音を通話チャネルを介して子機に伝える。これを受けて、子機から親機へ、親機から交換設備へと、選択信号が送信される。

●着信動作

　交換設備から呼出信号が到来すると、親機はこれを検出し、制御チャネルを介して子機に識別符号を含んだ着呼信号を送出する。その後、子機と親機の間で識別符号の照合および通話チャネルの指定が行われ、通話チャネルに移行する。通話チャネルに移行すると、親機はリンガ鳴動信号を子機に送信し、子機はトーンリンガ回路を動作させる。子機において着信への応答のため送受器を操作すると、子機から親機に対して通話チャネルを介してオフフック信号を送信し、これを受けて親機は直流回路を閉じる。こうして外線との通話が可能になる。

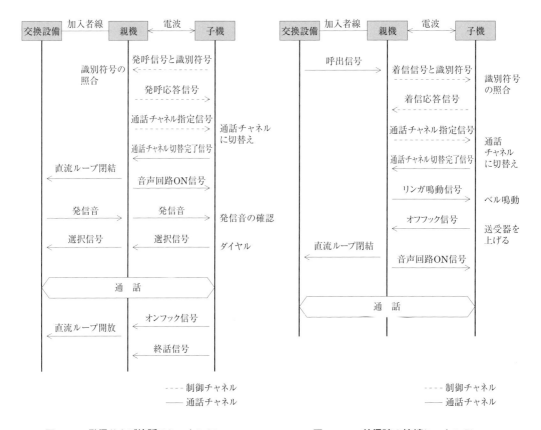

図1・9　発信および終話のシーケンス　　　　図1・10　着信時の接続シーケンス

●終話動作

　子機において終話のため送受器を操作すると、子機から通話チャネルを介して親機にオンフック信号が送出され、これを受けて親機は交換設備との間の直流回路を開く。

技術・理論1章

 重要　デジタルコードレス電話システムの子機で終話の操作をすると、オンフック信号が送られ、親機は直流回路を開く。

練習問題

【1】 DECT方式を参考にしたARIB STD – T101に準拠したデジタルコードレス電話では、接続装置(親機)と電話機(子機)との間に使用する無線周波数帯として、 (ア) ヘルツ帯を用いている。

　　［① 800メガ　② 1.9ギガ　③ 2.4ギガ］

【2】 DECT方式を参考にしたARIB STD – T101に準拠したデジタルコードレス電話は、一般に、無線局の無線設備本体である親機やステッカーに、現品表示として (イ) の記号が表示されている。

　　［① 1.9 – P　② 2.4DS／OF4　③ 2.4DS2　④ 1.9 – D］

【3】 DECT方式を参考にしたARIB STD–T101に準拠したデジタルコードレス電話システムでは、電話機(子機)において (ウ) のため送受器を操作すると、電話機からチャネルを介して接続装置(親機)に対し信号が送出され、接続装置は直流回路を開く。

　　［① 終　話　② 発　呼　③ 応　答］

答　（ア）②（イ）④（ウ）①

5. 通話品質

　通話品質とは、良く聞こえる度合いを定量的に示したものである。これには、音声の明りょう性、自然性、大きさなど、さまざまな要因が複雑に関係している。

通話品質の分類

　通話品質は、送話者から受話者に至るまでのエンド・ツー・エンドのすべての通話系の品質に影響されるが、一般に、送話品質、受話品質、伝送品質の3つに分けて取り扱われている。しかし、送話品質と受話品質は個人差が大きく定量的に表示するのは困難である。このため、通常は定量化が可能でかつ設備の工夫や技術革新で対応可能な伝送品質をもって、通話品質を表すことにしている。

●送話品質
　送話条件の良さを定量的に表したもので、主に送話者の発声レベル、発音、言語、室内雑音などに影響される。

●受話品質
　受話条件の良さを定量的に表したもので、主に受話者の聴覚、室内雑音等に影響される。

●伝送品質
　電話機、交換機を含む伝送路の状態の良し悪しを表したもので、送話器や受話器の感度、伝送損失、雑音、伝送周波数帯域などに影響される。

通話品質の良否を示す尺度

●明りょう度
　日本語による通話系の評価尺度で、ランダムな100音節を送出してどの程度正確に受話されるかを示す。正確に受話できた音節の比率を単音明りょう度という。人の発声の周波数と明りょう度の関係を調べると、1,000Hz以上の周波数成分が重要な役割を果たしている。

●自然度
　音声がどれだけ自然に近いかを示す尺度であり、平均オピニオン値（*MOS*）で表

す。平均オピニオン値は、多数の被験者に通話の満足度を「非常に良い(5点)」「良い(4点)」「まあ良い(3点)」「悪い(2点)」「非常に悪い(1点)」の5段階で評価してもらい、その値を平均したものである。90%以上の被験者が「まあ良い」以上の評価をするように音量や周波数帯域を設定する。

●音量

　音の大小は通話における重要な要因であり、音の大きさに対する聞き取りやすさの尺度として、ラウドネス定格が規定されている。送話ラウドネス定格と受話ラウドネス定格があり、さらに送話ラウドネス定格と受話ラウドネス定格の和を総合ラウドネス定格という。アナログ電話のシステムでは、アナログ電話端末から加入者交換設備への送話ラウドネス定格は15dB以下、加入者交換設備からアナログ電話端末への受話ラウドネス定格は6dB以下と決められている。

通話品質を低下させる要因

●側音

　送話器から入った送話者の声などが通話回路を経て受話器に戻り、送話者の耳に聞こえる音を側音という。側音は通話には**適度に必要**である。

　側音が大きいと送話者は無意識に小声で話すようになるため、相手には聞き取りにくい通話になってしまう。また、側音が非常に大きく受話器の音が送話器に回り込むと、**鳴音(ハウリング)**を生じることになる。逆に、側音が小さすぎると送話者は無意識に大きな声で話すようになり、これも相手には聞きづらい通話になってしまう。

図1・11　側音

図1・12　鳴音の発生

●エコー

　電話回線において、送話者の通話電流が受端側で反射し、時間的に遅れて送端側に戻り、通話を妨害することがある。この現象は**エコー(反響)**といわれる。エコーには、送話者の発した音声信号が相手側の電話機で受話器から送話器に音響的に回り込み、通話回線を経由して送話者側に戻ってくることにより起こる音響エコーと、伝送線路と電話機回路のインピーダンス不整合により通話信号が反射

して起こる回線エコーがある。

　通話品質に大きな影響を及ぼすのは、通話電流に対する時間的な遅れが大きい音響エコーであり、音響エコーの影響を抑制する機能として、**エコーキャンセラ**が交換設備に搭載されている。エコーキャンセラでは、エコー経路の伝搬特性を推定してデジタル信号処理により疑似エコーを作り出し、その疑似エコーの位相を反転させた信号を受信信号に加える方法などが用いられている。

●室内騒音

　周囲の環境は、通話に大きな影響を及ぼす。送話側で周囲の雑音が大きければ受話音に混入して聞きづらい通話になってしまう。また、受話側で騒音が大きければ受話音は相対的に小さく聞こえるため、明りょうな聞き取りが難しくなる。

重要　エコーキャンセラは、エコー経路の伝搬特性を推定して疑似エコーを作り、その位相を反転した信号を受信信号に加えてエコーを打ち消す。

インピーダンス整合

　発信側電話機と着信側電話機の間で、送話・受話の電気信号を効率よく授受するために、電気通信回線側からみた電話機のインピーダンスと電気通信回線のインピーダンスを等しくする必要がある。これは**インピーダンス整合**といわれる。

　電話機と電気通信回線のインピーダンスが異なっていると、接続点で信号の反射が生じ、信号の一部が失われることになる。このため、通話の音声が小さくなる遠距離の線路条件（たとえば線径0.5mm、線路損失6dB）を想定して電話機のインピーダンスが決定され、これにもとづいて電話機回路が決定されることが多い。

　しかし、実際の電気通信回線では、線径や長さがまちまちであり、インピーダンスは一定ではない。そこで、電話機が接続される電気通信回線の線路条件が想定と異なる場合には、電話機内部のパッドを用いて、その差を調整する。

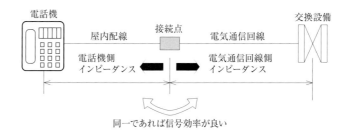

図1・13　インピーダンス整合

発信電話機と着信電話機の間で電気信号の授受効率を良くするには、電話機のインピーダンスと電気通信回線のインピーダンスを整合させる。

練習問題

【1】通話品質は、送話者から受話者に至る全通話系の品質に支配され、一般に、伝送品質、受話品質および （ア） の三つに分類される。
［① 信頼度　② 安定品質　③ 送話品質］

【2】側音について述べた次の記述のうち、正しいものは、 （イ） である。
① 側音は、送話者の音声や室内騒音などが送話器から入り、通話回路および受話回路を経て自分の耳に聞こえる音である。
② 側音が大きいと、送話者は自分の声が小さいと判断して大声で話すようになる。
③ 側音を調整するための回路は、ダイオードブリッジ回路またはコンパンダ回路といわれる。

【3】通話時のエコーによる影響を抑えるためのエコーキャンセラには、一般に、エコー経路の伝搬特性を推定してデジタル信号処理により疑似エコーを作り出し、その疑似エコーの位相を （ウ） 信号を受信信号に加えることによりエコーを相殺させる方法などが用いられている。
［① 90度遅らせた　② 反転させた　③ 90度進めた］

【4】発信電話機と着信電話機相互間において、送話および受話の電気信号の授受効率を最も良くするためには、電気通信回線側からみた電話機のインピーダンスと電気通信回線のインピーダンスとを （エ） させる必要がある。
［① 結　合　② 整　合　③ 同　期］

答（ア）③（イ）①（ウ）②（エ）②

6. 変復調装置

データ通信端末

　データ通信は、電気通信網を利用して文字情報や画像情報などの非音声情報を遠隔地に伝送するための通信である。データ通信端末はデータ通信を行う機器であり、一般に、パーソナルコンピュータ(PC)などの**データ端末装置(DTE)**と、データ端末装置を接続し電話回線網をデータ通信に利用するための附属機器である**データ回線終端装置(DCE)**から成る。アナログの公衆電話網(**PSTN**：Public Switched Telephone Network)を利用したデータ通信では、データ回線終端装置として、一般に変復調装置(モデム)と網制御装置(NCU)が使用される。

　変復調装置は、データ端末装置で扱う信号を電気通信回線に適した方式に変換したり元の方式に戻したりするための装置である。また、**網制御装置**は、電気通信回線(加入者線)の直流回路を閉結し、回線を保持する機能を有する装置で、アナログ電話回線を利用してデータ通信を行う場合には必要であるが、専用線による場合は不要になる。なお、実際のモデム製品は、網制御装置を内蔵しているものがほとんどである。

変復調装置(モデム)

　アナログ電話回線は、一般に300〜3,400Hzの音声周波数帯のアナログ信号(交流)を伝送するのに適している。一方、パーソナルコンピュータ(PC)などのデータ端末装置(DTE)が出力する信号はデジタル信号(直流)であるため、これを電話回線に送出する前に電話回線での伝送に適したアナログ信号に変換し、受信側で元のデジタルに戻す必要がある。この変換を行う装置は、**変復調装置(モデム)**といわれる。

　データ端末装置の信号を通信回線に適した信号に変換することを**変調**(モジュレーション)といい、逆に通信回線の信号からデータ端末装置で利用する信号に戻す変換を**復調**(デモジュレーション)という。モデムとは、これらの処理の両方を行う装置を呼ぶためにつくられた造語である。

　近年はADSLや光回線のようなブロードバンド回線の利用が普及しているが、この場合もデータ端末の信号を伝送路に適した信号に変換し、復元する装置をモデムというので、これと区別するため、電話回線に接続して使用する変復調装置は**アナログモデム**と呼ばれることもある。

変復調装置は、連続する信号波形においてデータをどのように区切るかの方式の違いにより、非同期式(調歩式)と同期式に分類される。

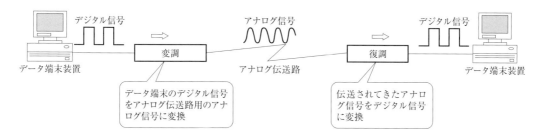

図1・14　変復と復調

非同期式変復調装置

　非同期式変復調装置(非同期式モデム)は、データ端末装置からのデータ信号をアナログ伝送路に送出する際に、1ビットごとのタイミングを取らずにそのまま伝送路に合ったアナログ信号に変換する方式を採っている。このため、データ通信端末で決まるデータ伝送速度以下であれば、データ通信端末相互間で任意の速度でのデータ通信を行える。

　この方式は、通常、1,200bps(ビット／秒)までの低速のデータ通信に用いられる(ビットとは、コンピュータ等が扱う情報量の単位で、これを1秒間に発生または処理する能力を表す単位がbpsまたはビット／秒である)。

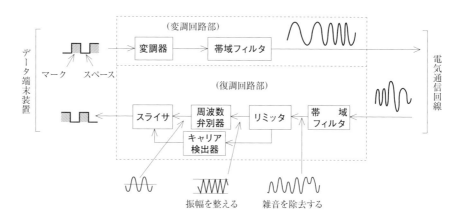

図1・15　非同期式変復調装置のブロック図

表1・1　非同期式変復調装置の回路と機能

回路名		機　　能
変調回路部	帯域フィルタ	伝送に必要な周波数成分のみを取り出して伝送路へ送出する。
	変調器	デジタル信号の「1」（マーク）と「0」（スペース）に応じて周波数を変化させる。
復調回路部	帯域フィルタ	電気通信回線からのアナログ信号に含まれている雑音等の余分な信号を除去する。
	リミッタ	一定以上のレベルの信号をカットして振幅を整える。
	周波数弁別器	アナログ信号の周波数に応じて信号レベルを変化させる。
	スライサ	一定の信号レベルを基準として、基準レベル以上を「1」、それ以外は「0」に対応させて、復調信号を矩形波に変換する。
	キャリア検出器	受信信号レベルを監視し、レベルが規定値以下に低下すると信号断とみなしてスライサの出力を「1」の状態に保持し、受信信号が正しく受信されていないことを知らせる。

 重要　非同期式変復調装置のリミッタは、受信したアナログ信号から一定レベル以上の部分を取り除く。

同期式変復調装置

　同期式変復調装置（同期式モデム）は、1ビット分に相当する時間ごとにサンプリングを行ってデータを区切る方式である。受信側の変復調装置は、受信信号から受信タイミング信号（サンプリングパルス）を抽出してサンプリングを行うため、ひずみの少ない信号を伝送できる。その反面、サンプリングパルスによってデータ伝送速度が決まってしまい、任意の速度でデータ伝送を行うことができない。

　この方式は、一般に、2,400〜33,600bpsの高速データ通信に用いられる。ただし、高速データ通信用の変復調装置でも、途中の伝送路（中継伝送路）にISDNを利用しているV.90規格やV.92規格の装置は、非同期式を採用している。

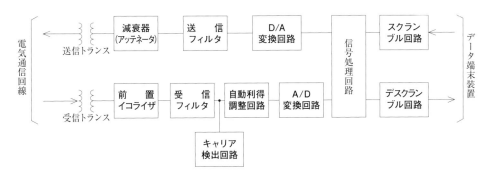

図1・16　同期式変復調装置のブロック図

表1・2　同期式変復調装置の回路と機能

回路名	機能
減衰器(アッテネータ)	電気通信回線の伝送損失に合わせて、送出電力を調整する。
フィルタ	信号に含まれている雑音等の不要信号成分を取り除く。
前置イコライザ	減衰、位相ひずみ等を受けた信号を元信号に復元する。
キャリア検出回路	信号の搬送波(キャリア)のレベルを常時監視し、一定のレベル以上の信号が到来した場合(キャリアオン)、データ端末を起動するための情報を送出する。また、キャリアが検出できないときは、信号が受信できていないことを知らせる。
自動利得調整回路	温度変化等により伝送損失が変動しても一定レベルで受信できるように利得を調整する。
D/A変換回路	デジタル信号をアナログ信号に変換する。
A/D変換回路	D/A変換回路とは逆に、アナログ信号をデジタル信号に変換する。
スクランブル回路	変化しないデータが続くとタイミングの検出が困難になるため、信号中に「1」または「0」が長期間連続しないようデジタル符号の配列を変えて送出する。
デスクランブル回路	スクランブル回路で変更されていた符号配列を元の符号配列に戻す。

技術・理論1章

　同期式変復調装置の減衰器は、回線の伝送損失に応じて送出電力を調整する。

データ通信の方式

データ通信の方式は、データを伝送する向きにより、単方向通信、半二重通信、全二重通信に分類される。

●単方向通信方式
単方向通信方式は、送信側と通信側が決まっていて、常に一方向にだけ情報を伝送する方式である。通常はあまり使用されない。

●半二重通信方式
半二重通信方式は、双方向の情報伝送を同時に行うことはできないが、通信回線の伝送方向を交互に切り替えることで双方向の情報伝送を実現する方式である。この方式は、1本の通信回線で双方向の通信を行う場合に用いられるものであり、端末とセンタ間の通信やG3ファクシミリに利用されている。

●全二重通信方式
全二重通信方式は、データ端末装置間に一方から他方への通信回線と、その逆方向の通信回線をそれぞれ設定することにより、双方向の情報伝送を同時に行え

るようにした方式で、コンピュータ相互間や通信制御装置相互間の通信に利用されている。

　この方式は、装置間に通信回線が2本必要になるため、経済性は劣るが伝送効率が良い。ただし、信号を多重化して送信と受信で別々にチャネルを持ち、通信回線1本(2線)を使用して双方向同時にデータを伝送する2線式全二重通信方式もあり、これをアナログ電話網(PSTN)を利用したデータ通信で実現する方法には、送受信信号の分離方法の違いにより周波数分割方式とエコーキャンセラ方式がある。

　周波数分割方式は、図1・17のように、送信信号と受信信号に搬送波としてそれぞれ異なる周波数帯域を割り当てて回線を多重化する方式である。V.21やV.22などの初期の規格の変復調装置では、この方式が採用されていた。

　エコーキャンセラ方式は、図1・18のように、変復調装置に2線－4線変換(ハイブリッド)回路を設けて送信信号と受信信号を分離する方式である。送信信号の一部が受信端末で反射して送信端末に戻ってくるエコーを打ち消す回路(エコーキャンセラ)を用いて、受信信号から自分の送信した信号を差し引くことにより、相手端末が送信した信号を検出することができる。

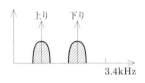

図1・17　周波数分割方式

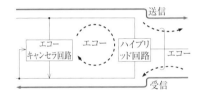

図1・18　エコーキャンセラ方式

 アナログ電話交換網に接続する全二重モデムには、周波数分割方式のものとエコーキャンセラ方式のものがある。

アナログモデムの国際規格

　アナログモデムの国際規格は、ITU(国際電気通信連合)がITU－T勧告の**V**シリーズとして制定している。非常に多くの規格が存在しているが、ここでは、そのうち主なものを列挙する。

●V.27ter
　2線式の電話回線を用いて半二重通信を行う、最高通信速度**4,800bps**の変復調装置を規定したもの。**G3ファクシミリの画像通信**に使用される。

● V.32

2線式の電話回線を用いてエコーキャンセラ方式により全二重通信を行う、最高通信速度**9,600bps**の変復調装置を規定したもの。

● V.32bis

2線式の電話回線を用いてエコーキャンセラ方式により全二重通信を行う、最高通信速度**14,400bps**の変復調装置を規定したもの。

● V.34

2線式の電話回線を用いてエコーキャンセラ方式により全二重通信を行う、最高通信速度**33,600bps**の変復調装置を規定したもの。**スーパーG3ファクシミリ**は、この規格の変復調装置を搭載している。

● V.90

PCM方式により最高**56,000bps**の受信データ伝送速度（下り通信速度）を可能にした変復調装置を規定したもの。受信データ伝送速度から**56k**モデムともいわれるが、送信データ伝送速度（上り通信速度）はV.34と同じ最高33,600bpsであり、従来の変復調装置が送信・受信とも同じ速度であったのに対して、V.90規格に準拠した変復調装置は**受信データ伝送速度が送信データ伝送速度よりも高速**になっている。2線式の電話回線を用いて全二重通信を行う。

● V.92

V.90を改良して最高48,000bpsの送信データ伝送速度を可能にした変復調装置を規定したもの。受信データ伝送速度はV.90と同じ最高56,000bpsである。インターネット接続中に同一回線に電話の着信があった場合にインターネットへの接続を切断することなく電話に応答し、通話終了後にインターネットへの接続を再開できる**モデム・オン・ホールド機能**の採用を特徴としている。

重要　ITU－T勧告**V.90**として標準化されたモデムは**56k**モデムといわれる。

練習問題

【1】 図1に示す非同期式変復調装置のブロック図において、変調器は、データ端末装置からのマークまたはスペースに応じて、搬送波の　(ア)　を変化させた信号に変換する。

[① 位　相　② 周波数　③ 振　幅]

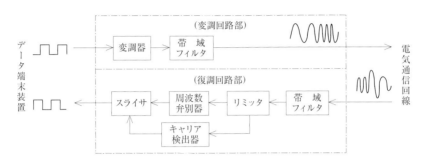

図1

【2】 図2に示す同期式変復調装置のブロック図において、　(イ)　は、電気通信回線の伝送損失に合わせて、送出電力を調整するためのものである。

[① 前置イコライザ　② 受信フィルタ　③ 送信フィルタ　④ 減衰器]

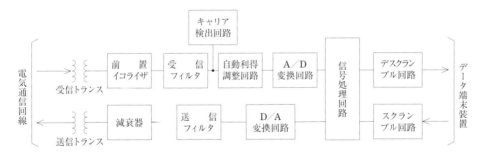

図2

【3】 アナログ電話用の電話交換網に接続する全二重式のデータ伝送用変復調装置には、送受信信号の分離方法の違いにより、　(ウ)　方式とエコーキャンセラ方式とがある。

[① 位相差分　② 振幅分割　③ 周波数分割]

【4】 ITU－T勧告V.32に準拠した変復調装置は、2線式の電気通信回線を用いて、　(エ)　方式による全二重通信が可能である。

[① エコーキャンセラ　② 周波数分割　③ ピンポン伝送]

【5】 ITU－T勧告V.90として標準化された変復調装置は、一般に、　(オ)　モデムといわれ、電気通信回線側への送信と電気通信回線側からの受信とで、最大データ伝送速度が異なっている。

[① 56k　② 33.6k　③ ADSL]

答　（ア）② （イ）④ （ウ）③ （エ）① （オ）①

7. ファクシミリ装置

　ファクシミリは、画像や書かれた文字など、人が目で見て判別できる情報を遠隔地の相手に送ることができる仕組みである。公衆電話網（PSTN）を利用してデータを伝送する代表的なシステムとして、現在でも多くの事業所で利用されており、一般家庭にも普及している。

　ファクシミリ装置の動作は商用電源を用いて行うので、停電時はファクシミリの送信機能も受信機能も利用することができなくなる。

ファクシミリ通信の基本過程

　ファクシミリでは、送信側の装置にセットされた画原稿を一定の規則にもとづいて画素といわれる細かな区画に分解（**送信走査**）し、画素ごとに光センサーで像の濃淡情報を読み取りながら電気信号に変換（**光電変換**）し、さらに伝送路に適した形式に変換する**変調**処理を施して伝送路（電話回線網）に送出する。受信側では、伝送されてきた信号を**復調**して画素を組み立て（**受信走査**）、記録紙上に再現（**記録変換**）する。これらの一連の動作は、送信側装置と受信側装置の間で**同期**をとりながら行われている。図1・19はその過程を図示したものである。

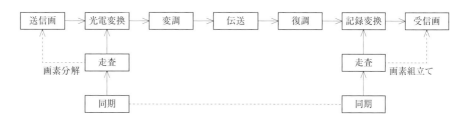

図1・19　ファクシミリ通信の基本過程

●送信走査

　ファクシミリの送信側では、送信画を多数の画素に分解し、各画素の濃淡情報を取得していくが、この過程を送信走査という。このとき、送信原稿の左端から右端まで横方向に画素情報を取得していくことを**主走査**といい、主走査の単位をラインという。主走査の1ラインの情報取得が終わると、1つ下のラインに移動し、左端から情報を取得していくが、この縦方向の移動を**副走査**という。

●受信走査

受信側では、受信した信号から元の画像を復元する。この処理は、送信走査に対して受信走査といわれる。

●光電変換

画素の濃淡情報を読み取るために、原稿に光を当て、その反射光を光センサで検知し、光の強弱に応じて電気信号の強弱に変換することをいう。

●伝送

伝送路の伝送方式に応じて必要な処理（符号化、変調）を施した画信号を伝送路に送出する。ファクシミリ通信を行う際には、呼の設定、モードの選択、位相の同期などを端末相互で制御する必要があり、その手順は、図1・20のように開始から終了まで時間を追って区分けされた5つの伝送フェーズ（フェーズA～E）で構成されている。

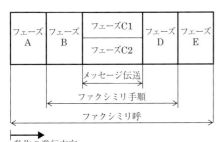

● 呼の伝送フェーズ
　フェーズA　：呼設定
　　〃　　B　：メッセージ伝送準備・条件確認
　　〃　　C1：インメッセージ手順（同期制御，誤り訂正等）
　　〃　　C2：メッセージ伝送
　　〃　　D　：メッセージ伝送終了および確認
　　〃　　E　：呼復旧（呼解放）

● ファクシミリ手順（B～D）の方式
　G1、G2形…トーナル手順
　G3形………バイナリコード手順

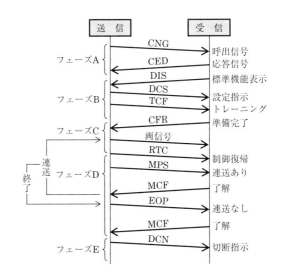

図1・20　ファクシミリ呼の伝送フェーズ

フェーズAは呼設定であり、トーン信号の交換により行われる。送信側装置は0.5秒間の1,100Hzトーン送出と3秒間の休止の繰り返し（CNG）により、自分がファクシミリ端末であることを受信側装置に伝える。これを受けた受信側装置は、2.6秒以上4.0秒以下の連続した2,100Hzのトーン（CED）を送出して、ファクシミリの受信が可能であることを送信側装置に伝える。電話番号の間違いでファクシミリ呼が電話機に着信することがあるが、この着信に応答すると、受話器から約3秒間隔で0.5秒間連続する1,100Hzのトーンが聞こえてくる。

フェーズAのトーン信号の交換が成立すると、フェーズBに移行する。**フェーズB**で、画信号を送受するための準備として、能力の識別、選択した条件の指令、受け入れ可能な条件の確認を行う。

フェーズCでは、同期制御や誤り制御のための信号をやりとり(C1)しながら、画信号を伝送(C2)する。

フェーズDは、1ページ分のメッセージ確認、次ページのメッセージの有無、画信号の伝送終了などの制御情報をやりとりする。次ページがあればフェーズCに、なければフェーズEに移行する。

フェーズEは、呼解放・切断で、自動または手動で行う。

●記録変換

復元した画信号を記録紙に記録することをいう。トナーで普通紙に印刷する方式や、感熱紙に熱を加えて変色させる方式などがある。

●同期

送信画と受信画の画素を一致させるために、送信側と受信側で画信号の同期をとる必要がある。同期には、図1・21のように走査の速度を一致させる**回転同期**と、図1・22のように走査の開始点を一致させる**位相同期**がある。位相同期は、画信号の送信に先立ち、あらかじめ送信画の開始点の位置を表す位相信号を送信しておき、受信側ではこれにより記録紙の開始点の位置を合わせる。

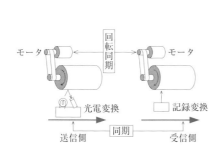

図1・21　回転同期

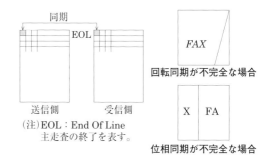

(注)EOL：End Of Line
　　　主走査の終了を表す。

図1・22　位相同期

 重要 電話の着信応答時に、受話器から0.5秒続く1,100Hzのトーンが3秒間隔で聞こえた場合、発信したのはファクシミリ端末である。

冗長度抑圧符号化方式

　ファクシミリ装置が原稿から読み取る画素の数は非常に多く、最も普及しているG3ファクシミリやスーパーG3ファクシミリでは、横・縦とも1インチ（25.4mm）当たり200画素（200dpi）なので、A4サイズ（210mm×297mm）の原稿ならおよそ400万画素にもなる。このため、画素の情報を1つ1つ伝送していると、情報を送るのにかなり長時間を要することになる。

　そこで、送信側で画素の情報を圧縮（**符号化**）して送信し、受信側で元に戻す（**復号**）ことで、伝送する信号の量を減らす工夫が図られている。この符号化・復号には、画素の濃淡情報を利用した**冗長度抑圧符号化方式**が用いられる。

●MH（Modified Huffman）方式

　白黒2値のG3ファクシミリに使用されている方式で、送信原稿を走査して得られた画信号の主走査方向の統計的性質を利用して冗長度抑圧符号化を行う。1走査線（ライン）ごとにデータを処理することから**1次元符号化**といわれる。画素データは白または黒が連続することが多いことに着目し、1走査線ごとに黒または白が連続する数（ランレングス）を符号に変換することで信号量を削減するもので、原稿にもよるが、元の画像データの7分の1程度に圧縮される。

●MR（Modified READ）方式

　複数の走査線を一括して符号化することによりMHよりも高圧縮にした、**1次元符号化・2次元符号化併用**の方式で、G3ファクシミリのオプションとして利用されている。MR方式では、直前の走査線の信号との相関関係を逐次利用して信号処理し符号化する2次元符号化を行い、圧縮効率を高めている。これは、完全な2次元符号化を行うと、あるラインで伝送誤りが生じた場合にその後のすべてのデータに悪影響を及ぼす誤り伝播を生じるおそれがあるからである。このため、標準解像度のときは2走査線ごと、高解像度では4走査線ごとにMH符号化を行う1次元・2次元併用方式により、誤り伝播の範囲を抑制している。MH符号化方式の3分の2程度までデータ量を圧縮することができる。

●MMR（Modified Modified READ）方式

　すべての符号を2次元符号とすることにより、圧縮率をMR符号化方式よりも高めた方式である。誤り伝播を防止するために、ECMといわれる誤り再送方式を併用して雑音の影響を抑制する。スーパーG3ファクシミリなどで利用されている。

●JBIG（階層的二値画像圧縮）方式

　画素のまわりの白黒パターンをもとに、ある画素が黒となるか白となるかを統

計的手法を用いて予測し、符号化する方式である。ISO（国際標準化機構）とITU
によって規格化された。スーパーG3ファクシミリなどで利用されている。

●JPEG

カラー静止画データを符号化する方法の国際標準規格で、カラーファクシミリ
に用いられている。ISOとITUによって規格化された。

> ファクシミリで用いられる符号化方式のうち、
> **MH方式は1次元符号化方式である。**

G3ファクシミリ

ファクシミリの規格については、ITU－T勧告のTシリーズによりグループ
1形（G1）からグループ4形（G4）まで分類されているが、現在普及しているのは
グループ3形（G3）である。なお、G4ファクシミリ装置はISDNで利用するもので
ある。

●伝送速度

ITU－T勧告V.27terで規定される最高通信速度が**4,800bps**のデータ伝送用モ
デムが標準として搭載されている。さらに、オプションとして、V.29で規定され
る9,600bpsやV.17で規定される14,400bpsまでのデータ伝送用モデムが使用可
能である。

また、G3ファクシミリ装置のうち、ITU－T勧告V.34に準拠した最高通信速
度が**33,600bps**（33.6kbit/s）のモデムを搭載しているものを、一般に**スーパーG3
ファクシミリ**と呼んでいる。

●伝送制御手順

ITU－T勧告**T.30**にもとづき、呼の伝送フェーズAはトーン信号をやりとりす
る**トーナル手順**で行われ、フェーズB以降はHDLC（ハイレベルデータリンク制御）
手順のフォーマットを使用する**バイナリコード手順**で行われる。

●冗長度抑圧符号化方式

ファクシミリの送信画の白と黒の出現率を見ると、白が長く続くパターンが多
く発生し、逆に黒が発生する割合は小さい。そこで、よく出現するパターンには
短い符号を、出現率の低いパターンには長い符号を割り当てることにより、伝送
する情報のビット数を少なくするようにしている。

この方式を冗長度抑圧符号化方式といい、G3ファクシミリではMH方式とMR

方式が、スーパーG3ファクシミリではMMR方式とJBIG方式が採用されている。

 重要　スーパーG3ファクシミリは33.6kbpsのモデムを搭載している。

練習問題

【1】 ファクシミリ通信における基本過程において、送信用の原画を読み取る ［（ア）］ によって分解された画素の濃淡情報は、光電変換により電気信号に変換される。

　　　［① 位相同期　② 記録変換　③ 送信走査］

【2】 送信原稿を移動させて原画を読み取る方式のファクシミリ装置において、送信原稿を移動させる方向を縦方向とした場合に、横方向に行う走査は、 ［（イ）］ といわれる。

　　　［① 主走査　② 副走査　③ ポーリング］

【3】 電話機での着信応答後に、受話器から約3秒間隔で0.5秒間連続する1,100ヘルツのトーンが聞こえたとき、この信号音は、 ［（ウ）］ であることを示している。

　　　［① 着信呼が転送電話　② 発信側が保留中　③ 相手がファクシミリ端末］

【4】 ファクシミリ装置で用いられる符号化方式にはMH方式があり、MH方式は、送信原稿を走査して得られた画信号の主走査方向の統計的性質を利用することにより冗長度抑圧符号化を行う ［（エ）］ 符号化方式の一つに分類される。

　　　［① 1次元　② 2次元　③ 階層的二値画像圧縮］

【5】 グループ3（G3）ファクシミリの規格で、ITU－T勧告V.34に準拠した最高通信速度 ［（オ）］ キロビット／秒のモデムを搭載するファクシミリは、一般に、スーパーG3ファクシミリといわれる。

　　　［① 14.4　② 33.6　③ 64.0］

答　（ア）③　（イ）①　（ウ）③　（エ）①　（オ）②

第2章

総合デジタル通信の技術

1. ISDNの概要

ISDNとは

ISDNは、サービス総合デジタル網(Integrated Services Digital Network)から頭文字をとって順に並べた表記である。ISDNが出現する以前は、符号、音声、その他の音響や映像については、それぞれ電話網、ファクシミリ網、データ交換網などの専用のネットワークにより伝送交換を行っていた。ISDNでは、あらゆる情報をデジタル化することで統合し、1つのネットワークで扱えるようになっている。

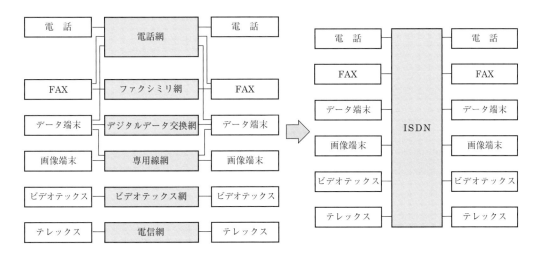

図2・1 専用のネットワーク(網)からISDNへの統合

情報伝送の方式

ISDNが提供する情報伝送には、回線交換モードとパケット交換モードの2つのモードがあり、端末の種類や用途などによって発信する**呼ごとに選択される**。

●回線交換モード

情報の伝送に先立って回線を占有する回線交換方式により通信を行うモードで、密度が大きく連続的な情報の伝送に適している。ユーザ情報の伝送に**使用できるチャネルはBチャネルのみ**である(「チャネル」については、145頁参照)。

回線交換モードには、旧来のアナログ電話との間で行う音声通話やG3ファク

シミリなどのアナログモデムを用いたデータ通信に使用する3.1kHzオーディオなどに対応した通話モードと、インターネット接続などに用いる同期64kbps通信やG4ファクシミリ通信などに利用されるモードでユーザから入力されたビット列をそのまま透過的（トランスペアレント）に伝送する非制限デジタル通信モードがある。また、非制限デジタル通信モードでは、MP（Multilink Protocol）といわれるプロトコルによりBチャネルを2本束ねて最大128kbpsの同期通信を行うバルク転送も可能になっている。

●パケット交換モード

　情報を短く切り分け、宛先や送信順序などを記述したラベル（またはヘッダ）といわれる制御情報を付加して複数の相手に同時に送信できるパケット交換方式による通信モードである。電気通信事業者が提供するパケット交換サービスを利用するのに用いられる。パケット交換方式では、通信に先立って回線を占有する手続きを行わず、伝達すべき情報があるときだけ送出するので、1つの回線で通信が空白になる時間を複数の通信で共用することができ、回線利用効率が良い。十分な時間をとって観測した場合に時間当たりの密度が小さく、かつその発生が間欠的である情報の伝送に適している。ISDNのパケット交換インタフェースにおいて、ユーザ情報の伝送には**BチャネルとDチャネルのどちらも使用可能**である。

ISDN基本ユーザ・網インタフェースでは、端末は発信する呼ごとに回線交換かパケット交換かを選択できる。

ユーザ・網インタフェース

●ISDNユーザ・網インタフェースとは

　電気通信事業者が提供するネットワークとそれに接続するユーザの端末の間で相互に情報をやりとりするための取り決め（プロトコル）を**ユーザ・網インタフェース**といい、その標準規格をITU－Tが図2・2のように体系化されたIシリーズとして勧告している。また、日本国内における標準規格は、TTC（情報通信技術委員会）がこのIシリーズ勧告に準拠して制定している。

　日本国内で使用されるISDNユーザ・網インタフェースには、インタフェース速度が192kbpsの**基本ユーザ・網インタフェース**と、1,544kbpsの一次群速度ユーザ・網インタフェースがある。第2級アナログ通信工事担任者は、これらのISDNユーザ・網インタフェースのうち、基本ユーザ・網インタフェースを有する端末設備を接続するための工事を行い、または実地に監督することができる。一次群速度ユーザ・網インタフェースを持つ端末設備の接続工事には、第1級ア

ナログ通信工事担任者または総合通信工事担任者が必要になる。

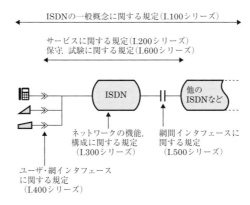

図2・2　ISDN国際規格の体系

●ネットワークアーキテクチャ

　ISDNユーザ・網インタフェースは、OSI参照モデルの分類に従い、物理層(レイヤ1)、データリンク層(レイヤ2)、ネットワーク層(レイヤ3)の階層に分けて規定されている。OSI参照モデルとは、ITU－T勧告X.200で規定された、標準的なネットワークアーキテクチャである。また、ネットワークアーキテクチャとは、コンピュータネットワークを構成する要素の機能を論理的に表し、構成要素間で通信を行う場合の約束事(プロトコル)を体系的にまとめたものをいう。

表2・1　OSI参照モデルの各層の機能概要

レイヤ	階層名	機能概要
7	アプリケーション層	各種の適用業務に対する通信サービスを規定する。
6	プレゼンテーション層	符号形式やデータ構造、情報表現方法などを管理する。
5	セション層	会話の開始、区切り、終了などを規定し、同期のとれた会話の管理を行う。
4	トランスポート層	データ転送を確実に行うための送達確認、順序制御、フロー制御などを規定する。
3	ネットワーク層	端末間のネットワークコネクションの設定・維持・解放、各種サービス要求などに対する制御を規定する。
2	データリンク層	隣接装置間でデータを誤りなく伝送できるよう、データのフレーム構成、伝達確認、誤り検出方法などの伝送制御を規定する。
1	物理層	コネクタの形状、電気的特性、信号の種類などの物理的機能を規定する。

　OSI参照モデルは、システム間を物理層(レイヤ1)、データリンク層(レイヤ2)、ネットワーク層(レイヤ3)、トランスポート層(レイヤ4)、セション層(レイヤ5)、プレゼンテーション層(レイヤ6)、アプリケーション層(レイヤ7)の7階層に分類

技術・理論2章

して、それぞれの層ごとにプロトコルを規定している。一般にレイヤの数字の値が大きい方を上位層、小さい方を下位層というが、ある層の機能を変更しても、上位層や全体の動作には影響しないようになっている。

OSI参照モデルの7階層のうち、電気通信網が提供するのは、レイヤ1の物理層からレイヤ3のネットワーク層までの機能である。レイヤ4以上については、基本的には設定された伝送路上で行われる端末間のプロトコルであり、電気通信網は関与しないユーザ側の機能となる。

 レイヤ3（ネットワーク層）の機能は、ネットワークコネクションの設定、維持、解放、各種付加サービス要求などの制御である。

参照点と機能群

ISDNユーザ・網インタフェースでは、どの機能で網側と端末側を切り分けるかを規定するため、**参照点**と**機能群**が定められている。参照点は、隣接する機能群間で共用する物理・電気的な特性や通信規約などを示す概念上の点である。また、機能群は、ISDNアクセスに必要な処理を実行するハードウェアやソフトウェアの集合のことである。

ITU－T勧告I.411にもとづきTTCが策定した標準仕様JT－I411では、ISDNユーザ・網インタフェースにおける端末と網との接続形態を図2・3のようにモデル化し、それぞれの参照点について標準化を行っている。

●参照点

T点、S点、R点の3つがある。このうち、ISDNユーザ・網インタフェースが適用されるのは、T点およびS点である。**T点**はDSUにPBXを接続するインタフェースの参照点で、ユーザ・網インタフェース規定点といわれる。また、**S点**はPBXにデジタル電話機やG4ファクシミリ、端末アダプタなどを接続するインタフェースの参照点である。ただし、一般家庭や小規模事業所などではPBXを利用することはほとんどなく、デジタル電話機などをDSUに直接接続することになるため、S点とT点を一致した参照点とし、一般に**S／T点**と表現する。

また、**R点**は、非ISDN端末（アナログ電話機やパーソナルコンピュータなどISDN以外のインタフェースで通信を行う端末）をISDNで使用したい場合にDSUからのISDNユーザ・網インタフェースと非ISDN端末のインタフェースの間でプロトコルを相互に変換する装置（端末アダプタ）に接続するためのインタフェースの参照点である。

なお、DSUから見て加入者線に接続する最初の接続点は**LI点**といわれ、伝送

路インタフェースを規定する点である。

●機能群

　NT1、NT2、TE1、TA、TE2の5つが規定されている。その概要を表2・2に示す。

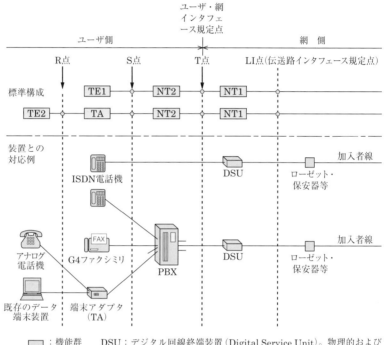

図2・3　ISDNユーザ・網インタフェースの参照構成

名称	機　　　能	装置の例
NT1	ユーザ宅内装置と加入者線の間に位置し、レイヤ1を終端する	DSU（デジタル回線終端装置）
NT2	NT1とTEの間に位置し、交換や集線などのレイヤ1〜3に関する機能を実現する	PBX（構内交換設備）
TE1	ISDNユーザ・網インタフェースに接続して動作する端末（ISDN標準端末）	デジタル電話機、G4ファクシミリ
TA	非ISDN端末（TE2）をISDNに接続して動作させるためのアダプタ（端末アダプタ）	プロトコル変換装置
TE2	ISDNユーザ・網インタフェースに対応していないインタフェースを持つ端末（非ISDN端末）	アナログ電話機、G3ファクシミリ、PC

重要 参照構成における機能群**NT1**は、ユーザ宅内装置と加入者線の間に位置し、レイヤ1を終端する。

練習問題

【1】 ISDN基本ユーザ・網インタフェースについて述べた次の記述のうち、<u>誤っているもの</u>は、 （ア） である。
① 同一インタフェース上では、呼ごとに回線交換かパケット交換かの選択ができない。
② パケット交換モードにおいて、呼制御信号はDチャネルで伝送される。
③ パケット交換モードにおいて、ユーザ情報はBチャネルまたはDチャネルで伝送される。

【2】 ISDN基本ユーザ・網インタフェースにおいて、ネットワークコネクションの設定、維持、解放、各種付加サービス要求などの制御は、 （イ） の機能である。
［① レイヤ1　② レイヤ2　③ レイヤ3］

【3】 ISDN基本ユーザ・網インタフェースの参照構成は、NT1、NT2、TA、TE1およびTE2の機能群ならびにS、TおよびRの参照点で構成される。参照点SおよびTが一致する場合、この一致点をS／T点というが、これは機能群の （ウ） が存在しない状態である。
［① NT1　② NT2　③ TE1］

【4】 ISDN基本ユーザ・網インタフェースの参照構成において、ユーザ宅内装置と加入者線との間に位置し、レイヤ1を終端する機能群は、 （エ） といわれる。
［① NT1　② NT2　③ TE1　④ TE2］

【5】 ISDN基本ユーザ・網インタフェースの参照構成は、S、TおよびRの参照点ならびにNT1、NT2、TE1、TE2などの機能群から構成される。これらのうち、TE1は、 （オ） の機能を有している。
［① デジタル回線終端装置　② ISDN標準端末　③ 変復調装置］

答（ア）①（イ）③（ウ）②（エ）①（オ）②

技術・理論2章

2. インタフェース構造

チャネルタイプ

電気通信において、データ信号や制御信号等の通り道（通信路）を**チャネル**という。チャネルには、物理チャネルと論理チャネルがある。物理チャネルは、伝送ケーブルなど電気や光の状態（パルス、位相など）の変化を伝える通信路で、物理回線と呼ばれることが多い。また、論理チャネルは、物理チャネル上を伝わる電気や光の状態変化を一定の時間間隔や周波数帯域ごとに区分けし、それぞれに意味を持たせることにより設定される通信路をいい、通常は1本の物理チャネル上に複数本設定される。

ISDN基本ユーザ・網インタフェースでは、情報の伝達およびその制御を行う信号を伝送するのに**論理チャネル**を利用しており、伝送する信号の種類や速度に応じてBチャネルおよびDチャネルの2種類（チャネルタイプ）に分類される。

●Bチャネル（情報チャネル）

デジタル音声、データ等の各種の**ユーザ情報**を伝送するための**64kbps**の伝送速度を持つチャネルである。回線交換モードとパケット交換モードのどちらでもユーザ情報の伝送が可能である。

●Dチャネル（信号チャネル）

呼制御情報（シグナリング情報）を伝送するための**16kbps**の伝送速度を持つチャネルである。1つのチャネルで複数の端末に対する呼制御が可能である。パケット交換モードでは呼制御情報だけでなくユーザ情報の伝送にも利用できるが、回線交換モードでは呼制御情報の伝送にしか利用できない。

> パケット交換モードにおいて、ユーザ情報は
> BチャネルまたはDチャネルで伝送される。

チャネル構造

　　ISDN基本ユーザ・網インタフェースでは、1つのインタフェースが2つの情報チャネル（Bチャネル）と1つの信号チャネル（Dチャネル）から成る**2B＋D**の構造をとる。Bチャネルの伝送速度が64kbpsであり、Dチャネルの伝送速度が16kbpsであることから、1つのユーザ・網インタフェースにおける最大のデジタル伝送容量は64×2＋16＝**144kbps**となる。また、64kbpsの情報チャネルが2本あることから、1つのインタフェースを2回線分の電話回線として同時に利用できる。さらに、Bチャネルを2本束ねて1つのチャネルとして扱うことで128kbpsの速度で情報を伝送するMP通信も可能である。

> **重要** 基本インタフェースは**2つのBチャネルと1つのDチャネル**で構成され、伝送容量は最大**144kbps**である。

練習問題

【1】ISDN基本ユーザ・網インタフェースにおけるチャネルの機能について述べた次の二つの記述は、　(ア)　。

　A　パケット交換モードにおいて、呼制御信号はDチャネルで伝送される。

　B　パケット交換モードにおいて、ユーザ情報はBチャネルまたはDチャネルで伝送される。

　［①Aのみ正しい　②Bのみ正しい　③AもBも正しい　④AもBも正しくない］

【2】ISDN基本ユーザ・網インタフェースにおける基本インタフェースは、二つの情報チャネルと一つの信号チャネルで構成されており、最大のデジタル伝送容量は、　(イ)　キロビット／秒である。

　［① 128　② 144　③ 192］

答（ア）③（イ）②

3. 主なISDN端末機器

DSU

ISDNに電話機やファクシミリ装置、パーソナルコンピュータ（PC）などの端末装置を接続して使用するには、まず、伝送路終端や給電など、物理的および電気的にISDN（網）を終端する**レイヤ1**の機能を持つ装置が必要になる。この装置は、一般に、**DSU（デジタル回線終端装置）**といわれ、ISDN基本ユーザ・網インタフェースの参照構成のうち**NT1**の機能に相当する。

ISDN基本ユーザ・網インタフェースに用いられるDSUは、図2・4のように、電気通信事業者の電気通信回線とのインタフェース機能を果たす**加入者線終端部**と、DSUと端末や端末アダプタ等を接続する**端末インタフェース部**に大きく分けられる。

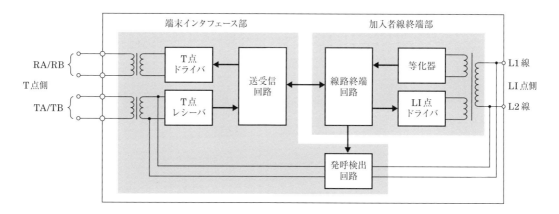

図2・4　DSUの回路構成例

●加入者線終端部

加入者線終端部は、2線式の加入者線を介して電気通信事業者側の**OCU**といわれるISDN用の局内回線終端装置と対向して接続され、TTC標準JT－G961で規定された**ISDN基本アクセスメタリック加入者線伝送方式**のインタフェース機能を有している。このときの接続条件は、配線設備とDSUの最初の接続点である**LI点**（または**U点**）といわれる参照点で規定される。加入者線との接続には、一般にアナログ電話機などに用いられてきた**RJ－11**規格のモジュラジャックをLI点に相当する端子として用いている。そして、このジャックに屋内配線の終端に取り付けたRJ－11規格のプラグを差し込んで接続する。

加入者線終端部を構成する回路には、加入者線区間の伝送方式に対応し、物理的に網を終端する**線路終端回路**や、加入者線の線路特性や信号のひずみに起因して起きる線路損失、ブリッジタップ(将来の新規電話加入者に対応できるようメタリック心線の融通を確保するために設けた分岐線路で終端処理が施されていないもの)での信号反射によるエコーを補償する**等化器**などがある。

●端末インタフェース部

端末インタフェース部は、TTC標準JT－I430に準拠した**T点**のユーザ・網インタフェース機能を有している。デジタル電話機やG4ファクシミリ、端末アダプタなどと接続するための端子を**S/Tポート**といい、その接続コネクタには、一般に、**RJ－45**規格に準拠した**8ピン**のモジュラジャックが用いられている。

端末インタフェース部を構成する回路には、バス接続された各端末と通信するための送受信回路、伝送路符号を相互変換するためのT点ドライバ/レシーバなどがある。

●電気通信事業者の交換設備からDSUへの給電

ISDNに接続されている端末装置は、一般に利用者宅内の商用電源などからのローカル電源により動作するが、日本国内のISDN基本アクセスメタリック加入者線伝送方式では、停電時などでも基本電話サービスを維持するため、DSUは交換設備から加入者線を通して**遠隔給電(局給電)**を受けており、一般に、電源回路の前段に電力分離フィルタを実装した構成により受電することができる。交換設備は、DSUの起動時には加入者線路に**39mA±10%**（規格値)の直流を重畳してDSUへの給電を行い、DSUの停止時には線路に60Vの定電圧を印加している。

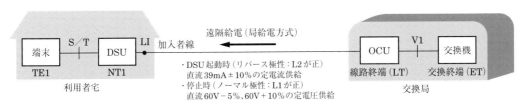

図2・5　遠隔給電

●DSUから端末装置への給電

DSUから端末装置への給電は、図2・6のような回路で**信号線(T線、R線)**間に34〜42Vの電位差を与えて行う**ファントムモード給電**と、信号線以外の対線を利用する付加的給電がある。また、それぞれノーマル給電(DSU停止時)と制限給電(DSU起動時)があり、ISDN基本ユーザ・網インタフェースのレイヤ1における電気的条件では、DSUから端末装置側への制限給電状態における給電部1の最大給電出力は、**420mW**と規定されている。

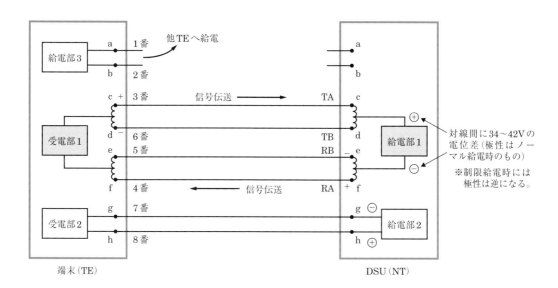

図2・6　給電に対する参照構成

 重要 商用電源が停止しても基本電話サービスを維持できるよう、**DSU**から**TE**にファントムモード給電を行う。

端末アダプタ

　アナログ電話網や公衆データ網などで使用されてきた旧来の端末装置は、通信プロトコルや伝送速度、使用電圧、コネクタの形状などのインタフェース条件が異なっているため、そのままではISDNに接続して使用することはできない。しかし、機器をすべて買い替えるのは、コストや機器の操作を新たに覚える手間がかかり、負担が大きいため、**端末アダプタ**といわれる装置が用意された。端末アダプタは、ターミナルアダプタともいわれる。

　端末アダプタは、ISDN基本ユーザ・網インタフェースの参照構成のうち**TA**の機能に相当するもので、接続される端末などの電気／物理インタフェースや通信プロトコル、ユーザ速度などを変換する機能を有している。この装置に従来使用してきた非ISDN端末を接続することにより、ISDNでも使用できるようになった。

●DSU内蔵端末アダプタ

　ISDNの基本的な参照構成では、TAはNT（DSUなど）とTE2（従来型の端末）の間に挿入されるようになっている。ISDNサービスが開始された後も従来型の端末装置が多く残存していたため、利用者によるDSUの設置が法的に認められる

ようになってからは、図2・7のようなDSU内蔵の端末アダプタが一般的に利用されている。

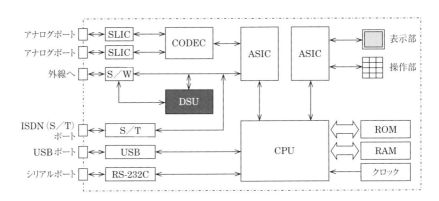

図2・7　DSU内蔵端末アダプタの構成例

●端末アダプタの接続

　端末アダプタには各種の接続コネクタがある。端末アダプタからみて電気通信回線側の通信用コネクタとしては、ISDNユーザ・網インタフェースによりDSUに接続するためのRJ－45規格の8ピン・モジュラジャックがある。また、DSU内蔵タイプの場合は、屋内配線に接続するためのRJ－11規格の6ピン・モジュラジャックがあり、屋内線のプラグをこれに差し込んで使用する。

　一方、端末側のコネクタとしては、アナログポート、シリアルポート（RS－232C）やUSB（Universal Serial Bus）ポートがあり、DSU内蔵タイプではS／Tポートも用意されている。**アナログポート**は、押しボタンダイヤル式電話機やG3ファクシミリ装置などのアナログ電話端末を接続するためのポートで、RJ－11規格の**6ピン・モジュラジャック**のアナログインタフェースが複数用意されている。**シリアルポート**および**USBポート**は、パーソナルコンピュータなどのデータ端末を接続するためのポートである。**S／Tポート**は、ISDN基本ユーザ・網インタフェースの配線に接続するための端子で、RJ－45規格の**8ピン・モジュラジャック**が用いられている。

●端末アダプタの特殊機能

　端末アダプタの代表的な機能は、アナログインタフェースを介して入力される音声信号をCODECの**符号器**で**PCM信号**に変換する機能である。また、2つのBチャネルを利用した特殊機能の例として、以下のようなものが挙げられる。

・バルク転送

　ISDN基本ユーザ・網インタフェースを利用した通信では、通常、Bチャネル1本で64kbpsのデータ伝送を行うが、端末アダプタには、**MP**（Multilink PPP）

150

といわれる、通信相手との間で2本のBチャネルを同時に接続できる機能を持つものがあり、この2本のBチャネルを束ねて1本のチャネルのように用いて一括伝送を行うこと（バルク転送）で、最大**128kbps**の通信速度を実現する。機種によっては、MP通信で使用しているBチャネルの数を電話の発着信や通信データ量に応じて自動的に調整する仕組みをサポートするものもある。これは**BOD**（Bandwidth On Demand）といわれる。

・疑似三者通話

　外線通話中に空いているBチャネルを利用し、第三者を呼び出して三者間で通話できる。

・疑似キャッチホン

　通話中に新たな着信があった場合、フッキングなどにより通話中の相手を保留して新たな着信に応答できる。

> 端末アダプタには、**Bチャネルを2本束ねてバルク転送を行い、128kbpsの通信速度を実現するMP通信をサポート**するものがある。

ISDNダイヤルアップルータ

　ISDNダイヤルアップルータは、インターネット接続サービスを行う事業者（インターネットサービスプロバイダ（ISP））の設備に接続する機能を持つ機器である。ダイヤルアップルータ機能のみを持つものは、ISDN基本ユーザ・網インタフェースの参照構成のTE2の機能に相当し、ISDNに接続して使用するにはDSUと端末アダプタが必要になる。

　しかし、実際には、DSUと端末アダプタの機能を内蔵している機種が一般的で、パーソナルコンピュータ（PC）などのデータ端末装置を接続するためのコネクタとして、シリアルポートやUSBポート、イーサネットポートなどを備えている。一般に、イーサネットポートに接続されたPCに対してはダイヤルアップルータとして動作し、シリアルポートやUSBポートに接続されたPCに対しては端末アダプタに相当する動作を行う。

デジタル電話機

　アナログ電話機をISDNで使用する場合は、端末アダプタ等を介してDSUに接続する必要があるが、ISDNユーザ・網インタフェースを有する**デジタル電話機**

は、ISDN基本ユーザ・網インタフェースの参照構成の**TE1**の機能に相当するので、DSUに直接接続して使用することができる。デジタル電話機は、内蔵されているコーデック回路（CODEC）により音声信号を64kbpsのデジタル信号に符号化し、ISDNユーザ・網インタフェースのBチャネルに載せることにより、通話機能を実現する。また、ISDNならではの多様な付加サービスにも対応できるようになっている。

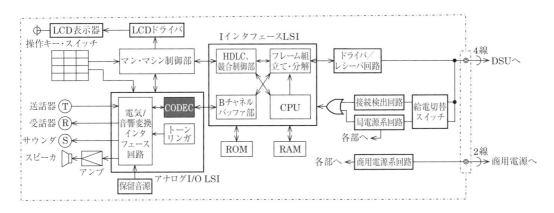

図2・8　デジタル電話機の構成例

 デジタル電話機は、**ISDN**ユーザ・網インタフェースの機能群に対応する**ISDN**標準端末（**TE1**）のひとつである。

G4ファクシミリ

グループ4（**G4**）ファクシミリは、ISDN基本ユーザ・網インタフェースの参照構成のTE1の機能に相当し、デジタル網を利用して高解像度の画像を高速に伝送できる。伝送速度はITU－T勧告T.90により最大64kbpsが規定されている。

G4ファクシミリ装置では、G4ファクシミリ装置相互の通信だけでなく、G3ファクシミリ装置との通信も可能である。G4ファクシミリ装置相互の通信では、ISDN基本ユーザ・網インタフェースに直接接続し、ITU－T勧告T.6として標準化された**MMR**といわれる2次元符号化方式を用いることにより、G3ファクシミリ装置相互の通信と比較して、原稿を高速に伝送することができる。一方、相手装置がG3ファクシミリ装置のときは、G4ファクシミリ装置側も解像度や符号化方式、伝送速度などをG3ファクシミリ規格のものに合わせて通信を行う。

重要 ISDNユーザ・網インタフェースに直接接続されたG4ファクシミリ装置相互の通信では、MMR符号化による高速伝送が行える。

技術・理論2章

練習問題

【1】ISDN基本アクセスメタリック加入者線伝送方式において、DSUは、2線式の電気通信回線を介して電気通信事業者側の （ア） といわれるISDN用の局内回線終端装置と対向して動作している。
［① OCU　② DSLAM　③ OLT］

【2】ISDN基本アクセスメタリック加入者線伝送方式において、停電時でも基本電話サービスを維持するため、DSUは、電気通信事業者側から、規格値として （イ） ±10パーセントの遠隔給電を受けることができる。
［① − 48ボルト　② 15.4ワット　③ 39ミリアンペア］

【3】ISDN基本ユーザ・網インタフェースに接続されるTAには、一般に、アナログインタフェースを介して入力される音声信号を （ウ） でPCM信号に変換する機能がある。
［① 加入者線終端回路　② 符号器　③ 変調回路］

【4】ISDN基本ユーザ・網インタフェースで使用される端末アダプタには、Bチャネルを2本束ねて、128キロビット／秒の通信速度を （エ） 転送で実現するMP通信といわれる機能をサポートするものがある。
［① DMA　② インタラプト　③ バルク］

【5】ISDN基本ユーザ・網インタフェースにおける端末アダプタの独自機能のうち、外線通話中に空いている （オ） を利用し、第三者を呼び出して三者間で通話できる機能は、疑似三者通話といわれる。
［① Bチャネル　② アナログポート　③ アナログ回線］

【6】グループ4（G4）ファクシミリ装置相互の通信では、ISDN基本ユーザ・網インタフェースに直接接続し、ITU − T勧告T.6として標準化された （カ） といわれる2次元符号化方式を用いることにより、G3ファクシミリ装置相互の通信と比較して、原稿を高速に伝送することができる。
［① MR　② MMR　③ MPEG］

【7】ISDN基本ユーザ・網インタフェースの機能群に対応するISDN標準端末の一つとして、 （キ） 電話機がある。
［① アナログ　② デジタル　③ IP］

答 （ア）①（イ）③（ウ）②（エ）③（オ）①（カ）②（キ）②

4. 加入者線伝送方式

ISDN基本アクセスメタリック加入者線伝送方式

　ISDN基本ユーザ・網インタフェースでは、NTから端末装置方向の伝送と端末装置からNT方向の伝送を分け、S／T点ではケーブルの8本(8心・4対)あるメタリック心線のうちの4本(4心・2対)を使用して双方向伝送を行う。

　一方、電気通信事業者のOCUとユーザのDSUの間でISDN基本アクセスメタリック加入者線伝送方式により伝送を行う加入者線には、経済的理由から、アナログ電話用に既に敷設されている**2線式の平衡型メタリックケーブル**を利用している。このため、2線式のメタリックケーブルで双方向伝送を実現する手段が必要になる。その方式には、時間軸圧縮多重(TCM)技術を用いた**時分割方向制御(ピンポン伝送)方式**と、ハイブリッド回路により上り・下り信号を分離するエコーキャンセラ(ECH)方式があり、日本では、TTC標準JT－G961により時分割方向制御方式が採用されている。

　時分割方向制御方式では、データの伝送速度を2倍以上にすることにより所要伝送時間を半分以下にし、空いた残りの時間で反対方向のデータを伝送する。この方式は、原理的に近端漏話の影響を受けにくい特徴がある。

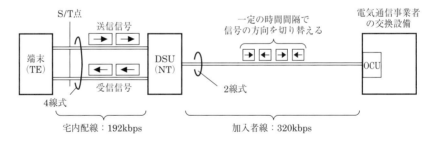

図2・9　加入者線デジタル伝送方式(時分割方向制御)

 ISDN基本アクセスメタリック加入者線伝送方式では、TCM技術を用いた時分割方向制御(ピンポン伝送)方式による双方向伝送を行っている。

5. ISDN インタフェースレイヤ1

ISDNユーザ・網インタフェースの**レイヤ1**は、OSI参照モデルの第1層（物理層）に該当し、基本ユーザ・網インタフェースのレイヤ1仕様は、ITU－T勧告I.430にもとづいて策定されたTTC標準JT－I430により規定されている。

基本ユーザ・網インタフェースのレイヤ1構造

●フレーム構成

ISDN基本ユーザ・網インタフェースのレイヤ1では、NT（網終端）とTE1（ISDN標準端末）の間およびNTとTA（端末アダプタ）の間の信号は、図2・10のようなフレームといわれる伝送単位でやりとりされる。フレームを構成するビットには、BおよびDチャネルの情報ビット、フレーム同期用のフレームビット（Fビット）、Dチャネル競合制御用のDエコーチャネルビット（Eビット）などのレイヤ1制御用ビット、保守用ビットなどがある。これらのビットを合わせて1フレームの大きさは**48bit**となり、これを**250μs**のフレーム周期で伝送するので、NTとTE1等との間の配線上におけるデータ信号の伝送速度（レイヤ1ビットレート）は、**192kbps**となる。この伝送速度は、信号の方向が上り方向（TE1などからNTへの方向）でも下り方向（NTからTE1などへの方向）でも同じである。

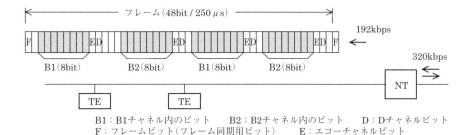

B1：B1チャネル内のビット　　B2：B2チャネル内のビット　　D：Dチャネルビット
F：フレームビット（フレーム同期用ビット）　　E：エコーチャネルビット

図2・10　基本ユーザ・網インタフェース（レイヤ1）のフレーム構造

●伝送路符号形式

ISDN基本ユーザ・網インタフェースの伝送路符号には、100％パルス幅の**AMI符号**（Alternate Mark Inversion codes：疑似3値符号）を使用している。AMI符号では、ビット値"0"をパルスあり、ビット値"1"をパルスなしに対応させ、さらにパルスの極性を交互に反転させて伝送する。

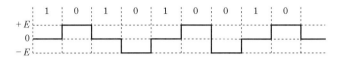

```
 1   0   1   0   1   0   0   1   0
```

図2・11　100%AMI符号の例

レイヤ1におけるフレームは、48bitで構成され、250μs周期で伝送される。

レイヤ1動作モード

ISDN基本ユーザ・網インタフェースのレイヤ1における動作モードには、ポイント・ツー・ポイントモードと、ポイント・ツー・マルチポイントモードがある。

ポイント・ツー・ポイントモードは、ユーザ・網インタフェース規定点(参照点T)または参照点Sにおける送信・受信の各方向に対して、いかなる場合でもただ1つの送信部と1つの受信部が動作状態になっている場合をいう。

一方、ポイント・ツー・マルチポイントモードは、ユーザ・網インタフェース規定点(参照点T)または参照点Sにおいて、2台以上のTE(送信部・受信部の組)が同時に動作状態になっている場合をいう。

NTにTE1やTAを接続するための配線には、NTと端末装置(TE1またはTA)を1対1で接続するポイント・ツー・ポイント配線構成と、NTに複数台(最大8台)の端末装置(TE1またはTA)を接続できるポイント・ツー・マルチポイント配線(受動バス配線)構成がある。ポイント・ツー・ポイントモードがポイント・ツー・ポイント配線構成とポイント・ツー・マルチポイント配線構成のどちらでも適用できるのに対して、ポイント・ツー・マルチポイントモードを適用できるのはポイント・ツー・マルチポイント配線構成のみである。

Dチャネルアクセス競合制御

ISDN基本ユーザ・網インタフェースでは、ポイント・ツー・マルチポイント配線構成の場合、バス配線上に最大8台の端末装置(TE1またはTA)を接続することができる。このとき、接続された各装置で2つのBチャネルと1つのDチャネルを共用することになる。各装置からの発呼、選択や切断等の呼処理はすべて共通の信号チャネル(Dチャネル)を通して行われるため、複数の端末装置からDチャネルに同時に信号が送出されて、信号の衝突が起きることがある。これを防止するため、Dチャネルにおいてはアクセス競合制御手順が規定され、複数の端末装

置から同時に送信される信号間の競合制御を行っている。この**Dチャネルアクセス競合制御**には、**エコーチェック方式**が採用されている。エコーチェック方式では、次の手順でDチャネルへのアクセス競合を回避している。

●Dチャネル使用状況の検知

　NTは、端末装置(TE1またはTA)から受信したフレームのDチャネルビットの値をそのままDエコーチャネルビット(Eビット)に設定したフレームを各端末に向けて返送する。

　動作状態にある各端末装置は、NTが送信するフレームのEビットを常時監視し、Eビットの値が連続して"1"になる回数をカウンタで数えている。そして、カウンタが一定の値に達するとDチャネルが空いていると判断し、送信しようとしている情報があればフレームを送信する。また、Eビットの値が"0"になれば、他の端末装置がDチャネルへのアクセスを開始したと判断し、カウンタの値をリセットして数え直す。

　このようにして、各端末装置は、フレームの送出に先立ってDチャネルの使用状況を知ることができる。

●アクセス競合の回避

　しかし、このままでは、複数の端末装置から呼制御信号が同時に送出された場合に、Dチャネル上で信号の衝突が生じることを避けられない。そこで、Dチャネルにアクセスしようとする各端末装置は、最新の送出フレームのDビットと、直後にNTから受信したフレームのEビットを1ビットずつ比較して、ビット値が同じならフレームの送出を継続し、異なった場合はフレームの送出を直ちに停止する。そして、Eチャネルの監視によりDチャネルが空くのを待って再送を行う。

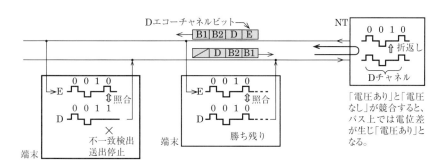

図2・12　エコーチェック方式によるDチャネルアクセス競合制御

●配線長の制限

　電気信号が媒体上を伝わる速度は非常に速いが、有限であるため配線ケーブルが長くなるとビット位置にずれが生じてくる。その結果、端末装置が送出するフ

レームのDチャネルとNTで折り返されてくるフレームのEチャネルを正しく比較できなくなることがある。

このため、ISDN基本ユーザ・網インタフェースの受動バスにおけるケーブル長は、配線構成により制限されている。

> ポイント・ツー・マルチポイント配線構成の場合、複数端末間でDチャネルを共用するため、エコーチェック方式によるアクセス競合制御が行われる。

練習問題

【1】 ISDN基本ユーザ・網インタフェースのレイヤ1について述べた次の二つの記述は、　(ア)　。

　A　DSUとTEとの間の伝送路符号は、100%パルス幅のAMI符号が用いられている。

　B　データ伝送単位であるフレームは、1フレームが48ビットで構成されており、先頭のビットは、フレームビットといわれる。

　[① Aのみ正しい　② Bのみ正しい　③ AもBも正しい　④ AもBも正しくない]

【2】 ISDN基本ユーザ・網インタフェースのレイヤ1におけるフレームは、BおよびDチャネルの情報ビットのほか、フレーム同期用ビット、制御用ビット、保守用ビットなどで構成されており、フレーム周期は、　(イ)　マイクロ秒である。

　[① 125　② 192　③ 250]

【3】 ISDN基本ユーザ・網インタフェースのレイヤ1では、複数の端末が一つのDチャネルを共用するため、Dチャネルへの正常なアクセスを確保するための制御手順として、一般に、　(ウ)　といわれる方式が採られている。

　[① エコーチェック　② パリティチェック　③ CRC]

答（ア）③（イ）③（ウ）①

6. ISDNインタフェースレイヤ2

ISDNユーザ・網インタフェースの**レイヤ2**は、OSI参照モデルの第2層（データリンク層）に該当し、端末とISDN（網）との間でDチャネル上の呼制御情報やパケット通信の情報が正しく伝送されるよう、誤り制御、再送手順、順序制御を行っている。その仕様はITU－T勧告I.440やTTC標準JT－Q920で総論が、ITU－T勧告I.441やTTC標準JT－Q921で詳細が規定されている。

LAPDの概要

ISDNユーザ・網インタフェースにおいて、Dチャネル上でのレイヤ2のプロトコルには、**LAPD**（Link Access Procedure on the D-channel）といわれる伝送制御手順が用いられている。

LAPDでは、図2・13のように1つの物理インタフェース上に同時に複数のデータリンクを独立して設定することができる。これを**多重LAP**という。多重LAPにより、バスに接続された個々の端末がNTとの間のデータ伝送を独立して同時に行うことができる。また、1つのDチャネル上で呼制御信号とユーザデータ（パケット）の両方を同時に伝送することが可能となっている。

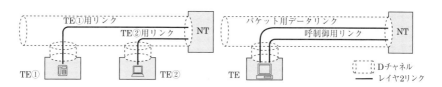

図2・13 多重LAP

多重LAPにより、同一インタフェース上に接続された複数の端末が、それぞれ独立に通信を行うことができる。

LAPDのフレーム構成

LAPDでは、フレームといわれる一定のルールで区切ったビット列を伝送単位として、データを伝送する。LAPDのフレームは、レイヤ1のフレームとは異なる概念なので、レイヤ2フレームなどと呼ばれることもある。LAPDのフレームは、

　図2・14のようにいくつかのフィールド(領域)で構成されている。

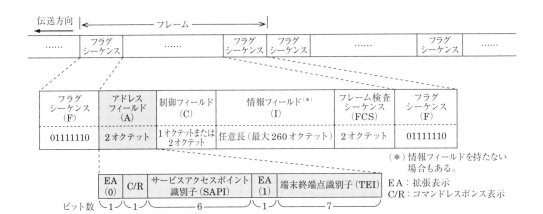

図2・14　LAPDのフレーム構成

●フラグシーケンス

　フレームの区切りを示し、同期をとるための1オクテット(8bit)の固定長フィールドであり、ビットパターンは"**01111110**"と決められている。受信側の装置は、このビットパターンを抽出することによりフレームの開始と終了を識別する。

　フラグシーケンス以外の箇所でこれと同じビットパターンが現れると、フレーム同期がとれなくなるため、送信側では送信しようとするデータ中に"1"のビットが5個連続したらその直後に"0"を1つ挿入することで、フラグシーケンスと同じビットパターンにならないようにしてから送信し、受信側では受信したデータ中に"1"のビットが5個連続したら直後の"0"を1つ削除して元のデータに戻す。このようにして任意のビットパターンのデータを転送することができ、情報伝達のトランスペアレンシー(透過性；送信側から受信側へ情報が変更されることなく伝わること)を実現している。

●アドレスフィールド(アドレス部)

　2オクテット(16bit)の固定長フィールドで、コマンド(問合せ)の宛先またはレスポンス(応答)の送信元を示す。送信したフレームがコマンドなのかレスポンスなのかを示すC／Rビットと、SAPI(サービスアクセスポイント識別子)およびTEI(端末終端点識別子)などの情報から成る。

　SAPIは、レイヤ2がレイヤ3にサービスを提供する点を示し、フレームが呼制御信号用なのか、ユーザ情報用なのか、あるいは管理手順用なのかを識別するための識別子である。また、**TEI**は、受動バス配線に接続されているどの端末かを識別するための識別子である。

●制御フィールド(制御部)

1オクテット(8bit)または2オクテット(16bit)のフィールドで、フレームの種別と、その種別ごとの制御のための情報を伝達する。フレームの種別には、情報転送フレーム、監視フレーム、非番号制フレームの3種類がある。

・情報転送(I)フレーム

Iフレームは、情報の送信に使用されるフレームで、制御フィールドの先頭1ビットの値が"0"になっている。Iフレームの送信中は、制御フィールドの順序番号$N(S)$、$N(R)$により、常に相手側がどのフレームまで確実に受信したかを知ることができ、送信側はフレームを連続送信できる。

・監視(S)フレーム

Sフレームは、Iフレームの受信確認(RR)、受信可／不可の通知(RR／RNR)、再送要求(REJ)など、データリンクの監視制御を行うために使用されるフレームで、制御フィールドの先頭2ビットの値が"10"になっている。

・非番号制(U)フレーム

Uフレームは、モード設定・切断や、非確認形情報転送モードの通信(162頁参照)などを行うためのフレームで、制御フィールドの先頭2ビットの値が"11"になっている。モード設定・切断用としては、マルチフレーム確認形動作モードのリンク設定を行うための拡張非同期平衡モード設定(SABME)フレーム、マルチフレーム確認形動作モードを終結するための切断(DISC)フレーム、SABMEおよびDISCの受付・確認応答に使用される非番号制確認(UA)フレームがある。非確認形情報転送用には、放送形リンク(宛先を指定せずにデータを一斉に送信する方式のリンク)でユーザ情報を転送するための**非番号制情報(UI)フレーム**がある。また、回復不能な異常の通知に使用されるフレームリジェクト(FRMR)、マルチフレーム確認形動作モードを実現できないことを通知するための切断モード(DM)などのような、データリンクの制御などに使用されるフレームもある。

●情報フィールド(情報部)

転送するユーザ情報が入るフィールドであり、その大きさは**最大260オクテット**(2,080bit)で任意に設定できる。このフィールドは監視フレームにはなく、非番号制フレームにはある場合とない場合がある。

●フレーム検査シーケンス(FCS：Frame Check Sequence)

誤り制御を行うためのフィールドで、2オクテット(16bit)で構成される。このフィールドには、**CRC符号**(Cyclic Redundancy Check code：巡回冗長検査符号)といわれる、フレームに設定されている情報をもとに一定の規則で算出したビッ

ト列が設定される。誤り制御の対象範囲は、アドレスフィールドから情報フィールドまでであり、フラグシーケンスの誤り制御は行っていない。

> **LAPDフレームにおける情報フィールドは、最大260オクテットで構成される。**

LAPDの情報転送手順

LAPDの情報転送手順には、フレームの送達確認を行う**確認形情報転送モード**と、送達確認を行わない**非確認形情報転送モード**がある。

●確認形情報転送モード

確認形情報転送モードは、図2・15のように、送信側で個々のIフレームに連続する順序番号を付与して送信し、受信側では順序番号の順序通りに抜けがなく受信できたかどうかや転送エラーの有無などをチェックしてその結果をSフレームなどで通知する、**送達確認**を行いながら情報転送をする手順になる。受信側で順序誤りやフレーム抜け、転送エラーが検出された場合には、フレームの再送手順を用いて**誤り回復**を行う。また、輻輳（インタフェースに送出される情報の量が伝送可能な容量を超えること）が生じたときには、送信可／不可のコマンド・レスポンスを送って情報フレームの送出量を調整する**フロー制御**も可能である。通信を行う装置の相互間で送達確認などを行う必要があることから、不特定あるいは複数の相手との通信に適用するのは困難であり、**ポイント・ツー・ポイントリンクでの使用に限定**される。この手順は、データリンクの設定および解放の手順が必要になるが、情報が通信相手に確実に転送される利点がある。

●非確認形情報転送モード

非確認形情報転送モードは、フレームの送達確認を行わない手順で、すべての情報を順序番号を持たない**非番号制（U）フレーム**を用いて転送する。この転送モードは、**ポイント・ツー・ポイントリンクでもポイント・ツー・マルチポイントリンクでも適用可能**である。ポイント・ツー・マルチポイントリンクでは、図2・16のような1つの装置から複数の装置に同じ情報を一斉に送信する放送形の通信となり、送達確認や再送制御が困難なことから、この手順にならざるを得ない。もし、転送エラーを検出しても、そのエラーフレームを廃棄するだけで、**誤り回復処理は行わない**。また、輻輳が生じても**フロー制御は行わない**。

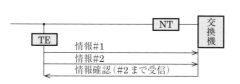

図2・15　確認形情報転送モード

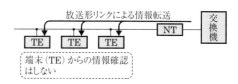

図2・16　非確認形情報転送モード

技術・理論2章

 LAPDによる非確認形情報転送モードでは、輻輳（ふくそう）したときのフロー制御を行わない。

練習問題

【1】ISDN基本ユーザ・網インタフェースにおいて、レイヤ2のフレームには、フレームの開始と終了を識別するため、ビット列が01111110の8ビットから成る　(ア)　が付加されている。
［① フラグシーケンス　② アドレスフィールド　③ フレームチェックシーケンス］

【2】図1は、ISDN基本ユーザ・網インタフェースにおけるLAPDのフレーム構成を示したものである。図中のCフィールドは、　(イ)　フィールドといわれ、最大260オクテットで構成される。
［① アドレス　② 制　御　③ 情　報］

フラグ シーケンス	A フィールド	B フィールド	C フィールド	FCS	フラグ シーケンス

図1

【3】ISDN基本ユーザ・網インタフェースにおいて、　(ウ)　による非確認形情報転送手順は、ポイント・ツー・ポイントデータリンクおよび放送形式データリンクのいずれにも適用できる。
［① SAPI　② LAPD　③ LAPB］

答（ア）①（イ）③（ウ）②

7. ISDNインタフェースレイヤ3

ISDNユーザ・網インタフェースの**レイヤ3**は、OSI参照モデルの第3層(ネットワーク層)に該当し、その仕様は、ITU－T勧告I.450やTTC標準JT－Q930で総論が、ITU－T勧告I.451やTTC標準JT－Q931で詳細が規定されている。

レイヤ3の機能

ISDNユーザ・網インタフェースのレイヤ3におけるDチャネル上での呼制御に関するプロトコルは、TTC標準JT－Q931で規定されている。レイヤ3では、レイヤ2の情報転送機能を利用して端末装置と交換網(ISDN)との間でメッセージをやりとりし、端末装置と相手端末装置の間の**ネットワークコネクションの設定、維持、解放、各種付加サービス要求など**の制御を行う。また、TTC標準JT－X31で規定されるパケット交換モードのパケット交換データ転送機能を受け持ち、このときのプロトコルは公衆パケット交換網で用いられていたITU－T勧告X.25のパケットレイヤプロトコルが適用される。

レイヤ3のメッセージフォーマット

Dチャネルにおけるレイヤ3メッセージの仕様は、TTC標準JT－Q931で規定されており、プロトコル識別子、呼番号、メッセージ種別、他の情報要素から成る。プロトコル識別子、呼番号およびメッセージ種別は、すべてのメッセージに共通で、必ず含まれていなければならない情報要素である。また、他の情報要素は、メッセージ種別に応じて規定される情報要素である。

●プロトコル識別子

転送する情報が呼制御メッセージであるかパケット交換呼であるかを識別するための情報要素である。

●呼番号

Dチャネル上で扱う制御信号がどの呼の信号であるかを識別するための情報要素である。

●メッセージ種別

転送しているメッセージの種別(呼設定、呼設定受付、呼出し、応答、応答確認、

切断、解放、解放完了など)を識別するための情報要素である。

●他の情報要素

メッセージの種別により付加する内容が異なり、また、情報要素の長さも異なっている。

たとえば発呼のとき発呼端末が送出する呼設定メッセージでは、発・着番号、発・着サブアドレス、伝達能力、チャネル識別子、パケット交換固有の情報等の情報要素があり、それぞれ必要に応じて設定される。これらの情報要素のうち、伝達能力情報要素では、回線交換かパケット交換かの転送モードが指定される。

重要　レイヤ3の呼設定メッセージでは、回線交換かパケット交換かの指定を行っている。

回線交換モードの呼制御手順

ISDNの端末が通信を行う場合、その通信制御にはTTC標準JT－931に規定するプロトコルを用いる。次頁の図2・17は、回線交換モードでデータ転送を行う場合の呼設定および呼解放のシーケンスを示したものである。これらの**呼制御手順はDチャネル上**で行われる。

●呼設定手順

図2・17において、まず、発信端末は、**呼設定**メッセージをISDN交換網に送信する。このとき、呼設定メッセージの個別情報要素により、一定の規則でコード化された着番号(相手先番号)、使用するチャネル番号、要求する伝達能力などが伝達される。

ISDN交換網は、呼設定が受付可能であれば、**呼設定受付**メッセージを発信端末に返送し、呼の確認をとるとともに使用するBチャネルを指定する。同時に、発信端末から受け付けた呼設定メッセージを着信端末にそのまま送信する。

着信端末は、呼設定メッセージにより要求された伝達能力が受付可能であれば、**応答**メッセージをISDN交換網に返送する。ここで、呼設定メッセージが同一バス配線上の複数の端末に着信したときは、最初に応答メッセージを返送した端末が着信端末となり、ISDN交換網からの**応答確認**メッセージによりその端末が指定される。なお、着信端末が呼設定メッセージを受信してから応答するまでにISDN交換網に送信する**呼出し**メッセージは、呼出中である(着信したがまだ応答していない)ことを通知するためのメッセージで、ISDN交換網からそのまま発信端末に送信され、これにより発信端末は着信端末を呼出中であることがわかる。

ISDN交換網は、着信端末から応答メッセージを受信すると、発信端末に対し

　　そのまま応答メッセージを送信し、指定したBチャネル上にエンド・ツー・エンド（発信端末と着信端末の間）のパス設定が完了したことを発信端末に通知する。
　　こうして、発信および着信の両端末間で**Bチャネルを用いたデータ転送**が可能となる。

●呼解放手順

　　Bチャネルによるデータ転送が終了すると、発信または着信のどちらか一方の端末からDチャネルに**切断**メッセージが送信され、切断メッセージを受信したISDN交換網は切断メッセージを送信した端末に**解放**メッセージを返送するとともに、他方の端末に切断メッセージを送信する。ISDN交換網から切断メッセージを受信した端末は、解放メッセージをISDN交換網に返送する。切断メッセージを送信した端末は、ISDN交換網からの解放メッセージを受信すると、**解放完了**メッセージをISDN交換網に返送する。ISDN交換網は、各端末から切断メッセージと解放完了メッセージを受信すると、切断メッセージをISDN交換網に送信した端末に解放完了メッセージを返送し、これで呼解放手順が完了する。

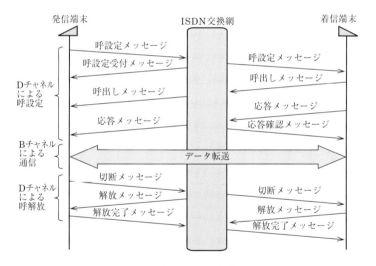

図2・17　回線交換モードの呼制御シーケンス

回線交換呼では、データ転送に**64kbps**の**Bチャネル**を使用し、呼制御情報の伝送には**16kbps**の**Dチャネル**を使用する。

練 習 問 題

【1】 図1は、ISDN基本ユーザ・網インタフェースの回線交換呼における呼設定からデータ転送まででの一般的な呼制御シーケンスを示したものである。図中のXは (ア) メッセージを示す。

［① 呼設定受付　② 選択開始　③ 接　続］

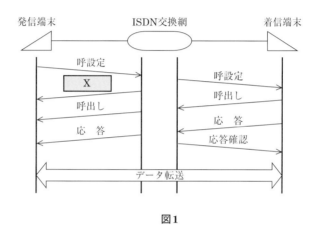

図1

【2】 図2は、ISDN基本ユーザ・網インタフェースの回線交換呼における基本呼制御シーケンスの一部を示したものである。図中のYの部分のシーケンスについては、 (イ) チャネルが使用される。

［① 16キロビット／秒のD　② 64キロビット／秒のD
③ 16キロビット／秒のB　④ 64キロビット／秒のB］

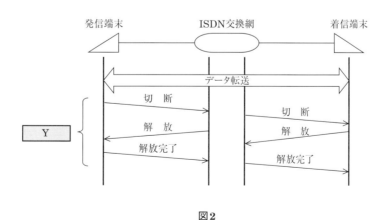

図2

答（ア）①（イ）①

第3章

情報セキュリティの技術

1. 情報システムに対する脅威

情報システムに対する代表的な脅威には、コンピュータウイルスや不正アクセスなどがある。

情報セキュリティとは

JIS Q 27000「情報技術－セキュリティ技術－情報セキュリティマネジメントシステム－用語」では、**情報セキュリティ**を、「情報の**機密性、完全性**および**可用性**を維持すること」と定義している。

●機密性

正当な者のみが情報にアクセスできることをいう。機密性を損なう行為の例として、ネットワーク上の盗聴などが挙げられる。

●完全性

情報の内容が正しい状態で維持されることをいう。完全性を損なう行為の例として、Webページの改ざんなどが挙げられる。

●可用性

正当な者が必要なときに情報を使用できる状態であることをいう。たとえば、システム障害によりサーバが停止すると、可用性は損なわれてしまう。

表3・1 情報セキュリティの3要素（機密性・完全性・可用性）

特 性	JIS Q 27000による定義
機密性	認可されていない個人、エンティティまたはプロセスに対して、情報を使用させず、また、開示しない特性。
完全性	正確さおよび完全さの特性。
可用性	認可されたエンティティが要求したときに、アクセスおよび使用が可能である特性。

コンピュータウイルス

●コンピュータウイルスの定義、分類

コンピュータウイルスは、通商産業省（現在の経済産業省）が告示した「コン

ピュータウイルス対策基準」において、次のように定義されている。

　「コンピュータウイルスは、第三者のプログラムやデータベースに対して意図的に何らかの被害を及ぼすように作られたプログラムであり、**自己伝染機能、潜伏機能、発病機能のいずれかを1つ以上有するものをいう。**」

　コンピュータウイルス（以下、「ウイルス」と略記）は、一般に、ファイルからファイルに感染してプログラムやデータを破壊するなど、コンピュータの動作に悪影響を及ぼす。感染源として、Webサイトや電子メール、USBメモリなどの外部記憶媒体の他、アプリケーションソフトウェアのマクロ機能を利用するものなどが挙げられる。

　ウイルスは、感染対象や行動により、表3・2のように分類される。

表3・2　コンピュータウイルスの分類

分　類		概　　要
狭義のウイルス(*)	**ファイル感染型**	主としてプログラム実行ファイル（例：拡張子が“.exe”や“.com”のファイル）に感染する。プログラム実行時に発病し自己増殖する傾向がある。
	システム領域感染型	コンピュータのシステム領域（OS（Operating System）起動時に読み込まれるブートセクタなど）に感染する。OS起動時に実行され、電源を切るまでメモリに常駐する。
	複合感染型	ファイル感染型とシステム領域感染型の両方の特徴を持つ。
ワーム		他のファイルに感染することなく、単独のプログラムとして動作し、**自己増殖**する。ネットワークを利用して自分自身をコピーしながら、電子メールソフトウェアに登録されているメールアドレスに勝手にメールを送付し、自己増殖を繰り返す。
トロイの木馬		単独のプログラムとして動作し、有益なプログラムのように見せかけて不正な行為をする。たとえば、個人情報を盗み取ったり、コンピュータへの不正アクセスのためのバックドア（裏口。システムへの不正侵入者が、再び容易に侵入できるように設ける接続方法のこと。）を作ったりする。ただし、他のファイルに感染するといった自己増殖機能は持たない。

（＊）「狭義のウイルス」とは、ウイルスを感染対象別に分類したものを指す。広義のウイルスは行動別に分類され、上表のように、狭義のウイルス（感染行動型）、ワーム（拡散行動型）、トロイの木馬（単体行動型）となる。

　ウイルス、ワーム、トロイの木馬など、不正な活動を行うために作られた悪意のあるソフトウェアは、一般に、**マルウェア**と総称されている。

●ウイルス対策

　ウイルスの感染を防ぐためには、**ウイルス対策ソフトウェア**の導入が有効である。ただし、ウイルスの新種が日々発生しているので、ウイルス対策ソフトウェアで使用する**ウイルス定義ファイル**（ウイルスを検出するために必要なデータベースファイル）を常に最新の状態にしておく必要がある。また、OSやアプリケーションソフトウェアのセキュリティ上の脆弱な部分（**セキュリティホール**）を突く攻撃もあるので、バージョンアップや修正プログラムの適用などを速やかに行うことが重要である。

　さらに、最近のウイルスは電子メールを主要な感染経路としているものが多いため、電子メールを閲覧する際は、特に以下の点に注意する。

・電子メールソフトウェアのプレビュー機能をオフに設定する。
・HTML（Hyper Text Markup Language）形式ではなく、テキスト形式でメールを閲覧する。
・メール本文で記述できるものは、テキスト形式などのファイルで添付しない。
・見知らぬ相手から届いた添付ファイル付きのメールは、削除することが望ましい。

　上記について補足して説明すると、HTML形式のメールは、文字の色やサイズを変更したり画像などを埋め込んだりする機能を持っており、閲覧者がメールを開くと、それらも自動的に表示される。このとき、悪意のあるプログラムが仕組まれているとウイルスに感染してしまうおそれがある。
　なお、ウイルスに感染したと疑われる場合に最初にすべきことは、感染拡大を防ぐために、**コンピュータを物理的にネットワークから切り離す**ことである。ウイルスの特徴や影響範囲を確認する前にコンピュータを再起動してしまうと、ウイルスの手掛かりが消えるだけでなく、感染が拡大する場合がある。

●ウイルスの検出方法
　ウイルス対策ソフトウェアで用いられている主な検出方法としては、パターンマッチング方式、チェックサム方式、ヒューリスティックスキャン方式がある。
・パターンマッチング方式
　既知のウイルスの特徴（パターン）が登録されているウイルス定義ファイルと、検査の対象となるファイルなどを比較して、パターンが一致するか否かでウイルスかどうかを判断する。この方式では、既知のウイルスの亜種については検出できる場合もあるが、未知のウイルスは検出できない。
・チェックサム方式
　ファイルが改変されていないかどうか、ファイルの完全性をチェックする。この方式では、未知のウイルスを検出できるが、検出自体はウイルスに感染してファイルが改変された後になる。
・ヒューリスティックスキャン方式
　ウイルス定義ファイルに頼ることなく、ウイルスの構造や動作、属性を解析することにより検出する。このため、未知のウイルスの検出も可能である。

不正アクセス等

　情報システムに対する脅威には、ウイルスだけでなく不正アクセスなどさまざまな不正行為がある。

重要 表3・3 不正アクセス等の例

名　称	説　明
盗聴	通信回線上を流れるデータなどを不正な手段で入手する。盗聴による情報漏えいの防止策として、データの内容を第三者が読み取れないようにする**暗号化**が挙げられる。
改ざん	管理者や送信者の許可を得ずに、通信内容を勝手に変更する。
なりすまし	他人のユーザIDやパスワードなどを入手して、正規の使用者に見せかけて不正な通信を行う。**スプーフィング**ともいう。
フィッシング	金融機関などの正規の電子メールやWebサイトを装い、暗証番号やクレジットカード番号などを入力させて個人情報を盗む。
スパイウェア	ユーザの個人情報やアクセス履歴などの情報を許可なく収集する。
キーロガー	キーボードから入力される情報を記録(ログ)に残して、IDやパスワードなどを不正に入手する。
ポートスキャン	コンピュータに侵入するために、通信の出入口であるポートに順次アクセスし、セキュリティホールを探す。
バナーチェック	サーバが提供しているサービスに接続して、その応答メッセージを確認することで、当該サーバが使用しているソフトウェアの種類やバージョンを推測する。バナーチェックは、サーバの脆弱性を調べる手法の1つである。
辞書攻撃	パスワードとして正規のユーザが使いそうな文字列(辞書に載っている単語など)のリストを用意しておき、これらをパスワードとして機械的に次々に指定して、ユーザのパスワードを解析し、不正侵入を試みる。
ブルートフォース攻撃	考えられるすべての暗号鍵や文字の組合せを試みることにより、暗号の解読やパスワードの解析を実行する。この攻撃への対策として、パスワードを一定の回数以上連続して間違えた場合に、一時的にログオンができないようにする**アカウントロック**が有効とされている。
踏み台攻撃	侵入に成功したコンピュータを足掛かりにして、さらに別のコンピュータを攻撃する。このとき、足掛かりにされたコンピュータのことを「踏み台」という。 踏み台の例としては、他人のメールサーバを利用して大量のメールを配信する**スパムメール**の不正中継がある。
DoS（**Denial of Service**：サービス拒絶）攻撃	特定のサーバなどに、電子メールや不正な通信パケットを大量に送信することによって、システムのサービス提供を妨害する。なお、多数のコンピュータを踏み台にして、特定のサーバなどに対して同時に行う攻撃を、特に**DDoS**（Distributed Denial of Service：分散型サービス拒絶)**攻撃**という。
バッファオーバフロー攻撃	システムがあらかじめ想定しているサイズ以上のデータを送りつけて、バッファ（データを一時的に保存しておく領域)をあふれさせてシステムの機能を停止させたり管理者権限を奪取したりする。
ゼロデイ攻撃	コンピュータプログラムのセキュリティ上の脆弱性が公表される前、あるいは脆弱性の情報は公表されたがセキュリティパッチがまだない状態において、その脆弱性をねらって攻撃する。
SQLインジェクション	データベースと連動したWebアプリケーションに悪意のある入力データを与えて、データベースへの問合せや操作を行う命令文を組み立てて、データベースを改ざんしたり情報を不正に入手したりする。
セッションハイジャック	攻撃者が、Webサーバとクライアント間の通信に割り込んで正規のユーザになりすますことによって、やりとりしている情報を盗んだり改ざんしたりする。
ブラウザクラッシャー	WebブラウザやOSの脆弱性を突いて、新しいウインドウを次々に開くなど、コンピュータに異常な動作をさせる。
DNSキャッシュポイズニング	DNS(Domain Name System)サーバの脆弱性を利用し、偽りのドメイン管理情報を書き込むことにより、特定のドメインに到達できないようにしたり、悪意のあるWebサイトに誘導したりする。
ピギーバック	ICカード等による入退室管理が行われているエリアへ正規の利用者の後ろについて行き、不正に入室または退室する。

2. 不正アクセス対策

　端末設備とネットワークの主なセキュリティ対策には、ウイルス対策と不正アクセス対策がある。ウイルス対策では、前項で解説したように**ウイルス対策ソフトウェアの導入**などが有効である。また、不正アクセス対策では、本項で紹介する**ユーザ認証**や**ファイアウォール**などが有効である。

ユーザ認証

　本人であること(つまり、なりすましではないこと)を証明することを、本人認証または**ユーザ認証**という。たとえばサーバへのアクセス時において、アクセスしようとしているユーザが本人であるかどうかを確認するために、一般に、**ユーザIDとパスワードの組合せ**による認証方法が用いられている。

　なお、近年は、より安全性の高い認証方法として、認証用のパスワードが1回しか使えない、いわゆる使い捨てパスワードを用いる**ワンタイムパスワード方式**が普及してきている。

ファイアウォール

　ファイアウォール(Firewall)は、不正アクセスを防ぐためにアクセス制御を実行するソフトウェア、機器、またはシステムであり、外部ネットワーク(インターネット)と内部ネットワーク(イントラネット)の境界に設置される。そして、特定の種類のパケットのみを通過させるような規則(**フィルタリングルール**)を設定する。ファイアウォールは、このルールにもとづいてインターネットとイントラネット間を流れるパケットを制御し、不正なパケットの侵入を阻止する。このようにファイアウォールは、外部ネットワークから内部のコンピュータやサーバなどを守るための「防火壁」の役割を果たしている。

　ウイルスの侵入や不正アクセスを監視、発見するための基本的な方法として**アクセス記録**の分析があるが、ファイアウォールには、このアクセス記録を残しておく機能がある。アクセス記録は、一般に、**ログ**または**アクセスログ**と呼ばれている。

　ファイアウォールを導入することにより、ネットワークは、外部ネットワーク(インターネット)からのアクセスに対してバリアのような役割を果たす**外部セグメント**、外部にアドレスを公開するWebサーバ、DNSサーバ、メールサーバなどを配置する**DMZ**(De-Militarized Zone：非武装地帯)、外部の脅威から守るべき**内部セグメント**の3つのゾーンに分けられる。

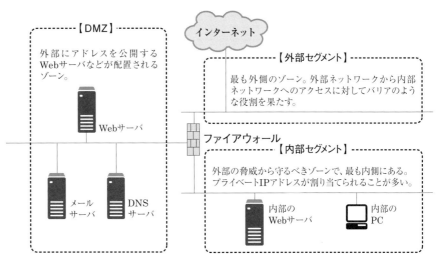

図3・1 ファイアウォールによる3つのゾーン分割

VPN

VPN(Virtual Private Network：仮想私設網)とは、インターネットのような公衆網を利用して仮想的に構築する独自ネットワークのことをいう。もともとは、公衆電話網を専用網のように利用できる電話サービスの総称であった。

しかし最近では、ネットワーク内に点在する各拠点内のLANをインターネット経由で接続し、暗号化や認証などのセキュリティを確保した専用線のように利用する通信形態をVPNと呼ぶことが多くなった。なお、これまでのVPNと区別するため、**インターネットVPN**と呼ぶこともある。

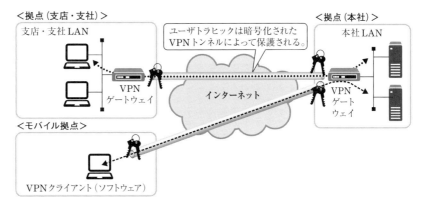

図3・2 インターネットVPNの利用形態

NAT、シンクライアントシステム等

●NAT

　ネットワークに接続されている各コンピュータには、それぞれ固有のアドレス、すなわち**IP**(Internet Protocol)**アドレス**が割り振られている。IPアドレスは、ネットワーク上でコンピュータを識別するための「住所」の役割を担っている。

　現在、IPアドレスは、ICANN(Internet Corporation for Assigned Names and Numbers)という国際的に組織された民間の非営利法人が一元的に管理している。この管理されているIPアドレスをグローバルIPアドレスと呼び、インターネット上の各コンピュータに一意に割り当てられている。

　一方、企業内の閉じたネットワーク（イントラネット）でのみ利用し、独自にIPアドレスを設定できるようにするためにプライベートIPアドレスが定義されている。現在、多くの企業のイントラネットでは、このプライベートIPアドレスを利用してネットワークシステムが構築されている。

　ただし、プライベートIPアドレスは、閉じたネットワークでのみ用いられるため、インターネット上の他のネットワークやコンピュータと直接通信することができない。そのため、企業内のイントラネットとインターネットの接続部分においてプライベートIPアドレスとグローバルIPアドレスを相互に変換する方法がとられている。これを**NAT**(Network Address Translation)という。

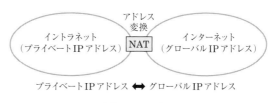

図3・3　NAT

　NATを用いることで、インターネットなどの外部ネットワークから、企業が内部ネットワークで使用しているIPアドレスを隠すことができるため、セキュリティレベルを高めることが可能である。

●シンクライアントシステム

　コンピュータからの情報漏えいを防止する対策の1つに、**シンクライアントシステム**(thin client system)の導入がある。シンクライアントシステムでは、ユーザが利用するコンピュータには表示や入力などの必要最小限の処理しかさせず、サーバ側が、アプリケーションやデータファイルなどの資源の管理を行う。このようにシンクライアントシステムでは、クライアント側の機能を少なくしている。ちなみにシンクライアントの「シン(thin)」は、英語で、薄い、やせ細ったなどの意味を持つ。

●ハニーポット

　不正アクセスやウイルスの振る舞いなどを調査・分析するために意図的に脆弱性を持たせて、インターネット上に設置されるシステムのことを、一般に、**ハニーポット**という。ハニーポット(honey pot)は、「甘い蜜入りの壺」という意味であり、この呼び名のとおり、サーバなどにセキュリティ上の欠陥を作り込んで不正侵入者をおびき寄せ、その行動を記録する。

技術・理論3章

練習問題

【1】 サーバなどへのアクセス時において、アクセスしようとしているユーザが本人であるかどうかを確認する仕組みはユーザ認証といわれ、一般に、 (ア) の組合せによる認証方法が用いられる。
　[① ユーザIDとアカウント　② コマンドとキーワード　③ ユーザIDとパスワード]

【2】 インターネットに接続されたネットワークにおいて、ファイアウォールによって外部ネットワーク(インターネット)からも内部ネットワーク(イントラネット)からも隔離された区域は、一般に、 (イ) といわれる。
　[① DMZ　② NAT　③ DNS]

【3】 コンピュータからの情報漏洩を防止するための対策の一つで、ユーザが利用するコンピュータには表示や入力などの必要最小限の処理をさせ、サーバ側でアプリケーションやデータファイルなどの資源を管理するシステムは、一般に、 (ウ) システムといわれる。
　[① シンクライアント　② 検疫ネットワーク　③ リッチクライアント]

答（ア）③（イ）①（ウ）①

1. 宅内配線工事

配線工事

　電気通信事業者の電気通信サービスを利用するには、法令で規定されている技術基準に適合した端末設備を電気通信回線設備に接続する必要がある。この接続には、メタリック（金属）ケーブルや光ファイバケーブルなどを用いた有線によるものと、電波を用いた無線によるものがある。

　端末機器をメタリックケーブルで電気通信回線設備に接続する場合、一般的な配線形態は図4・1のようになる。まず、電気通信回線設備の接続端子かんから家屋の壁等まで引込線を敷設し、引込線の終端に保安装置を取り付ける。通常、ここまでの工事を電気通信事業者が行い、以降は利用者が工事担任者に行わせる。次に、保安装置から壁を通して屋内に屋内線を引き込んで外線端子盤（ローゼット等）まで敷設する。そして、外線端子盤にねじ止め方式またはモジュラコネクタ方式により端末機器を取り付ける。このとき、端末機器だけでなく、配線についても技術基準に適合するよう、配線用材料の選択や施工を適切に行う必要がある。たとえば、配線用材料や施工が適切でないため屋内配線や避雷器などの配線設備の絶縁抵抗が低くなった場合は、電線相互間や電線と大地間で電流が流れやすくなり、雑音や誘導による妨害を受けやすくなるなどの不具合を生じる。

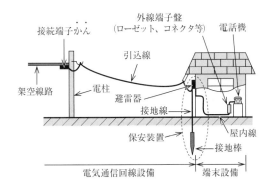

図4・1　電話機の一般的な配線形態

 配線設備の絶縁抵抗が低くなると、雑音や誘導などによる妨害を受けやすくなる。

配線用ケーブル

アナログ電話端末やISDN基本アクセスに使用する機器を電気通信回線設備に接続するための配線材料には、次のようなものがある。

●鋼心入り屋外線

接続端子かんから家屋までの引込線や同一の敷地内にある別の建物への配線など屋外の配線に利用され、引留具により電柱および家屋側にそれぞれ固定される。軟銅線でつくられた心線(電気信号を流す導線)をビニルで被覆して絶縁し、吊架しても心線に大きな張力がかからないように亜鉛めっき鋼線で補強されている。

●2心並列PVC屋内線

軟銅線でつくられた2本の心線導体がポリ塩化ビニル(PVC)で絶縁されている電線である。電気通信回線1回線用の屋内線として、保安器または屋内端子盤からローゼット端子などへの屋内配線に利用される。

●2対カッド形PVC屋内線

PVCで絶縁被覆された4本(2対)の軟銅線を1つのPVC外被に収納したケーブルで、ホームテレホンなどの配線に適している。心線間での漏話等の影響を小さくするため、図4・2のように心線を正方形に配列し、共通の軸回りに一括して撚り合わせている。また、心線を識別するため、被覆が青、茶、白、黒の4色に色分けされている。

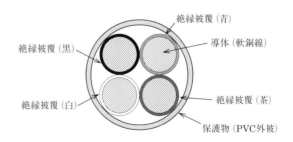

図4・2　2対カッド形PVC屋内線

2対カッド形PVC屋内線では、断面を見たときPVC絶縁体の白と青、茶と黒がそれぞれ対角線上になるように配置されている。

屋内線固定・保護用器具

　電話用の屋内配線は、重量物による踏みつけや支障物との接触などにより、大きな側圧や張力がかかると、心線が損傷することがあり、その結果、通信に支障を生じることになる。このようにして起こる不具合を防ぐために、屋内線を機械的に保護し、固定するさまざまな配線用材料が開発されている。

●PVC電線防護カバー
　電灯線その他の支障物との接触から屋内配線を保護するために用いる、PVC製の覆いである。必要な長さに切って使用する。

●ワイヤプロテクタ
　主に屋内線を踏みつけなどから機械的に保護するために用いる配線材料である。両面テープで床面に固定するなどして屋内線を収納する。

図4・3　PVC電線防護カバー　　　　　　図4・4　ワイヤプロテクタ

●硬質ビニル管
　電線を中に通し、電灯線その他の支障物から保護するために用いる管である。また、家屋の壁などを貫通する箇所での絶縁防護にも用いられる。家屋の壁を貫通して屋内線を入線する場合は、雨水などの侵入を防ぐため、硬質ビニル管の屋内側が高くなり屋外側が低くなるよう傾斜させて貫通させる。この場合、一般に、管の両端につばを取り付け、角で屋内線が損傷することのないようにする。

図4・5　硬質ビニル管

　ワイヤプロテクタは屋内線を収容して機械的に保護する配線材料であり、設置時に両面テープなどで床面に固定する。

保安装置

　雷の放電による誘導や、電力線との接触事故により、電気通信回線設備の架空線路に異常高電圧・過大電流が発生し、屋内線に侵入することがある。そして、これが原因となって、通信機器が故障し、さらに感電や発火など人体や財産に危害が及ぶことがある。このような異常高電圧・過電流から端末設備と利用者を保護し、安全を確保するために、一般に**保安装置**が設置される。ただし、線路がすべて地下に配線され、雷の影響や電力線との接触のおそれがなければ、保安装置は不要になる。

　保安装置は、**保安器**（避雷器と保護回路）および接地設備（**接地線**と**接地棒**）で構成され、176頁の図4・1に示すように、引込線と屋内線の境界に設置される。

●避雷器と保護回路

　避雷器は、雷放電により電線相互間あるいは電線と大地の間に衝撃的な電圧を生じた場合に瞬間的に放電し、電流を接地線を通して大地に逃がす働きをする。また、保護回路は、避雷器と組み合わせて使用する回路で、端末設備を電気通信回線から切り離して過大電流から保護する。避雷器には、炭素避雷器や、三極避雷管を使用した避雷器などがある。

・炭素避雷器

　炭素避雷器は、保安装置に古くから使用されてきたもので、L1線、L2線それぞれと大地（接地設備）の間に接続される。保護回路には、電気通信回線に過大電流が流れた場合に瞬時に溶断して端末設備を切り離す**ヒューズ**が使われている。電気通信回線のL1線とL2線に別々に取り付けられた2つの避雷器の放電特性の違いにより、先に一方のみが放電破壊を起こしてL1線とL2線の間に瞬間的に大きな電位差を生じ、電話機等に使用されている電子部品を破壊することがある。このため、現在は三極避雷管を使用した避雷器を使用することになっており、炭素避雷器が新たに設置されることはない。ただし、古い家屋には炭素避雷器が残っている場合があるので注意する。

・三極避雷管を使用した避雷器

　三極避雷管は、セラミックス製の同一管内にL1線、L2線の電極がアース電極を中間に挟んで対向する構造になっており、低電圧でも動作するようにアルゴンガスが封入されている。3つの電極が同一の雰囲気に置かれ、L1線とL2線で同時放電になるので、炭素避雷器にみられるようなL1線とL2線の間の電位差が生じることはない。このため、IC等の半導体部品を使用した端末設備に適している。保護回路には、**PTCサーミスタ**を使用する。PTCサーミスタは、電気通信回線に異常な電圧が加わると抵抗値が増大して電流を遮断することで端末設備を切り

離し、異常電圧がなくなると自己復旧して再び電流を流す素子である。

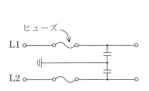

図4・6　炭素避雷器

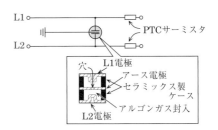

図4・7　三極避雷管を使用した避雷器

●**接地棒**

　過大電流を大地に逃がすために地中に埋設する電極をいう。一般に金属(銅)製のものが使用されているが、酸またはアルカリなどの成分を多く含む土壌では、腐食しにくい炭素接地棒を使用することがある。水分含有率が高く、電解質の多い場所に深く埋設することが望ましい。

●**接地線**

　避雷器を接地棒に接続するための電線をいう。一般に**600Vビニル絶縁電線**が用いられ、JIS C 0303により記号は**IV**、被覆の色は**緑**と規定されている。

 接地線などに用いられる**600Vビニル絶縁電線の記号はIVである。**

電話・情報設備の配線用図記号

　端末設備の工事は、配線、機器およびそれらの取付位置、取付方法などを示す設計図面の通りに行う必要がある。図面は、誰が見ても同じ認識ができるよう、書き方が決められている。その書き方のルールの1つに、JIS C 0303により規格化された図記号がある。

　JIS C 0303で規定されている図記号のうち、電話・情報設備用の主なものを表4・1に示す。

表4・1　電話・情報設備の配線用図記号（JIS C 0303より抜粋）

図記号	名称	図記号	名称
Ⓣ	加入電話機	⬜Ⓠ	転換器
FAX	ファクシミリ	⬜—	端子盤
Ⓠ	保安器	⬤	電話用アウトレット
DSU	デジタル回線終端装置	◈	複合アウトレット
TA	ターミナルアダプタ	RT または ルータ	ルータ

練習問題

【1】 メタリックケーブルや保安器などの配線設備の　(ア)　抵抗が低くなると、電線相互間や電線と大地間で電流が流れやすくなり、雑音や誘導などによる妨害を受けやすくなる。
［① 接　触　② 絶　縁　③ 熱］

【2】 屋内線の配線用材料である　(イ)　は、両面テープで床面に固定するなどして屋内線を収納することにより、主に屋内線を機械的に保護するために使用される。
［① ワイヤプロテクタ　② PVC電線防護カバー　③ PF管］

【3】 電話配線工事において、家屋の壁などを貫通する箇所に用いられる硬質ビニル管の両端には、入線する屋内線に損傷を与えないようにするため、一般に、　(ウ)　が取り付けられる。
［① ステップル　② フリーレット　③ つば］

【4】 JIS C 0303：2000構内電気設備の配線用図記号に規定されている、接地線などに用いられる600Vビニル絶縁電線の記号は、　(エ)　である。
［① CV　② IV　③ DV］

【5】 JIS C 0303：2000構内電気設備の配線用図記号に規定されている、電話・情報設備のうちの端子盤の図記号は、　(オ)　である。
［① ⊠　② ▭　③ —］

答　（ア）②　（イ）①　（ウ）③　（エ）②　（オ）③

2. ISDNの配線工事

ISDN基本ユーザ・網インタフェースの配線工事を行うために必要な規格は、TTC標準JT－I430で規定されている。

加入者線からDSUまでの配線

ISDN基本ユーザ・網インタフェースで使用するDSU（NT）を加入者線に接続するための配線は、既存のアナログ電話回線で使用していたものをそのまま使用できる。これは**2線式**のメタリック配線であり、一般に、屋内配線に取り付けられた端子盤に、RJ－11規格に対応したモジュラコネクタ（プラグジャック）を用いてDSUを接続する。なお、DSUのL1、L2線の極性が交換設備側のOCUと一致せず、正常に動作しない場合があるので、このようなときはDSUに実装された**リバーススイッチ**などといわれるDIPスイッチを使用して極性を反転させる。

ISDN基本ユーザ・網インタフェースの配線構成

ISDN基本ユーザ・網インタフェースにおいて、DSUと端末装置（TE1またはTA）の間の配線には**4線式**のメタリックケーブルが用いられ、一般にRJ－45規格に対応した8ピンのモジュラコネクタ（プラグジャック）を用いて機器を接続する。配線構成には、**ポイント・ツー・マルチポイント配線構成**（バス配線）と**ポイント・ツー・ポイント配線構成**がある。

> **DSUとTE1の間、およびDSUとTAの間は、4線式の配線で接続する。**

●ポイント・ツー・マルチポイント配線構成

1本のケーブルに複数のモジュラジャック（ソケット）を取り付けて分岐配線する**受動バス配線方式**により提供される。これにより、DSUからの1本の配線に**最大8台**の端末装置を接続できる。このとき配線に取り付けることのできるソケットの数は30個程度である。バス配線方式の利点は、通信制御装置から各端末装置に1台1台別々に配線するスター配線方式に比べ、配線する本数が少なくて済むことである。信号の増幅や再生中継を行うための能動論理素子が含まれないことから「受動」バスといわれる。

ISDNユーザ・網インタフェースの配線には、DSUと終端間におけるインピーダンス不整合による電気的な反射を防ぐため、一般に、終端抵抗付きのモジュラジャックを取り付ける。受動バス配線において、モジュラジャックが複数個ある場合はDSUから最も遠い端のモジュラジャックを終端抵抗付きのものとし、途中のモジュラジャックは抵抗が入っていないものにする。また、一般的にDSUは装置内に終端抵抗が内蔵されているので、DSU側のモジュラジャックは終端抵抗の入っていないものを使用することが多い。

受動バス配線方式は、さらに短距離受動バス配線と延長受動バス配線の2つに分類され、DSUと端末装置の間の最大配線長の規定値は、DSUと端末装置間の伝送遅延の関係から、それぞれの方式で異なっている。

・短距離受動バス配線

短距離受動バス配線は、一般家庭や小規模事業所での使用を想定した配線方式である。ケーブルの長さはその線路インピーダンスにもよるが、最大延長距離（最大動作距離）は短く、75 Ωの低インピーダンス線路で100m、150 Ωの高インピーダンス線路で200mとなっている。端末装置はモジュラコネクタを用いて合計8台まで接続可能で、モジュラジャックの取付け位置は任意に決めることができる。

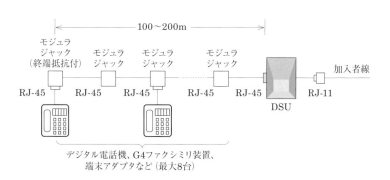

図4・8　短距離受動バス配線

 短距離受動バス配線では、モジュラジャックの取付け位置を任意に決めることができる。

・延長受動バス配線

延長受動バス配線は、大規模事業所での使用を想定した配線方式である。最大延長距離が100〜1,000m程度の中距離用で、1本のバス配線上には短距離受動バスと同様に最大8台の端末装置を接続できるが、終端（DSUから遠い方の端）側に集中して取り付ける必要があり、DSUに最も近い端末の接続点から最も遠い接続点までの距離が25〜50mの範囲になるようにしなければならない。

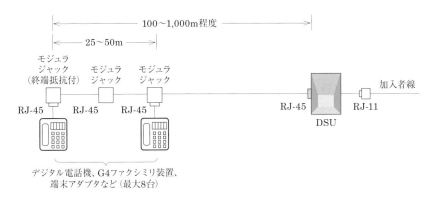

図4・9　延長受動バス配線

 延長受動バス配線では、モジュラジャックを
DSUから遠い側に集中して取り付ける。

●ポイント・ツー・ポイント配線構成

　DSUに端末装置を**1台**だけ接続する方式である。ISDN基本ユーザ・網インタフェースの配線構成のうちケーブル長を最も長くとることができ、動作距離は一般的な目標として**1,000m**となっている。この配線構成はPBXやLANの接続を想定したものであり、一般に終端抵抗が機器に内蔵されているため、ケーブル終端に取り付けるモジュラジャック（ソケット）は終端抵抗のないものを使用する場合がほとんどである。

図4・10　ポイント・ツー・ポイント配線構成

●接続コードおよび延長接続コード

　構内配線は一続きのケーブルで、これにモジュラジャック（MJ）を直接、または長さ**1m**以内の**スタブ**を介して取り付ける。そして、これらのモジュラジャックに長さ**3m**以内のモジュラプラグ付き接続コードを介してDSUを取り付け、**10m**以内のモジュラプラグ付き接続コードを介して端末装置を取り付ける。

　なお、ポイント・ツー・ポイント配線構成の場合に限り、長さが**25m**以内の**延長接続コード**を使用して取り付けることが認められている。

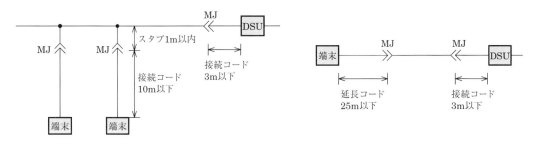

| 図4・11　接続コードの長さ | 図4・12　延長接続コードの使用 |

 最大配線長の規定値は、ポイント・ツー・マルチポイント構成の方がポイント・ツー・ポイント構成より短い。

ISDN基本ユーザ・網インタフェースのコネクタ

　ISDN基本ユーザ・網インタフェースのS／T点では、RJ – 45規格に準拠した8端子(8ピン)のモジュラコネクタ(プラグ・ジャック)が使用される。この8端子のうち、DSUと端末装置の信号の送受には、中央の4端子 **3、4、5、6**番が使用される。3、6番端子(端子名称c、d)がDSU側での受信端子(端末装置側での送信端子)となり、4、5番端子(端子名称f、e)がDSU側での送信端子(端末装置側での受信端子)となる。

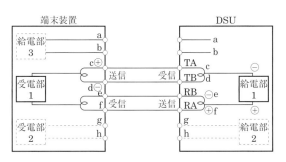

端子番号	端子名称	機能		極性	DSUの端子名
		端末装置	DSU		
1	a	給電部3	―	＋	
2	b	給電部3	―	－	
3	c	送信	受信	＋	TA
4	f	受信	送信	＋	RA
5	e	受信	送信	－	RB
6	d	送信	受信	－	TB
7	g	―	―	―	
8	h	―	―	―	

図4・13　モジュラコネクタと配線の極性

ISDN基本ユーザ・網インタフェースの電気的特性

●配線の極性

　ポイント・ツー・マルチポイント配線構成の場合、1対のインタフェース線における配線極性は、すべての端末装置で同じでなければならない。極性が異なる端末装置があるとフレームの区切りが識別できなくなり、同期がとれなくなってしまう。このため、工事確認試験では、テスタの直流電圧測定機能(193頁参照)を用いてDSUから端末装置までのバス配線のT線(TA／TB)の極性を確認する。

　一方、ポイント・ツー・ポイント配線構成の場合は、DSUと端末装置間の送受各1対のインタフェース線における2線間の極性は反転しても差し支えない。

●公称パルス電圧

　端末装置とDSUの間に送出される伝送路符号の公称パルス振幅値は、試験負荷インピーダンス50Ωで終端したとき、750mV(0－P)である。

●終端抵抗

　接続回路の終端抵抗は、100Ω±5%以内でなければならない。

●総合減衰量

　DSUと端末装置の間は、DSUの接続コード、配線ケーブル、スタブ、端末の接続コードまたは延長接続コードを介して接続される。この場合、DSUから端末装置までのこれらの配線の総合減衰量は、96kHzの信号において6dBを超えてはならない。

> **DSUから端末装置までのバス配線のT線の極性は、テスタの直流電圧測定機能を用いて確認できる。**

端末装置の接続

　ISDNでは、さまざまな種類の電気通信サービスを利用することができ、ISDNユーザ・網インタフェースを搭載したISDN標準端末(TE1)はもちろん、ISDNユーザ・網インタフェースを持たない非ISDN端末(TE2)であっても、TA(端末アダプタ)といわれるインタフェース変換装置を介して接続し、使用することができる。

　TAはDSUに**4線式のバス配線**で接続することになっているが、実際の装置ではDSUの機能とTAの機能が一体になっている場合が多く、このような装置は一

般に**DSU内蔵TA**といわれる。なお、DSU内蔵TAのDSU機能を使用せずに別のTAを接続して使用することも可能であり、この場合はDSUにTAを接続する場合と同様に、DSU内蔵TAのS／TポートにTAを4線式のバス配線で接続する。

DSU内蔵TAの端末側の接続端子にはさまざまなものがあり、アナログ電話機やG3ファクシミリ装置などのアナログ電話網で使用する端末機器を接続するためのアナログ端子(TELポート)、USBやRS－232Cといったパーソナルコンピュータ(PC)などのデータ端末機器を接続するためのデータポート、イーサネットLANと接続するためのLANポート(Ethernetポート)、ISDN基本ユーザ・網インタフェースのポイント・ツー・マルチポイント方式でISDN標準端末を接続するためのS／Tポートなどがある。

ただし、これらの端子はどの機種でもすべて装備されているとは限らず、それぞれの製品で異なっているので、導入前に用途に応じてカタログなどで仕様を確認しておく必要がある。

●ISDN標準端末の接続

デジタル電話機やG4ファクシミリ装置などのISDN標準端末(TE1)を接続するときは、**RJ－45**モジュラプラグ付きの**4線(4W)**の配線ケーブルでDSU内蔵TAの**S／T端子(S／Tポート)**に接続する。この場合、DSU内蔵TA(DSU内蔵端末アダプタ)のTA機能を使用しない(DSU機能のみを使用する)ので、配線構成は図4・14のようになる。

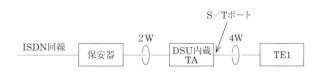

図4・14　ISDN標準端末の配線構成

●非ISDN端末の接続

非ISDN端末(TE2)をISDN基本ユーザ・網インタフェースで使用するときの配線構成は次頁の図4・15のようになる。

アナログ電話機やG3ファクシミリ装置などのアナログ電話網で使用する端末機器の場合は2線式のアナログインタフェースによる接続となり、**RJ－11**モジュラプラグ付きの**2線式**電話配線コードでDSU内蔵TAの**アナログ端子(TELポート)**と接続する。また、PCの場合はデータポート(RS－232Cポート、USBポートなど)とそれぞれ対応するインタフェース用のケーブルを用いて接続し、LANの場合はLAN端子(Ethernetポート)とカテゴリ5eなどのEthernetケーブルを用いて接続する。

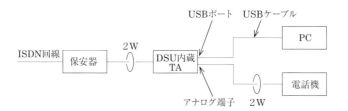

図4・15　非ISDN端末の配線構成

重要　デジタル電話機やG4ファクシミリ装置はRJ－45モジュラ
プラグ付きの4線式ケーブルでS／T端子に接続する。

具体的な接続事例

　ここでは、戸建て住宅のISDN（基本インタフェース）回線の端末配線工事における具体的な事例を記述する。

●一般的な接続例

　図4・16のように、2階に屋内線を引き込んでDSU内蔵TAを設置し、1階でアナログ電話機を使用し、2階でG4ファクシミリ装置を使用する場合を考える。1階の電話機は2線式の電話配線コードを用いて2階に設置したDSU内蔵TAのアナログ端子と接続し、2階のG4ファクシミリ装置は4線式の配線ケーブルを用いてDSU内蔵TAのS／Tポートと接続する。

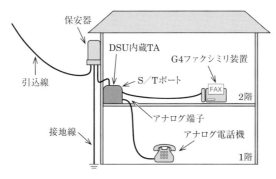

図4・16　一般的な接続例

●回線の変更

　アナログ電話機を用いて電話サービスのみを利用する利用者が、アナログ回線に接続する場合の保安器からアナログ電話機までの配線設備の構成例を図4・17

に、ISDN（基本インタフェース）回線に接続する場合の保安器からアナログ電話機までの配線設備の構成例を図4・18に示す。

　これらの図より、アナログ回線をISDN回線に変更する場合は、モジュラジャック式コンセントとアナログ電話機の間にDSUとTAを挿入し、モジュラジャック式コンセントとDSUの間およびTAとアナログ電話機の間は2線式の電話配線コードで、DSUとTAの間は4線式の配線ケーブルで接続する。逆に、ISDN回線をアナログ回線に変更する場合には、DSUとTAを撤去し、モジュラジャック式コンセントとアナログ電話機を2線式の電話配線コードを用いて直接接続する。

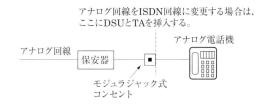

図4・17　アナログ電話機をアナログ回線で使用する場合の接続

図4・18　アナログ電話機をISDN回線で使用する場合の接続

●ノーリンギング通信サービスを利用する場合の配線形態

　電話網を利用してセンタ装置から利用者の電話機を鳴動させることなくガスメータ、水道メータなどのメータ用の端末を起動し、メータの計量データを送受するための通信サービスを**ノーリンギング通信サービス**という。これにより、ガス会社や水道局が検針員を各戸に派遣しなくても利用量を収集できる遠隔検針を実現している。このサービスの接続制御を行うため、**NCU**（網制御装置）が設置される。検針中に利用者の電話機に着信があった場合はそのノーリンギング通信を優先してNCUが話中処理を行い、ノーリンギング通信中に利用者が電話をかけようとした場合は電話の発呼を優先してオフフックを検出するとNCUはノーリンギング通信を中止する。

　NCUはアナログ電話網との間で接続制御をする装置であるため、ノーリンギング通信サービスをアナログ回線に接続して利用する場合の配線形態は一般に図4・19のようになり、ISDN（基本インタフェース）回線に接続して利用する場合の配線形態は一般に図4・20のようになる。

図4・19　アナログ回線に接続する場合

図4・20　ISDN回線に接続する場合

練習問題

【1】ISDN基本ユーザ・網インタフェースのポイント・ツー・マルチポイント構成におけるDSU
とTEとの間の最大配線長の規定値は、DSUと各TEとの間の伝送遅延の関係から、ポイント・
ツー・ポイント構成と　(ア)　。
〔① 比較して長い　② 比較して短い　③ 同じである〕

【2】ISDN基本ユーザ・網インタフェースのポイント・ツー・マルチポイント構成の場合、
　(イ)　との間は、4線式のバス配線で接続される。
〔① DSUとTA　② TAとアナログ電話機　③ 保安器とDSU〕

【3】ISDN基本ユーザ・網インタフェースにおけるポイント・ツー・マルチポイント構成のバス
配線工事では、バス配線上に複数個のモジュラジャックを設置する場合、一般に、　(ウ)　に
あるモジュラジャックを終端抵抗付きのものとする。
〔① DSUから最近端　② DSUから最遠端　③ バス配線区間の中央付近〕

【4】既設のアナログ回線から図1に示すISDN（基本インタフェース）回線への切替えに伴う、既設
設備の一部を利用した配線工事において、グループ4（G4）ファクシミリ装置のG4モードの
通信試験で不具合が生ずるのは、　(エ)　を使用した場合である。
〔① DSUとG4ファクシミリ装置との間に既設の2線(2W)の回線コード
　② 既設の保安器と既設のモジュラジャック
　③ 保安器とモジュラジャックとの間に既設の1対の屋内線〕

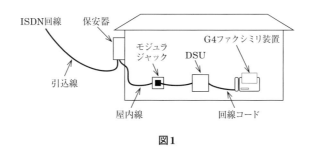

図1

答（ア）②（イ）①（ウ）②（エ）①

3. 工事試験

　配線を行い、接続が完了したら、その接続が技術基準に適合しているか、各装置が仕様どおりに動作するか、通信を正常に行えるかなどを確認するための試験を行う。

電気通信事業者側から行う試験

　アナログ電話回線やISDN（基本インタフェース）回線における加入者線のメタリック平衡対ケーブルに関する電気的特性について、電気通信事業者側からさまざまな種類の試験が行われる。それには直流ループ抵抗試験、絶縁抵抗試験、静電容量試験および外来電圧試験があり、A線－アース間、B線－アース間およびA線－B線間などでそれぞれ測定項目が設定されている。

●直流ループ抵抗試験

　アナログ電話端末（電話機等）の直流回路を閉じて交換機との間で直流ループが形成された状態、すなわち送受器を上げた（オフフック）状態で行う試験である。このとき、直流回路には交換機側から－48Vの直流電圧が加わっているので、直流回路に流れる電流を測定することにより直流ループ抵抗を知ることができ、電話機の故障や誤接続などによる抵抗の増加がないかを確認できる。

●絶縁抵抗試験

　加入者線のケーブル損傷の有無などを確認するための試験である。測定値が所定の規格値（判定基準値）を下回る小さい値であるときはケーブルに損傷などがあると判定し、規格値を超える大きい値であるときは良好であると判定する。

●静電容量試験

　故障箇所を特定するための試験で、故障箇所が電気通信設備側にあるのか端末設備側にあるのかを推定することができる。アナログ電話サービスの故障切り分けでは、電気通信回線設備と端末設備の接続点が次頁の図4・21のようなコンデンサおよび抵抗を内蔵するジャック式ローゼットである場合、端末を切り離して電気通信事業者側から静電容量を測定する。測定値がケーブル心線間の静電容量のみの値であれば故障箇所は通信回線側にあると推定され、心線間の静電容量とローゼットの静電容量の合計値であれば故障箇所は端末側にあると推定される。

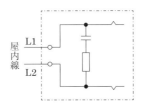

図4・21　コンデンサと抵抗を内蔵するジャック式ローゼット

●外来電圧試験

　交換機に接続された加入者線に、外部から電圧が誘導または印加されているか否かを推定するために行う試験である。加入者線に流れる電流または電圧を測定し、所定の時間間隔で平均化した値が所定のしきい値の範囲内に収まっていれば正常とし、しきい値を超えた場合は異常があると判定する。

> **ISDN基本アクセス回線で電気通信事業者側から行う電気的特性の試験には、絶縁抵抗試験、静電容量試験、外来電圧試験がある。**

テスタ

　屋内配線やバス配線などに端末装置を取り付ける前に、回路計（テスタ）を用いて各種測定を行い、屋内線の断線、混線、絶縁不良などの故障判定をする。

　回路計は、測定精度は低いが実用上は十分な性能であり、抵抗、電流、電圧等の測定が容易なため、広く用いられている。複数の測定モードを1台の機器で実現していることから、マルチテスタ、あるいはマルチメータなどと呼ばれることもある。各種の測定モードは、切換スイッチにより選択できるようになっている。

　回路計には、大別して、測定結果を指針で表示するアナログ式テスタと、液晶ディスプレイ等に数値を表示するデジタル式テスタがある。

●アナログ式テスタ

　アナログ式テスタは、表示装置のメータ指針が指し示す位置の値を、スケール板に印字されている目盛から目視で読み取る方式のテスタである。表示装置の指針が駆動する原理により、可動コイル型、可動鉄片型、振動型、電流力計型、整流型、熱電型、静電型などに分類される。

・可動コイル型テスタ

　各種の方式のアナログ式テスタのうち、最も一般的に使用されているのは**可動コイル型**のテスタである。可動コイル型計器の基本構造は図4・22のようになっ

ており、固定永久磁石で発生する磁界と可動コイルを流れる**直流**電流との間に生じる力によって可動コイルを駆動させる。指針は電流の平均値を指示し、また、回転角が電流値に比例するので目盛は等間隔の平等目盛となる。このため、指示値が読み取りやすく、電池などの直流電源を用いた回路の電流測定に適している。さらに、モード切換スイッチの操作により、直流電圧や直流抵抗を測定することもできる。直流電流や直流電圧の測定では指針の振れが大きいほど電流値や電圧値が大きく、直流抵抗の測定では指針の振れが大きいほど抵抗値が小さいことを示す。直流抵抗測定モードは断線があるかどうかの判定にも使用することができ、測定対象が導通していれば指針が振り切って０Ω付近を指し、断線していれば指針は振れず無限大(∞)を示す。

可動コイル型のテスタは駆動原理から**直流しか測定できない**が、整流素子を組み込み、整流素子で直流に整流してから可動コイル型テスタで計測できるようにした**整流器型**のテスタが交流の測定に使用される。

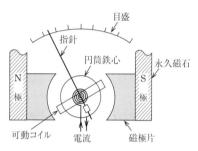

図4・22　可動コイル型テスタの原理図

・アナログ式テスタの測定誤差

測定対象における実際の値を真値というが、テスタにより電圧や電流、抵抗などを測定した場合、真値がそのまま表示されることは極めてまれで、必ずといっていいほど誤差を生ずる。このため、測定誤差をどこまで許容できるか、その限度をあらかじめ定めておく必要がある。計器や附属品の標準状態における誤差を**固有誤差**といい、JIS C 1202において、テスタの階級ごとに規定されている。アナログ式テスタの電圧または電流測定時における固有誤差は、最大目盛値に対するパーセント(%)で表したものであり、抵抗測定時における固有誤差は、目盛の長さに対するパーセント(%)で表したものと規定されている。

●デジタル式テスタ

工事に必要な電流、電圧、絶縁抵抗等の測定には、従来、指針を読むアナログ式テスタが用いられていたが、最近は液晶パネルやLEDで数字を表示するデジタル式テスタが普及している。以下のような特徴があることから、アナログ式テスタに代わって現在の主流になっている。

(a) 一般に測定確度が高い。

(b) 指示を直読でき、極性表示もされるため、読取りが簡単で個人差が出にくい。

(c) 標準で整流素子を内蔵しているため、どの機種でも交流の測定が可能である。

(d) 電圧測定モードにおける内部抵抗(入力抵抗)が高く、電圧感度が高い。これは測定レンジ(範囲)ごとに変化せず一定であり、低電圧レンジでは被測定回路へ与える電気的な影響が少ないため、半導体回路等の測定に適している。

(e) 測定しようとする電流値や電圧値の大きさが未知の場合は、最初に最も大きな測定レンジで測定し、その後適切な測定レンジに手動で切り替えるのが基本であるが、測定量の大きさに応じて最適な測定レンジに切り替わる**オートレンジ機能**を持つものもある。このタイプのテスタでは、切換スイッチで測定モードのみ選択すればよい。ただし、測定しようとする電圧や電流などが大きく変化するとそれに応じて意図しないレンジ切換えが起きる問題がある。このため、機能ボタンの操作により測定レンジ設定を固定させることができる**レンジホールド機能**を持つものもある。

●その他の計器

クランプメータは、直流回路を開く（切断する）ことなく通電状態のままで直流電流を測定できる計器である。また、**絶縁抵抗計**は、被測定物（絶縁物）に直流電圧を印加して流れる漏れ電流により、絶縁抵抗を測定する計器である。

> **重要**
> 可動コイル型（整流器型を除く）のアナログ式テスタは、交流測定機能を備えていない。

練習問題

【1】 ISDN（基本インタフェース）回線における電気通信事業者側からのメタリック平衡対ケーブルの電気的特性についての試験には、絶縁抵抗試験、 (ア) 試験および外来電圧試験があり、いずれの試験もA線－アース間、B線－アース間およびA線－B線間における測定項目がある。
［① 符号誤り　② 静電容量　③ ループバック2］

【2】 単体のアナログ電話機1台が設置されたユーザ宅内において、当該電話機に接続された屋内線が断線した場合、保安器において屋内線を取り外し、屋内線のL1およびL2にアナログ式テスタを接続して抵抗を測定すると、メータの指針は (イ) を示す。
［① 無限大　② テスタの内部抵抗値　③ ゼロ］

【3】 整流器型ではない可動コイル型のアナログ式テスタは、整流回路を持つデジタル式テスタと異なり、 (ウ) の測定機能を備えていない。
［① 交流電圧　② 直流電流　③ 直流電圧］

【4】 JIS C 1202：2000回路計において、アナログ式テスタの直流電圧測定における固有誤差は、 (エ) に対するパーセントで規定されている。
［① 指示値　② 最大目盛値　③ 中央目盛値］

答（ア）②（イ）①（ウ）①（エ）②

第III編

端末設備の接続に関する法規

第1章

電気通信事業法

1. 総 則

電気通信事業法の目的

重要 第1条〔目的〕

　　この法律は、電気通信事業の公共性にかんがみ、その運営を**適正か
つ合理的**なものとするとともに、その**公正な競争を促進**することによ
り、**電気通信役務の円滑な提供を確保**するとともにその利用者の利益
を保護し、もって**電気通信の健全な発達及び国民の利便の確保**を図り、
公共の福祉を増進することを目的とする。

　　電気通信事業法の制定により、電気通信事業に競争原理が導入された。本法は、
電気通信事業の効率化・活性化を図るとともに、公正な競争を促進することで、低
廉かつ良質な電気通信サービスが提供され、社会全体の利益すなわち**公共の福祉を
増進**することを目的としている。

用語の定義

重要 第2条〔定義〕

　　この法律において、次の各号に掲げる用語の意義は、当該各号に定
めるところによる。

(1)　**電気通信**　有線、無線その他の電磁的方式により、**符号、音響又
は影像**を送り、伝え、又は受けることをいう。

(2)　**電気通信設備**　電気通信を行うための**機械、器具、線路その他の
電気的設備**をいう。

(3)　**電気通信役務**　電気通信設備を用いて**他人の通信を媒介**し、その
他電気通信設備を**他人の通信の用に供する**ことをいう。

(4)　**電気通信事業**　電気通信役務を**他人の需要に応ずる**ために提供す
る事業(放送法(昭和25年法律第132号)第118条第1項に規定する
放送局設備供給役務に係る事業を除く。)をいう。

(5)　**電気通信事業者**　電気通信事業を営むことについて、第9条の**登
録**を受けた者及び第16条第1項の規定による**届出**をした者をいう。

(6) **電気通信業務**　電気通信事業者の行う**電気通信役務の提供**の業務をいう。

●電気通信

　情報の伝達手段として、有線電気通信、無線電気通信、光通信などの電磁波を利用するものと定義している。

●電気通信設備

　端末設備をはじめ、各種入出力装置、交換機、搬送装置、無線設備、ケーブル、電力設備など、電気通信を行うために必要な設備全体の総称である。

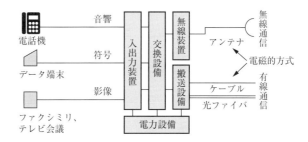

図1・1　電気通信設備の概要

●電気通信役務

　「他人の通信を媒介する」とは、たとえば図1・2において、Aの所有する電気通信設備を利用してBとCの通信を扱う場合をいい、その他Aの設備をA以外の者が使用する場合を、「他人の通信の用に供する」という。

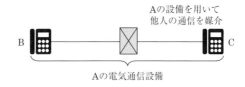

図1・2　電気通信役務(他人の通信を媒介する場合)

表1・1　電気通信役務の種類(電気通信事業法施行規則第2条第2項)

役　務	内　容
音声伝送役務	概ね**4キロヘルツ帯域の音声**その他の音響を伝送交換する機能を有する電気通信設備を他人の通信の用に供する電気通信役務であって**データ伝送役務以外**のもの
データ伝送役務	専ら**符号又は影像**を伝送交換するための電気通信設備を他人の通信の用に供する電気通信役務
専用役務	**特定の者**に電気通信設備を専用させる電気通信役務
特定移動通信役務	電気通信事業法第12条の2第4項第二号のニに規定する特定移動端末設備と接続される伝送路設備を用いる電気通信役務

●電気通信事業

「他人の需要に応ずる」とは、不特定の利用者の申込みに対して電気通信役務を提供することができることを意味し、特定の利用者のみに提供する場合は、これに当たらない。

●電気通信事業者

電気通信事業を営む者であって、その設置する端末系伝送路設備が複数の市町村にまたがるものや、中継系伝送路設備が複数の都道府県にまたがるものなどについては、事業の開始にあたって総務大臣の**登録**を受ける必要がある。なお、その他のものについては、総務大臣へ**届け出**を行うよう規定されている。

●電気通信業務

電気通信事業者が行う、**電気通信役務の提供業務**をいう。

秘密の保護等

条文

重要 第3条〔検閲の禁止〕

電気通信事業者の取扱中に係る通信は、**検閲**してはならない。

重要 第4条〔秘密の保護〕

電気通信事業者の取扱中に係る**通信の秘密**は、侵してはならない。

2　電気通信事業に従事する者は、在職中電気通信事業者の**取扱中に係る通信**に関して知り得た**他人の秘密**を守らなければならない。**その職を退いた後においても、同様とする。**

第3条および第4条は、通信の秘密の保護に関する憲法の規定を受けて定められたものである。特に電気通信事業に従事する者は、容易に通信の内容を知り得る立場にあることから、厳重な守秘義務が課されており、退職後もその秘密を守らなければならないとされている。

練習問題

【1】電気通信事業とは、電気通信役務を　(ア)　ために提供する事業(放送法に規定する放送局設備供給役務に係る事業を除く。)をいう。

［① 他人の需要に応ずる　② 国民の利便の確保を図る　③ 公共の福祉の増進を図る］

答（ア）①

2. 電気通信事業

利用の公平

第6条〔利用の公平〕 条文

電気通信事業者は、**電気通信役務の提供**について、不当な差別的取扱いをしてはならない。

電気通信事業の公共性にかんがみ、特定の利用者に対して不当な差別的取扱いをすることを禁じている。

基礎的電気通信役務の提供

第7条〔基礎的電気通信役務の提供〕 条文

基礎的電気通信役務（国民生活に不可欠であるためあまねく日本全国における提供が確保されるべきものとして総務省令で定める電気通信役務をいう。以下同じ。）を提供する電気通信事業者は、その適切、公平かつ安定的な提供に努めなければならない。

基礎的電気通信役務とは、警察機関などへの緊急通報や公衆電話サービスなど、あまねく日本全国に提供が確保されるべき基礎的な電気通信サービスをいう。

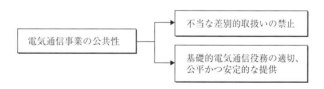

図1・3　利用の公平等

重要通信の確保

 第8条〔重要通信の確保〕

　　　電気通信事業者は、天災、事変その他の非常事態が発生し、又は発生するおそれがあるときは、災害の予防若しくは救援、交通、通信若しくは**電力の供給の確保又は秩序の維持**のために必要な事項を内容とする通信を優先的に取り扱わなければならない。**公共の利益**のため緊急に行うことを要するその他の通信であって総務省令で定めるものについても、同様とする。

2　前項の場合において、電気通信事業者は、必要があるときは、総務省令で定める基準に従い、電気通信業務の**一部を停止**することができる。

3　電気通信事業者は、第1項に規定する通信（以下「重要通信」という。）の円滑な実施を他の電気通信事業者と**相互に連携**を図りつつ確保するため、他の電気通信事業者と電気通信設備を相互に接続する場合には、総務省令で定めるところにより、重要通信の**優先的な取扱い**について取り決めることその他の必要な措置を講じなければならない。

　　電気通信は、国民生活および社会経済の中枢的役割を果たしており、非常事態においては特にその役割が重要となるため、警察・防災機関などへの優先的使用を確保している。

重要

電気通信事業者は、天災、事変その他の非常事態においては、次の通信を優先的に取り扱わなければならない。

・災害の予防、救援、交通、通信もしくは電力の供給の確保、または秩序の維持のために必要な事項を内容とする通信

・公共の利益のため緊急に行うことを要するその他の通信

電気通信事業の開始手続

第9条〔電気通信事業の登録〕

　　　電気通信事業を営もうとする者は、総務大臣の**登録**を受けなければならない。ただし、次に掲げる場合は、この限りでない。

⑴　その者の設置する**電気通信回線設備**（送信の場所と受信の場所と

　　の間を接続する伝送路設備及びこれと一体として設置される交換設備並びにこれらの附属設備をいう。以下同じ。）の規模及び当該電気通信回線設備を設置する区域の範囲が総務省令で定める基準を超えない場合

　（2）　その者の設置する電気通信回線設備が電波法（昭和25年法律第131号）第7条第2項第六号に規定する基幹放送に加えて基幹放送以外の無線通信の送信をする無線局の無線設備である場合（前号に掲げる場合を除く。）

法規1章

第16条〔電気通信事業の届出〕

　　電気通信事業を営もうとする者（第9条の登録を受けるべき者を除く。）は、総務省令で定めるところにより、次の事項を記載した書類を添えて、その旨を総務大臣に届け出なければならない。
　（1）　氏名又は名称及び住所並びに法人にあっては、その代表者の氏名
　（2）　業務区域
　（3）　電気通信設備の概要（第44条第1項の事業用電気通信設備を設置する場合に限る。）

2～4　略

●電気通信回線設備

　　電気通信回線設備とは、電気通信事業者が提供する電話網などの電気通信ネットワークのことであり、電気通信設備のうち端末設備および自営電気通信設備を除いたものをいう。

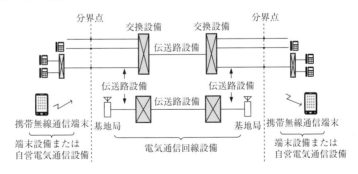

図1・4　電気通信回線設備

電気通信回線設備とは、送信の場所と受信の場所との間を接続する伝送路設備およびこれと一体として設置される交換設備ならびにこれらの附属設備をいう。

●総務省令で定める基準（電気通信事業法施行規則第3条第1項）

電気通信事業を営もうとする者が設置する電気通信回線設備が、次の①、②のいずれにもあてはまる場合は、総務大臣の登録を受ける必要はなく、総務大臣へ届け出るだけでよい。

① 端末系伝送路設備（端末設備または自営電気通信設備と接続される伝送路設備をいう。）の設置区域が、一の市町村（特別区を含む。）の区域を超えないこと。

② 中継系伝送路設備（端末系伝送路設備以外の伝送路設備をいう。）の設置区間が、一の都道府県の区域を超えないこと。

業務の改善命令

 第29条〔業務の改善命令〕　条文

総務大臣は、次の各号のいずれかに該当すると認めるときは、電気通信事業者に対し、**利用者の利益又は公共の利益を確保**するために必要な限度において、業務の方法の改善その他の措置をとるべきことを命ずることができる。

(1)　電気通信事業者の業務の方法に関し**通信の秘密の確保**に支障があるとき。

(2)　電気通信事業者が特定の者に対し**不当な差別的取扱い**を行っているとき。

(3)　電気通信事業者が**重要通信**に関する事項について適切に配慮していないとき。

(4)〜(12)　略

2　略

本条では、総務大臣が電気通信事業者に対し、利用者の利益または公共の利益を確保するために必要な限度において、業務の方法の改善などを命じることができる場合について規定している。

練習問題

【1】電気通信事業者は、天災、事変その他の非常事態が発生し、又は発生するおそれがあるときは、災害の予防若しくは救援、交通、通信若しくは電力の供給の確保又は　(ア)　のために必要な事項を内容とする通信を優先的に取り扱わなければならない。公共の利益のため緊急に行うことを要するその他の通信であって総務省令で定めるものについても、同様とする。
［① 秩序の維持　② 犯罪の防止　③ 人命の救助］

答（ア）①

3. 端末設備の接続等

端末設備の接続の技術基準

重要 第52条〔端末設備の接続の技術基準〕　　　　　　　　　　　**条文**

　　電気通信事業者は、利用者から**端末設備**（電気通信回線設備の一端に接続される電気通信設備であって、一の部分の設置の場所が他の部分の設置の場所と同一の**構内**（これに準ずる区域内を含む。）又は同一の**建物内**であるものをいう。以下同じ。）をその電気通信回線設備（その損壊又は故障等による利用者の利益に及ぼす影響が軽微なものとして総務省令で定めるものを除く。第69条第1項及び第2項並びに第70条第1項において同じ。）に接続すべき旨の請求を受けたときは、その接続が総務省令で定める**技術基準**（当該電気通信事業者又は当該電気通信事業者とその電気通信設備を接続する他の電気通信事業者であって総務省令で定めるものが総務大臣の認可を受けて定める技術的条件を含む。次項並びに第69条第1項及び第2項において同じ。）に**適合**しない場合その他総務省令で定める場合を除き、その請求を拒むことができない。

2　　前項の総務省令で定める技術基準は、これにより次の事項が確保されるものとして定められなければならない。

(1)　**電気通信回線設備を損傷し、又はその機能に障害を与えない**ようにすること。

(2)　電気通信回線設備を利用する**他の利用者に迷惑を及ぼさない**ようにすること。

(3)　電気通信事業者の設置する電気通信回線設備と利用者の接続する端末設備との**責任の分界**が明確であるようにすること。

●端末設備の定義

　「端末設備」とは、電気通信回線設備の一端に接続する電気通信設備であって、その**設置場所が同一の構内または同一の建物内**にあるものをいう。一方、電気通信事業者以外の者が設置する電気通信設備であって、同一の構内等になく複数の敷地または建物にまたがって設置されるものは、「自営電気通信設備」に分類される。

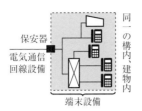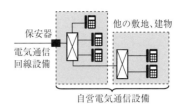

図1・5　端末設備と自営電気通信設備

●端末設備の接続の請求

　電気通信事業者は、電気通信回線設備への利用者からの端末設備の接続請求を受けたときは、技術基準に適合しない場合その他総務省令で定める場合を除いて拒否できない。これにより、利用者による端末設備の設置の自由を保証している。

　なお、総務省令(電気通信事業法施行規則第31条)の規定により、次の①～③の端末設備について利用者から接続請求を受けた場合は、その請求を拒否することができる。

　① 電波を使用する端末設備(別に告示で定めるものを除く)

　② 公衆電話機

　③ 利用者による接続が著しく不適当な端末設備

●端末設備の接続の技術基準

　端末設備の接続の技術基準は、次の3つの事項を確保するために定められる。

　① 電気通信回線設備の損傷および機能障害の防止

　② 他の利用者への迷惑防止

　③ 電気通信回線設備と利用者の端末設備との責任の分界の明確化

技術基準適合認定

条文

第53条〔端末機器技術基準適合認定〕

　第86条第1項の規定により登録を受けた者(以下「登録認定機関」という。)は、その登録に係る技術基準適合認定(前条第1項の総務省令で定める技術基準に適合していることの認定をいう。以下同じ。)を受けようとする者から求めがあった場合には、総務省令で定めるところにより審査を行い、当該求めに係る端末機器(総務省令で定める種類の端末設備の機器をいう。以下同じ。)が前条第1項の総務省令で定める技術基準に適合していると認めるときに限り、技術基準適合認定を行うものとする。

2　登録認定機関は、その登録に係る技術基準適合認定をしたときは、総務省令で定めるところにより、その端末機器に技術基準適合認定を

した旨の表示を付さなければならない。

3　何人も、前項（第104条第4項において準用する場合を含む。）、第58条（第104条第7項において準用する場合を含む。）、第65条、第68条の2又は第68条の8第3項の規定により表示を付する場合を除くほか、国内において端末機器又は端末機器を組み込んだ製品にこれらの表示又はこれらと紛らわしい表示を付してはならない。

利用者が端末設備を接続する場合は、本来、電気通信事業者による検査が必要である。しかし、端末機器についてあらかじめ登録認定機関による技術基準適合認定を受けていれば技術基準への適合性が保証されるため、電気通信事業者の検査を受けなくてもよいとされている。

なお、登録認定機関とは、端末機器について技術基準適合認定の事業を行う者であって、総務大臣の登録を受けた者をいう。

表示が付されていないものとみなす場合

条文

第55条〔表示が付されていないものとみなす場合〕

登録認定機関による技術基準適合認定を受けた端末機器であって第53条第2項又は第68条の8第3項の規定により表示が付されているものが第52条第1項の総務省令で定める技術基準に適合していない場合において、総務大臣が**電気通信回線設備**を利用する他の利用者の**通信への妨害**の発生を防止するため特に必要があると認めるときは、当該端末機器は、第53条第2項又は第68条の8第3項の規定による表示が付されていないものとみなす。

2　略

本条第1項の規定により技術基準適合認定の表示が付されていない端末機器とみなされた場合、総務大臣は、その旨を公示することになっている。

端末設備の接続の検査

条文

第69条〔端末設備の接続の検査〕

利用者は、**適合表示端末機器**を接続する場合その他総務省令で定める場合を除き、電気通信事業者の電気通信回線設備に端末設備を接続

したときは、当該電気通信事業者の検査を受け、その接続が第52条第
1項の総務省令で定める技術基準に適合していると認められた後でな
ければ、これを使用してはならない。これを変更したときも、同様とする。

2　電気通信回線設備を設置する電気通信事業者は、端末設備に異常が
ある場合その他電気通信役務の円滑な提供に支障がある場合において
必要と認めるときは、利用者に対し、その端末設備の接続が第52条第
1項の総務省令で定める技術基準に適合するかどうかの**検査**を受けるべ
きことを求めることができる。この場合において、当該利用者は、正当
な理由がある場合その他総務省令で定める場合を除き、その請求を拒
んではならない。

3　前項の規定は、第52条第1項の規定により認可を受けた同項の総務
省令で定める電気通信事業者について準用する。この場合において、
前項中「総務省令で定める技術基準」とあるのは、「規定により認可を
受けた技術的条件」と読み替えるものとする。

4　第1項及び第2項(前項において準用する場合を含む。)の検査に従事
する者は、端末設備の設置の場所に立ち入るときは、その身分を示す
証明書を携帯し、関係人に提示しなければならない。

●接続の検査

電気通信事業者は、その電気通信回線設備を保護するため、利用者が接続する
端末設備が技術基準に適合しているかどうか検査を行う権利を有している。ただ
し、適合表示端末機器(登録認定機関等が端末機器技術基準適合認定をした旨の表
示が付されている端末機器)を接続する場合その他総務省令で定める場合は、検査
は不要とされている。

●異常時などにおける検査

接続した時点では技術基準に適合していても、利用者が端末設備を使用してい
るうちに異常などが生じることがある。このため、電気通信事業者は、接続後に
おいても利用者に対して検査を求める権利を有している。この場合は、技術基準
適合認定を受けた旨の表示が付されている端末機器であっても、利用者は検査を
受けなければならない。

●検査従事者の身分証明

検査を行う者は、端末設備の設置場所に立ち入る際に、身分を示す証明書を携
帯し、それを関係者に提示する必要がある。

自営電気通信設備の接続

 重要 第70条〔自営電気通信設備の接続〕　　　　　　　　　　　条文

　　電気通信事業者は、**電気通信回線設備**を設置する電気通信事業者以外の者からその電気通信設備(端末設備以外のものに限る。以下「**自営電気通信設備**」という。)をその**電気通信回線設備**に接続すべき旨の請求を受けたときは、次に掲げる場合を除き、その請求を拒むことができない。

　⑴　その自営電気通信設備の接続が、総務省令で定める**技術基準**(当該電気通信事業者又は当該電気通信事業者とその電気通信設備を接続する他の電気通信事業者であって総務省令で定めるものが総務大臣の認可を受けて定める技術的条件を含む。次項において同じ。)に適合しないとき。

　⑵　その自営電気通信設備を接続することにより当該電気通信事業者の電気通信回線設備の保持が**経営上困難**となることについて当該電気通信事業者が総務大臣の認定を受けたとき。

　2　第52条第2項の規定は前項第一号の総務省令で定める技術基準について、前条の規定は同項の請求に係る自営電気通信設備の接続の検査について、それぞれ準用する。この場合において、同条第1項中「第52条第1項の総務省令で定める技術基準」とあるのは「次条第1項第一号の総務省令で定める技術基準(同号の規定により認可を受けた技術的条件を含む。次項において同じ。)」と、同条第2項及び第3項中「第52条第1項」とあるのは「次条第1項第一号」と、同項中「同項」とあるのは「同号」と読み替えるものとする。

　　自営電気通信設備の接続に関しては、端末設備の接続の場合と同様に、利用者による接続の自由が認められている。ただし、自営電気通信設備の接続が総務省令で定める技術基準に適合しない場合や、自営電気通信設備を接続することにより電気通信事業者の電気通信回線設備の保持が経営上困難になると総務大臣が認定した場合は、電気通信事業者は接続を拒否することができる。

工事担任者による工事の実施等

 重要 第71条〔工事担任者による工事の実施及び監督〕　　　　条文

　　利用者は、**端末設備又は自営電気通信設備を接続**するときは、工事担任者資格者証の交付を受けている者(以下「**工事担任者**」という。)に、

当該工事担任者資格者証の種類に応じ、これに係る工事を行わせ、又は**実地**に監督させなければならない。ただし、総務省令で定める場合は、この限りでない。

2　工事担任者は、その工事の**実施又は監督**の職務を誠実に行わなければならない。

利用者は、端末設備または自営電気通信設備を接続するときは、工事担任者にその工事を行わせるか、あるいは工事の現場で監督させる必要がある。

工事担任者資格者証

重要 第72条〔工事担任者資格者証〕　　　　　　　　　　　**条文**

工事担任者資格者証の種類及び工事担任者が行い、又は監督することができる**端末設備若しくは自営電気通信設備**の接続に係る工事の範囲は、総務省令で定める。

2　第46条〔電気通信主任技術者資格者証〕第3項から第5項まで及び第47条〔電気通信主任技術者資格者証の返納〕の規定は、工事担任者資格者証について準用する。この場合において、第46条第3項第一号中「電気通信主任技術者試験」とあるのは「工事担任者試験」と、同項第三号中「専門的知識及び能力」とあるのは「知識及び技能」と読み替えるものとする。

■第46条第3項から第5項までを読み替えた条文

3　総務大臣は、次の各号のいずれかに該当する者に対し、工事担任者資格者証を交付する。

(1)　工事担任者試験に合格した者

(2)　工事担任者資格者証の交付を受けようとする者の**養成課程**で、総務大臣が総務省令で定める基準に適合するものであることの**認定をしたものを修了**した者

(3)　前2号に掲げる者と**同等以上の知識及び技能**を有すると総務大臣が認定した者

4　総務大臣は、前項の規定にかかわらず、次の各号のいずれかに該当する者に対しては、工事担任者資格者証の交付を行わないことができる。

(1)　次条の規定により工事担任者資格者証の返納を命ぜられ、その日から**1年**を経過しない者

(2)　この法律の規定により罰金以上の刑に処せられ、その執行を終わり、又はその執行を受けることがなくなった日から**2年**を経過しない者

5 工事担任者資格者証の交付に関する手続的事項は、総務省令で定める。

■第47条の読替え〔工事担任者資格者証の返納〕

総務大臣は、工事担任者資格者証を受けている者がこの法律又はこの法律に基づく命令の規定に違反したときは、その工事担任者資格者証の**返納**を命ずることができる。

●資格者証の交付を受けることができる者

総務大臣は、次の①〜③のいずれかに該当する者に資格者証を交付する。

① 工事担任者試験に合格した者
② 総務大臣が認定した養成課程を修了した者
③ 上記①、②と同等以上の知識および技能を有すると総務大臣が認定した者

●資格者証の交付を受けられないことがある者

・資格者証の返納を命ぜられ、その日から**1年**を経過しない者
・電気通信事業法の規定により罰金以上の刑に処せられ、その執行を終わり、またはその執行を受けることがなくなった日から**2年**を経過しない者

●資格者証の返納

総務大臣は、工事担任者が電気通信事業法または電気通信事業法に基づく命令の規定に違反したときは、資格者証の**返納**を命ずることができる。

工事担任者試験

条文

第73条〔工事担任者試験〕

工事担任者試験は、端末設備及び自営電気通信設備の接続に関して必要な知識及び技能について行う。

2 略

工事担任者試験は、端末設備および自営電気通信設備の接続に関して必要な知識および技能について行う。なお、総務大臣は、工事担任者試験の実施に関する事務を指定試験機関に行わせることができる。

第2章

工担者規則、認定等規則、有線法、設備令、不正アクセス禁止法

1. 工事担任者規則

工事担任者を要しない工事

条文

第3条〔工事担任者を要しない工事〕

法第71条第1項ただし書の総務省令で定める場合は、次のとおりとする。

(1) 専用設備(電気通信事業法施行規則(昭和60年郵政省令第25号)第2条第2項に規定する専用の役務に係る電気通信設備をいう。)に端末設備又は自営電気通信設備(以下「端末設備等」という。)を接続するとき。

(2) 船舶又は航空機に設置する端末設備(総務大臣が別に告示するものに限る。)を接続するとき。

(3) 適合表示端末機器、電気通信事業法施行規則第32条第1項第四号に規定する端末設備、同項第五号に規定する端末機器又は同項第七号に規定する端末設備を総務大臣が別に告示する方式により接続するとき。

■工事担任者を要しない船舶又は航空機に設置する端末設備
(平成2年郵政省告示第717号)

(1) 海事衛星通信の用に供する船舶地球局設備又は航空機地球局設備に接続する端末設備

(2) 岸壁に係留する船舶に、臨時に設置する端末設備

■工事担任者を要しない端末機器の接続方式
(昭和60年郵政省告示第224号)

(1) プラグジャック方式により接続する接続の方式

(2) アダプタ式ジャック方式により接続する接続の方式

(3) 音響結合方式により接続する接続の方式

(4) 電波により接続する接続の方式

　利用者が端末設備または自営電気通信設備を接続する場合は、接続の技術基準への適合性を担保するため、工事担任者にその工事を行わせるか、実地に監督させなければならない。しかし、次の接続工事の場合は工事担任者を要しないとされている。

●専用設備への接続

　専用設備とは、いわゆる専用線のことをいい、特定の地点間に回線を設置し、利用者はその回線を占有する。

　専用設備は、公衆網のように誰とでも通信が可能であるものとは異なり、特定の利用者間のみで通信に用いられるものである。このため、接続工事が正しく行われず技術基準に適合しなくても自己の損失を招くだけであり、他に影響を及ぼすことはないので、工事担任者による工事の実施または監督を義務づける必要はないとされている。

●船舶または航空機に設置する端末設備の接続（総務大臣が別に告示するもの）

　総務大臣が告示している端末設備は次のとおり。

①海事衛星通信（インマルサット）の船舶地球局設備または航空機地球局設備に接続する端末設備

　これらの端末設備は、電気通信回線設備である送受信機設備と一体になっているため、接続工事は発生しない。

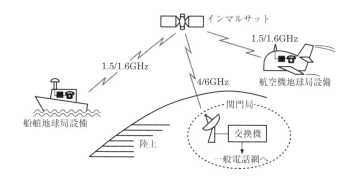

図2・1　海事衛星通信の地球局設備の例

②岸壁に係留する船舶に、臨時に設置する端末設備

　船舶が岸壁に係留したとき、その船舶に臨時に設置する電話機が例として挙げられる。港湾という特殊な場所において、昼夜を問わず迅速に接続工事を行わなければならないという設置形態の特殊性により、例外的に工事担任者を不要としている。

●総務大臣が告示する方式による認定機器の接続

　適合表示端末機器(登録認定機関等が端末機器技術基準適合認定をした旨の表示が付されている端末機器)または技術的条件に係る認定を受けた端末機器を、総務大臣が告示する方式(次の①〜④)により接続するときは、特に専門的な知識や技能がなくても簡単に接続できるため、工事担任者は不要とされている。

①プラグジャック方式

　プラグジャックとは、一般の家庭などで使用されているコネクタである。

②アダプタ式ジャック方式

　ネジ留め式ローゼットにアダプタをはめ込んで、プラグジャック方式に変換する。

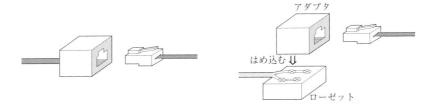

図2・2　プラグジャック方式　　　　　図2・3　アダプタ式ジャック方式

③音響結合方式

　データ信号を音声帯域の音に変換して伝送する場合に、電話機の送受話器に音響カプラをはめこんで結合させる。

④電波

　携帯無線通信の移動機は、電気通信回線設備と無線で接続されるため接続工事は発生しない。

【1】 次の二つの文章は、　(ア)　。

　A　専用設備に端末設備を接続するときは、工事担任者を要しない。

　B　船舶に設置する端末設備(総務大臣が別に告示するものに限る。)を電気通信回線設備に接続するときは、工事担任者を要しない。

　[①Aのみ正しい　②Bのみ正しい　③AもBも正しい　④AもBも正しくない]

答（ア）③

資格者証の種類及び工事の範囲

重要 第4条〔資格者証の種類及び工事の範囲〕　　　　　　　　　　**条文**

　　法第72条第1項の工事担任者資格者証(以下「資格者証」という。)の種類及び工事担任者が行い、又は監督することができる端末設備等の接続に係る工事の範囲は、次の表に掲げるとおりとする。

資格者証の種類	工事の範囲
第1級アナログ通信	アナログ伝送路設備(アナログ信号を入出力とする電気通信回線設備をいう。以下同じ。)に端末設備等を接続するための工事及び総合デジタル通信用設備に端末設備等を接続するための工事
第2級アナログ通信	アナログ伝送路設備に端末設備を接続するための工事(端末設備に収容される電気通信回線の数が1のものに限る。)及び総合デジタル通信用設備に端末設備を接続するための工事(総合デジタル通信回線の数が基本インタフェースで1のものに限る。)
第1級デジタル通信	デジタル伝送路設備(デジタル信号を入出力とする電気通信回線設備をいう。以下同じ。)に端末設備等を接続するための工事。ただし、総合デジタル通信用設備に端末設備等を接続するための工事を除く。
第2級デジタル通信	デジタル伝送路設備に端末設備等を接続するための工事(接続点におけるデジタル信号の入出力速度が毎秒1ギガビット以下であって、主としてインターネットに接続するための回線に係るものに限る。)。ただし、総合デジタル通信用設備に端末設備等を接続するための工事を除く。
総合通信	アナログ伝送路設備又はデジタル伝送路設備に端末設備等を接続するための工事

●工事担任者資格者証の種類

　　工事担任者規則の改正により(令和3年4月1日施行)、工事担任者資格者証の種類が上記のとおりとなった。

　　工事担任者資格者証は、端末設備等(端末設備または自営電気通信設備をいう。)を接続する電気通信回線の種類や工事の規模等に応じて、5種類が規定されている。アナログ伝送路設備および総合デジタル通信用設備(ISDN)に端末設備等を接続するための工事を行う「アナログ通信」と、デジタル伝送路設備(ISDNを除く)に端末設備等を接続するための工事を行う「デジタル通信」に分かれ、さらにこれらを統合した「総合通信」がある。

　　なお、第2級アナログ通信工事担任者は、自営電気通信設備を接続するための工事を行うことができない。表に規定されている工事の範囲において、第2級アナログ通信の工事の範囲の文中では「端末設備」と記されており、その他の資格種では「端末設備等」となっている点に注意する必要がある。

●アナログ伝送路設備

アナログ伝送路設備とは、端末設備との接続点において入出力される信号が**アナログ信号である電気通信回線設備**をいう。電気通信回線設備の内部でデジタル方式で伝送されていても、端末設備との接続点での入出力信号がアナログであれば、アナログ伝送路設備となる。

●デジタル伝送路設備

デジタル伝送路設備とは、端末設備との接続点において入出力される信号が**デジタル信号である電気通信回線設備**をいう。

資格者証の交付

条文

第38条〔資格者証の交付〕

総務大臣は、前条の申請があったときは、別表第11号に定める様式の資格者証を交付する。

2　前項の規定により資格者証の交付を受けた者は、端末設備等の接続に関する**知識及び技術の向上**を図るように努めなければならない。

〔別表第11号　略〕

資格者証の再交付等

条文

第40条〔資格者証の再交付〕

工事担任者は、**氏名に変更を生じたとき又は資格者証を汚し、破り若しくは失った**ために資格者証の**再交付**の申請をしようとするときは、別表第12号に定める様式の申請書に次に掲げる書類を添えて、総務大臣に提出しなければならない。

⑴　資格者証(資格者証を失った場合を除く。)
⑵　写真1枚
⑶　氏名の変更の事実を証する書類(氏名に変更を生じたときに限る。)

2　総務大臣は、前項の申請があったときは、資格者証を再交付する。

〔別表第12号　略〕

第41条〔資格者証の返納〕

法第72条第2項において準用する法第47条の規定により資格者証の返納を命ぜられた者は、その処分を受けた日から**10日以内**にその資格者証を総務大臣に**返納**しなければならない。資格者証の再交付を受けた後失った資格者証を発見したときも同様とする。

●資格者証の再交付

氏名に変更を生じたときや、**資格者証**を**汚し**、**破り**、または**失った**ときは、資格者証の再交付を受けることができる。

●資格者証の返納

資格者証の返納を命ぜられた者は、その処分を受けた日から**10日以内**に、資格者証を総務大臣に返納しなければならない。なお、資格者証の再交付を受けた後で失った資格者証を発見したときも、発見した日から**10日以内**に、その資格者証を返納しなければならない。

練習問題

【1】工事担任者規則に規定する「資格者証の種類及び工事の範囲」について述べた次の二つの文章は、　(ア)　。

A　第二級アナログ通信工事担任者は、アナログ伝送路設備に端末設備を接続するための工事のうち、端末設備に収容される電気通信回線の数が1のものに限る工事を行い、又は監督することができる。また、総合デジタル通信用設備に端末設備を接続するための工事のうち、総合デジタル通信回線の数が毎秒64キロビット換算で1のものに限る工事を行い、又は監督することができる。

B　第二級デジタル通信工事担任者は、デジタル伝送路設備に端末設備等を接続するための工事のうち、接続点におけるデジタル信号の入出力速度が毎秒1ギガビット以下であって、主としてインターネットに接続するための回線に係るものに限る工事を行い、又は監督することができる。ただし、総合デジタル通信用設備に端末設備等を接続するための工事を除く。

[①Aのみ正しい　②Bのみ正しい　③AもBも正しい　④AもBも正しくない]

答（ア）②

2. 端末機器の技術基準適合認定等に関する規則

認定等の対象とする端末機器

重要 第3条〔対象とする端末機器〕 **条文**

法第53条第1項の総務省令で定める種類の端末設備の機器は、次の端末機器とする。

(1) **アナログ電話用設備**(電話用設備(電気通信事業の用に供する電気通信回線設備であって、主として音声の伝送交換を目的とする電気通信役務の用に供するものをいう。以下同じ。)であって、端末設備又は自営電気通信設備を接続する点においてアナログ信号を入出力とするものをいう。)**又は移動電話用設備**(電話用設備であって、端末設備又は自営電気通信設備との接続において電波を使用するものをいう。)に接続される**電話機、構内交換設備、ボタン電話装置、変復調装置、ファクシミリ**その他総務大臣が別に告示する端末機器(第三号に掲げるものを除く。)

(2) **インターネットプロトコル電話用設備**(電話用設備(電気通信番号規則別表第1号に掲げる固定電話番号を使用して提供する音声伝送役務の用に供するものに限る。)であって、端末設備又は自営電気通信設備との接続においてインターネットプロトコルを使用するものをいう。)に接続される**電話機、構内交換設備、ボタン電話装置、符号変換装置**(インターネットプロトコルと音声信号を相互に符号変換する装置をいう。)、**ファクシミリ**その他呼の制御を行う端末機器

(3) **インターネットプロトコル移動電話用設備**(移動電話用設備(電気通信番号規則別表第4号に掲げる音声伝送携帯電話番号を使用して提供する音声伝送役務の用に供するものに限る。)であって、端末設備又は自営電気通信設備との接続においてインターネットプロトコルを使用するものをいう。)に接続される端末機器

(4) **無線呼出用設備**(電気通信事業の用に供する電気通信回線設備であって、無線によって利用者に対する呼出し(これに付随する通報を含む。)を行うことを目的とする電気通信役務の用に供するものをいう。)に接続される端末機器

(5) **総合デジタル通信用設備**(電気通信事業の用に供する電気通信回線設備であって、主として64キロビット毎秒を単位とするデジタ

ル信号の伝送速度により符号、音声その他の音響又は影像を統合して伝送交換することを目的とする電気通信役務の用に供するものをいう。)に接続される端末機器

(6)　**専用通信回線設備**(電気通信事業の用に供する電気通信回線設備であって、特定の利用者に当該設備を専用させる電気通信役務の用に供するものをいう。)**又はデジタルデータ伝送用設備**(電気通信事業の用に供する電気通信回線設備であって、デジタル方式により専ら符号又は影像の伝送交換を目的とする電気通信役務の用に供するものをいう。)に接続される端末機器

2　略

■技術基準適合認定及び設計についての認証の対象となるその他の端末機器
(平成16年総務省告示第95号)

(1)　監視通知装置	(6)　網制御装置
(2)　画像蓄積処理装置	(7)　信号受信表示装置
(3)　音声蓄積装置	(8)　集中処理装置
(4)　音声補助装置	(9)　通信管理装置
(5)　データ端末装置((1)から(4)までに掲げるものを除く。)	

表　示

重要　第10条〔表示〕　　　　　　　　　　　　　　　　　　**条文**

　法第53条第2項の規定により表示を付するときは、次に掲げる方法のいずれかによるものとする。

(1)　様式第7号による表示を技術基準適合認定を受けた端末機器の見やすい箇所に付す方法(当該表示を付すことが困難又は不合理である端末機器にあっては、当該端末機器に付属する取扱説明書及び包装又は容器の見やすい箇所に付す方法)

(2)　様式第7号による表示を技術基準適合認定を受けた端末機器に電磁的方法(電子的方法、磁気的方法その他の人の知覚によっては認識することができない方法をいう。以下同じ。)により記録し、当該端末機器の映像面に直ちに明瞭な状態で表示することができるようにする方法

(3)　様式第7号による表示を技術基準適合認定を受けた端末機器に電磁的方法により記録し、当該表示を特定の操作によって当該端末機器に

接続した製品の映像面に直ちに明瞭な状態で表示することができるようにする方法

2〜3　略

■様式第7号(第10条、第22条、第29条及び第38条関係)

表示は、次の様式に記号 A 及び技術基準適合認定番号又は記号 T 及び設計認証番号を付加したものとする。

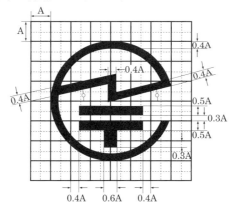

注1　大きさは、表示を容易に識別することができるものであること。
　2　材料は、容易に損傷しないものであること(電磁的方法によって表示を付す場合を除く。)。
　3　色彩は、適宜とする。ただし、表示を容易に識別することができるものであること。
　4　技術基準適合認定番号又は設計認証番号の最後の3文字は総務大臣が別に定める登録認定機関又は承認認定機関の区別とし、最初の文字は端末機器の種類に従い次表に定めるとおりとし、その他の文字等は総務大臣が別に定めるとおりとすること。なお、技術基準適合認定又は設計認証が、2以上の種類の端末機器が構造上一体となっているものについて同時になされたものであるときには、当該種類の端末機器について、次の表に掲げる記号を列記するものとする。

端末機器の種類	記号
⑴　アナログ電話用設備又は移動電話用設備に接続される電話機、構内交換設備、ボタン電話装置、変復調装置、ファクシミリその他総務大臣が別に告示する端末機器(インターネットプロトコル移動電話用設備に接続される端末機器を除く)	A
⑵　インターネットプロトコル電話用設備に接続される電話機、構内交換設備、ボタン電話装置、符号変換装置、ファクシミリその他呼の制御を行う端末機器	E
⑶　インターネットプロトコル移動電話用設備に接続される端末機器	F
⑷　無線呼出用設備に接続される端末機器	B
⑸　総合デジタル通信用設備に接続される端末機器	C
⑹　専用通信回線設備又はデジタルデータ伝送用設備に接続される端末機器	D

技術基準適合認定をした旨の表示は、のマークに記号 A および技術基準適合認定番号を付加して行う。また、設計についての認証を受けた旨の表示は、の

マークに記号 [T] および設計認証番号を付加して行う。なお、表示方法は次のいずれかとする。

・表示を、技術基準適合認定を受けた端末機器の見やすい箇所に付す方法（表示を付すことが困難または不合理な場合は、当該端末機器に付属する取扱説明書および包装または容器の見やすい箇所に付す方法）

・表示を、技術基準適合認定を受けた端末機器に電磁的方法により記録し、当該端末機器の映像面に直ちに明瞭な状態で表示することができるようにする方法

・表示を、技術基準適合認定を受けた端末機器に電磁的方法により記録し、特定の操作によって当該端末機器に接続した製品の映像面に直ちに明瞭な状態で表示することができるようにする方法

法規2章

【技術基準適合認定番号等の最初の文字】

・アナログ電話用設備または移動電話用設備に接続される　→　**A**
　端末機器（インターネットプロトコル移動電話用設備に
　接続される端末機器を除く）

・インターネットプロトコル電話用設備に接続される端末　→　**E**
　機器

・インターネットプロトコル移動電話用設備に接続される　→　**F**
　端末機器

・無線呼出用設備に接続される端末機器　　　　　　　　　　→　**B**

・総合デジタル通信用設備に接続される端末機器　　　　　→　**C**

・専用通信回線設備またはデジタルデータ伝送用設備に接　→　**D**
　続される端末機器

練 習 問 題

【1】 端末機器の技術基準適合認定等に関する規則に規定する、端末機器の技術基準適合認定番号について述べた次の文章のうち、正しいものは、　(ア)　である。

　① インターネットプロトコル移動電話用設備に接続される端末機器に表示される技術基準適合認定番号の最初の文字は、Aである。

　② 総合デジタル通信用設備に接続される端末機器に表示される技術基準適合認定番号の最初の文字は、Eである。

　③ 専用通信回線設備に接続される端末機器に表示される技術基準適合認定番号の最初の文字は、Dである。

答（ア）③

3. 有線電気通信法

有線電気通信法の目的

> **条文**
>
> **重要** 第１条〔目的〕
>
> 　この法律は、有線電気通信設備の**設置及び使用を規律**し、有線電気通信に関する**秩序を確立**することによって、**公共の福祉の増進**に寄与することを目的とする。

　有線電気通信法は、他に妨害を与えない限り有線電気通信設備の設置を自由とすることを基本理念としており、総務大臣への設置の届出や技術基準への適合義務などを規定することで秩序が保たれるよう規律されている。

用語の定義

> **条文**
>
> **重要** 第２条〔定義〕
>
> 　この法律において「**有線電気通信**」とは、送信の場所と受信の場所との間の線条その他の導体を利用して、**電磁的方式**により、**符号、音響又は影像**を送り、伝え、又は受けることをいう。
>
> ２　この法律において「**有線電気通信設備**」とは、有線電気通信を行うための**機械、器具、線路その他の電気的設備**（無線通信用の有線連絡線を含む。）をいう。

●有線電気通信

　送信の場所と受信の場所との間の線条その他の導体を利用して、**電磁的方式**により、**符号、音響または影像**を送り、伝え、または受けることをいう。電磁的方式には、銅線やケーブルなどで電気信号を伝搬させる方法の他に、導波管の中で電磁波を伝搬させる方法や、光ファイバで光を伝搬させる方法がある。

架空電線　　　　　　　　　地中電線　　　　　　　　海底電線

図2・4　有線電気通信

● 有線電気通信設備

　有線電気通信を行うための**機械、器具、線路その他の電気的設備**（無線通信用の**有線連絡線を含む。**）をいう。

有線電気通信設備の届出

法規2章

 第3条〔有線電気通信設備の届出〕　　　　　　　　　　　　　**条文**

　　　有線電気通信設備を設置しようとする者は、次の事項を記載した書類を添えて、設置の工事の開始の日の**2週間前**まで（工事を要しないときは、設置の日から**2週間以内**）に、その旨を総務大臣に届け出なければならない。

　⑴　**有線電気通信の方式の別**
　⑵　**設備の設置の場所**
　⑶　**設備の概要**

　2〜4　略

　有線電気通信設備を設置しようとする者は、設置工事を開始する日の**2週間前**まで（工事を必要としない場合は設置の日から**2週間以内**）に、その旨を総務大臣に届け出るよう義務づけられている。

本邦外にわたる有線電気通信設備

第4条〔本邦外にわたる有線電気通信設備〕　　　　　　　　　　**条文**

　　　本邦内の場所と本邦外の場所との間の有線電気通信設備は、電気通信事業者がその事業の用に供する設備として設置する場合を除き、設置してはならない。ただし、特別の事由がある場合において、総務大臣の許可を受けたときは、この限りでない。

　　本条は、国際通信に用いる有線電気通信設備の設置を原則として禁止したものである。ただし、電気通信事業者が事業用の設備として設置する場合や総務大臣の許可を得た場合を除くとしている。

有線電気通信設備の技術基準

重要　　　　　　　　　　　　　　　　　　　　　　　　　　　　条文

第5条〔技術基準〕

　　有線電気通信設備（政令で定めるものを除く。）は、政令で定める技術基準に適合するものでなければならない。
2　　前項の技術基準は、これにより次の事項が確保されるものとして定められなければならない。
　⑴　有線電気通信設備は、**他人の設置する有線電気通信設備に妨害を与えないようにすること。**
　⑵　有線電気通信設備は、**人体に危害を及ぼし、又は物件に損傷を与えないようにすること。**

　　有線電気通信設備は、有線電気通信設備令で定める技術基準に適合しなければならない。この技術基準は、次の観点から定められている。

重要

・他人の設置する有線電気通信設備に妨害を与えないようにする。

・人体に危害を及ぼしたり、物件に損傷を与えたりしないようにする。

　　電気通信事業法第52条に規定する端末設備の接続の技術基準は、主に電気通信回線設備の損傷防止の観点から定められているが、有線電気通信設備の技術基準は、主に安全性に関する観点から定められている。

有線電気通信設備の検査、改善

条文

第6条〔設備の検査等〕

　　総務大臣は、有線電気通信法の施行に必要な限度において、有線電気通信設備を**設置した者**からその**設備に関する報告**を徴し、又はその職員に、その事務所、営業所、工場若しくは事業場に立ち入り、その**設備若しくは帳簿書類を検査**させることができる。

2　前項の規定により立入検査をする職員は、その身分を示す証明書を携帯し、関係人に提示しなければならない。

3　第1項の規定による検査の権限は、犯罪捜査のために認められたものと解してはならない。

第7条〔設備の改善等の措置〕

総務大臣は、有線電気通信設備を**設置した者**に対し、その設備が第5条の**技術基準に適合**しないため他人の設置する有線電気通信設備に**妨害を与え、又は人体に危害を及ぼし、若しくは物件に損傷を与える**と認めるときは、その妨害、危害又は損傷の防止又は除去のため必要な限度において、その設備の**使用の停止又は改造、修理**その他の措置を命ずることができる。

2　略

第6条は、有線電気通信設備の検査について総務大臣の権限を示したものである。また、第7条は、有線電気通信設備が技術基準に適合していないと認められる場合に、総務大臣が有線電気通信設備の設置者に対して行うことができる措置を示したものである。

非常通信の確保

条文

第8条〔非常事態における通信の確保〕

総務大臣は、天災、事変その他の非常事態が発生し、又は発生するおそれがあるときは、有線電気通信設備を設置した者に対し、災害の予防若しくは救援、交通、通信若しくは**電力の供給の確保**若しくは**秩序の維持**のために必要な通信を行い、又はこれらの通信を行うためその有線電気通信設備を他の者に使用させ、若しくはこれを他の有線電気通信設備に接続すべきことを命ずることができる。

2〜3　略

天災や事変などの非常事態においては、被害状況の把握や、復旧、救援活動などの対策を講じるうえで電気通信の確保は不可欠であるため、総務大臣に所要の措置をとる権限を与えている。

4. 有線電気通信設備令

用語の定義

 第1条〔定義〕 ［条文］

この政令及びこの政令に基づく命令の規定の解釈に関しては、次の定義に従うものとする。

(1) **電線**　有線電気通信（送信の場所と受信の場所との間の線条その他の導体を利用して、電磁的方式により信号を行うことを含む。）を行うための導体（絶縁物又は保護物で被覆されている場合は、これらの物を含む。）であって、**強電流電線に重畳される通信回線に係るもの以外**のもの

(2) **絶縁電線**　**絶縁物のみ**で被覆されている電線

(3) **ケーブル**　光ファイバ並びに光ファイバ以外の**絶縁物及び保護物**で被覆されている電線

(4) **強電流電線**　強電流電気の伝送を行うための導体（**絶縁物又は保護物で被覆されている場合は、これらの物を含む。**）

(5) **線路**　送信の場所と受信の場所との間に設置されている電線及びこれに係る中継器その他の機器（これらを支持し、又は保蔵するための工作物を**含む。**）

(6) **支持物**　**電柱、支線、つり線その他電線又は強電流電線を支持**するための工作物

(7) **離隔距離**　線路と他の物体（線路を含む。）とが気象条件による位置の変化により**最も接近した場合**におけるこれらの物の間の距離

(8) **音声周波**　周波数が**200ヘルツを超え、3,500ヘルツ以下**の電磁波

(9) **高周波**　周波数が**3,500ヘルツを超える**電磁波

(10) **絶対レベル**　一の**皮相電力の1ミリワット**に対する比をデシベルで表わしたもの

(11) **平衡度**　通信回線の**中性点**と大地との間に起電力を加えた場合におけるこれらの間に生ずる電圧と通信回線の端子間に生ずる電圧との比を**デシベル**で表わしたもの

●電線

　電話線のような電気通信回線に用いられる導体をいう。導体を被覆している絶縁物および保護物は電線に含まれるが、強電流電線に重畳される通信回線に係るものは、電線には含まれない。

●絶縁電線

　ポリエチレンやポリ塩化ビニルなどの**絶縁物のみ**で被覆されている電線をいう。家屋内に配線される電線は、一般に絶縁電線である。

導体　　　　　　絶縁物

絶縁物のみで被覆されている電線

図2・5　絶縁電線

●ケーブル

　UTPケーブルや同軸ケーブルなどのように**絶縁物および保護物**で被覆されている電線をいう。

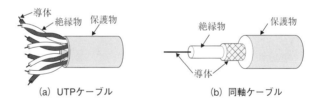

(a) UTPケーブル　　　　(b) 同軸ケーブル

図2・6　ケーブル

●強電流電線

　電力の送電を行う、いわゆる電力線をいう。「強電流」は弱電流に対する用語であるが、これらの区分について明確な定義はない。ただし、概念的には次のように区分されている。
- ・強電流・・・・電力線に流れる電流
- ・弱電流・・・・電話や画像、データなどの通信に用いられる電流

●線路

　線路は、送信の場所と受信の場所との間に設置されている電線の他、電柱や支線などの支持物や、中継器、保安器も含む。ただし、強電流電線は線路には含まれない。

●支持物

　電柱、支線、つり線その他の電線または強電流電線を支持するための工作物をいう。

●離隔距離

　線路と他の物体(線路を含む)の位置が風や温度上昇などの気象条件により変化しても、これらの間の規定距離が確保できるよう、**最も接近した状態**を離隔距離としている。

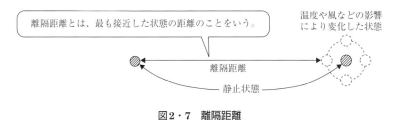

離隔距離とは、最も接近した状態の距離のことをいう。

温度や風などの影響により変化した状態

離隔距離

静止状態

図2・7　離隔距離

●音声周波

　周波数が**200Hzを超え、3,500Hz以下**の電磁波をいう。

●高周波

　周波数が**3,500Hzを超える**電磁波をいう。

●絶対レベル

　一の**皮相電力の1mW**に対する比をデシベル(dBm)で表したものをいう。

●平衡度

　平衡度とは、通信回線の**中性点**と大地との間に起電力を加えた場合におけるこれらの間に生じる電圧と、通信回線の端子間に生じる電圧との比を**デシベル**(dB)で表わしたものをいう。すなわち、図2・8において、起電力Eを加えた場合に生じる電圧V_1と電圧V_2との比をデシベルで表わしたものをいう。

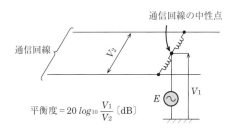

通信回線の中性点

通信回線

V_2

E　V_1

$$平衡度 = 20 \, log_{10} \frac{V_1}{V_2} \, 〔dB〕$$

図2・8　平衡度

使用可能な電線の種類

条文

第2条の2〔使用可能な電線の種類〕

　　有線電気通信設備に使用する電線は、**絶縁電線又はケーブル**でなければならない。ただし、総務省令で定める場合は、この限りでない。

　　絶縁物で被覆されていない裸電線は導体が露出した構造となっているため、安全性などの観点から問題であり、原則として使用が禁止されている。

法規2章

通信回線の平衡度

条文

第3条〔通信回線の平衡度〕

　　通信回線（導体が光ファイバであるものを除く。以下同じ。）の平衡度は、**1,000ヘルツの交流において34デシベル以上**でなければならない。ただし、総務省令で定める場合は、この限りでない。

2　前項の平衡度は、総務省令で定める方法により測定するものとする。

　　平衡度は**1,000Hz**の交流において**34dB以上**と規定されており、これより小さいと、外部からの誘導電圧により妨害を受けやすくなる。なお、光ファイバは電流、電圧が発生しないので、本条の規定は適用されない。

線路の電圧及び通信回線の電力

条文

第4条〔線路の電圧及び通信回線の電力〕

　　通信回線の線路の電圧は、**100ボルト以下**でなければならない。ただし、電線としてケーブルのみを使用するとき、又は人体に危害を及ぼし、若しくは物件に損傷を与えるおそれがないときは、この限りでない。

2　通信回線の電力は、絶対レベルで表わした値で、その周波数が**音声周波**であるときは、**プラス10デシベル以下**、**高周波**であるときは、**プラス20デシベル以下**でなければならない。ただし、総務省令で定める場合は、この限りでない。

　　人体に対する安全性の確保および物件の損傷防止の観点から、通信回線の線路の電圧は、電線相互間および電線と大地間ともに原則として**100V以下**としている。ただし、感電や漏電の危険性がないケーブルを使用する場合や、電線が人体や物件に対して危険のないように設置されている場合は、この規定から除外されている。

　　また、通信回線の電力については、周波数が**音声周波**(200～3,500Hz)の場合は**＋10dBm以下**、**高周波**(3,500Hzを超えるもの)の場合は**＋20dBm以下**としている。高周波では、多数の音声信号が多重化されている場合を想定し、電力の許容値が大きく設定されている。

架空電線の支持物

条文

第5条〔架空電線の支持物〕

　　架空電線の支持物は、その架空電線が他人の設置した架空電線又は架空強電流電線と交差し、又は接近するときは、次の各号により設置しなければならない。ただし、その他人の承諾を得たとき、又は人体に危害を及ぼし、若しくは物件に損傷を与えないように必要な設備をしたときは、この限りでない。

(1)　他人の設置した架空電線又は架空強電流電線を挟み、又はこれらの間を通ることがないようにすること。

(2)　架空強電流電線(当該架空電線の支持物に架設されるものを除く。)との間の離隔距離は、総務省令で定める値以上とすること。

　　支線と支柱で他人の電線を挟(はさ)んだり、支持物が他人の電線の間を貫通していると、支持物が倒壊したときに他人の電線に損傷を与えるおそれがある。本条は、このような危険を未然に防ぐことを目的としている。なお、架空強電流電線との間の離隔距離は、架空強電流電線の種類および使用電圧により異なっている。

架空電線の高さ

条文

第8条〔架空電線の高さ〕

　　架空電線の高さは、その架空電線が**道路上にあるとき**、**鉄道又は軌道を横断するとき**、**及び河川を横断するとき**は、総務省令で定めるところによらなければならない。

　架空電線の高さは、有線電気通信設備令施行規則第7条において具体的に定められている。たとえば、架空電線が鉄道または軌道を横断するときは、軌条面から6m（車両の運行に支障を及ぼすおそれがない高さが6mより低い場合は、その高さ）以上とされている。

架空電線と他人の設置した架空電線等との関係

条文

第9条〔架空電線と他人の設置した架空電線等との関係〕

　架空電線は、他人の設置した架空電線との離隔距離が**30センチメートル以下**となるように設置してはならない。ただし、その他人の承諾を得たとき、又は設置しようとする架空電線（これに係る中継器その他の機器を含む。以下この条において同じ。）が、その他人の設置した架空電線に係る作業に支障を及ぼさず、かつ、その他人の設置した架空電線に損傷を与えない場合として総務省令で定めるときは、この限りでない。

第10条

　架空電線は、他人の建造物との離隔距離が**30センチメートル以下**となるように設置してはならない。ただし、その他人の承諾を得たときは、この限りでない。

第11条

　架空電線は、架空強電流電線と交差するとき、又は架空強電流電線との**水平距離**がその架空電線若しくは架空強電流電線の支持物のうちいずれか**高い**ものの高さに相当する距離以下となるときは、総務省令で定めるところによらなければ、設置してはならない。

第12条

　架空電線は、総務省令で定めるところによらなければ、架空強電流電線と同一の支持物に架設してはならない。

　第9条は、架空電線の設置・保守の作業性の確保や、接触などによる損傷防止の観点から、隣接する架空電線相互間の離隔距離が**30cm**を超えるよう定められている（次頁の図2・9）。ただし、工事の制約その他の条件により、この距離を確保できない場合は、架空電線の設置者相互間で合意すれば設置できる。また、新規参入事業者による加入者系回線の設置の円滑化など、電気通信事業の公正競争

条件の確保の観点から、その架空電線に係る作業に支障を及ぼさず、かつ、その架空電線に損傷を与えるおそれがないものとして総務省令で定めるものに該当するときも、30cm以内とすることができるとしている。

第10条は、第9条と同様に架空電線の設置・保守の作業性の観点から、他人の建造物との離隔距

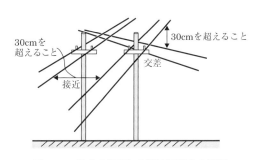

図2・9　他人の設置した架空電線との関係

離が**30cm**を超えるように架空電線を設置することとしている。ただし、その他人の承諾を得たときは、30cm以内にしてもよいとされている。

第11条は、支持物が倒壊したときに他方の支持物に影響を及ぼしたり、架空電線や架空強電流電線が損傷するおそれがあるため、架空電線の設置の条件を規定している。

第12条は、架空電線を架空強電流電線と同一の支持物に架設(共架)することを原則として禁止している。しかしながら、交通妨害の排除、資材の節約などの観点から、その必要性が高まっているため、共架の際に満たすべき条件を総務省令で定めている。

屋内電線の絶縁抵抗

条文

第17条〔屋内電線〕

屋内電線(光ファイバを除く。以下この条において同じ。)と大地との間及び屋内電線相互間の絶縁抵抗は、**直流100ボルト**の電圧で測定した値で、**1メグオーム以上**でなければならない。

絶縁抵抗が小さいと強電流電線や電線と接触した場合、大きな電流が流れて火災などの危険が生じる。印加電圧が**100V**となっているのは、線路の電圧が最大100Vとされているためである。なお、条文中の「メグオーム」は、「メガオーム」と同じ単位である。

屋内電線と屋内強電流電線との関係

第18条〔屋内電線〕

　　屋内電線は、屋内強電流電線との離隔距離が**30センチメートル以下**となるときは、総務省令で定めるところによらなければ、設置してはならない。

　　屋内電線は、一般的に限られた場所に設置するため、屋内強電流電線との離隔距離が**30cm以内**となる場合がある。このように30cm超を確保できない場合は、総務省令で定める条件により設置することとしている。

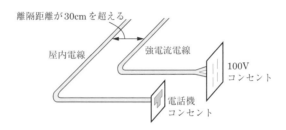

図2・10　屋内電線と屋内強電流電線の離隔距離

練習問題

【1】有線電気通信設備令に規定する絶縁電線とは、　(ア)　で被覆されている電線をいう。
　　［① 保護物のみ　② 絶縁物のみ　③ 保護物及び絶縁物］

【2】有線電気通信設備令に規定する音声周波とは、周波数が200ヘルツを超え、　(イ)　ヘルツ以下の電磁波をいう。
　　［① 2,500　② 3,500　③ 4,500］

【3】通信回線(導体が光ファイバであるものを除く。)の線路の電圧は、　(ウ)　ボルト以下でなければならない。ただし、電線としてケーブルのみを使用するとき、又は人体に危害を及ぼし、若しくは物件に損傷を与えるおそれがないときは、この限りでない。
　　［① 100　② 200　③ 300］

答　(ア) ②　(イ) ②　(ウ) ①

5. 不正アクセス行為の禁止等に関する法律

不正アクセス行為の禁止等に関する法律の目的

第1条〔目的〕　条文

　この法律は、不正アクセス行為を禁止するとともに、これについての罰則及びその**再発防止**のための都道府県公安委員会による援助措置等を定めることにより、電気通信回線を通じて行われる**電子計算機に係る犯罪の防止**及び**アクセス制御機能**により実現される電気通信に関する**秩序の維持**を図り、もって**高度情報通信社会の健全な発展**に寄与することを目的とする。

　不正アクセス禁止法(正式名称「不正アクセス行為の禁止等に関する法律」)は、アクセス権限のない者が、他人のユーザID・パスワードを無断で使用したりセキュリティホール(OSやアプリケーションソフトウェアのセキュリティ上の脆弱な部分)を攻撃したりすることによって、ネットワークを介してコンピュータに不正にアクセスする行為を禁止する法律である。

　本法は、不正アクセス行為を禁止するとともに、罰則や再発防止措置などを定めることによって、電気通信回線(ネットワーク)を通じて行われる**電子計算機(コンピュータ)に係る犯罪の防止**および電気通信に関する**秩序の維持**を図り、**高度情報通信社会の健全な発展**に寄与することを目的としている。

図2・11　不正アクセス禁止法の目的

用語の定義

条文

重要 第2条〔定義〕

　　　この法律において「**アクセス管理者**」とは、電気通信回線に接続している電子計算機(以下「特定電子計算機」という。)の利用(当該電気通信回線を通じて行うものに限る。以下「特定利用」という。)につき当該特定電子計算機の**動作を管理する**者をいう。

2　この法律において「**識別符号**」とは、特定電子計算機の特定利用をすることについて当該特定利用に係るアクセス管理者の許諾を得た者(以下「**利用権者**」という。)及び当該アクセス管理者(以下この項において「**利用権者等**」という。)に、当該アクセス管理者において当該利用権者等を他の利用権者等と区別して識別することができるように付される符号であって、次のいずれかに該当するもの又は次のいずれかに該当する符号とその他の符号を組み合わせたものをいう。

⑴　当該アクセス管理者によってその内容をみだりに第三者に知らせてはならないものとされている符号

⑵　当該利用権者等の身体の全部若しくは一部の影像又は音声を用いて当該アクセス管理者が定める方法により作成される符号

⑶　当該利用権者等の署名を用いて当該アクセス管理者が定める方法により作成される符号

3　この法律において「**アクセス制御機能**」とは、特定電子計算機の特定利用を**自動的に制御**するために当該特定利用に係るアクセス管理者によって当該特定電子計算機又は当該特定電子計算機に電気通信回線を介して接続された他の特定電子計算機に付加されている機能であって、当該特定利用をしようとする者により当該機能を有する特定電子計算機に入力された符号が当該特定利用に係る**識別符号**(識別符号を用いて当該アクセス管理者の定める方法により作成される符号と当該識別符号の一部を組み合わせた符号を含む。次項第一号及び第二号において同じ。)であることを確認して、当該特定利用の**制限の全部又は一部を解除**するものをいう。

4　この法律において「**不正アクセス行為**」とは、次の各号のいずれかに該当する行為をいう。

⑴　アクセス制御機能を有する特定電子計算機に電気通信回線を通じて当該アクセス制御機能に係る他人の識別符号を入力して当該特定電子計算機を作動させ、当該アクセス制御機能により制限されている特定利用をし得る状態にさせる行為(当該アクセス制御機能を付加したアクセス管理者がするもの及び当該アクセス管理者又は当該

　　　識別符号に係る利用権者の承諾を得てするものを除く。)
(2)　アクセス制御機能を有する特定電子計算機に電気通信回線を通じ
　　て当該アクセス制御機能による特定利用の制限を免れることができ
　　る情報(識別符号であるものを除く。)又は指令を入力して当該特定
　　電子計算機を作動させ、その制限されている特定利用をし得る状態
　　にさせる行為(当該アクセス制御機能を付加したアクセス管理者が
　　するもの及び当該アクセス管理者の承諾を得てするものを除く。次
　　号において同じ。)
(3)　電気通信回線を介して接続された他の特定電子計算機が有するア
　　クセス制御機能によりその特定利用を制限されている特定電子計算
　　機に電気通信回線を通じてその制限を免れることができる情報又は
　　指令を入力して当該特定電子計算機を作動させ、その制限されてい
　　る特定利用をし得る状態にさせる行為

●アクセス管理者
　ネットワークに接続されたコンピュータの利用(当該ネットワークを通じて行
うものに限る。)につき、当該コンピュータの**動作を管理する者**をいう。

> アクセス管理者とは、電気通信回線に接続されている電子計算機(特
> 定電子計算機)を利用(当該電気通信回線を通じて行うものに限る。)
> するにあたって、当該特定電子計算機の動作を管理する者をいう。

●利用権者
　ネットワークに接続されたコンピュータを利用(当該ネットワークを通じて行
うものに限る。)することについて、アクセス管理者の許諾を得た者をいう。

●識別符号
　利用権者およびアクセス管理者を、他の利用者から区別するための符号であっ
て、次のいずれかに該当するもの、または次のいずれかに該当する符号とその他
の符号を組み合わせたものをいう。

① アクセス管理者によってその内容をみだりに第三者に知らせてはならないも
　のとされている符号
　　具体的には、パスワードのように、第三者が知ることができない情報を指す。

② アクセス管理者および利用権者の身体の全部もしくは一部の影像または音声

を用いて、当該アクセス管理者が定める方法で作成される符号

具体的には、指紋や虹彩、声紋などの身体的特徴を符号化したものを指す。

③ アクセス管理者および利用権者の署名を用いて、当該アクセス管理者が定める方法で作成される符号

具体的には、筆跡の形状や筆圧などの特徴を数値化・符号化したものを指す。

●アクセス制御機能

ネットワーク上のコンピュータに入力された符号が、当該コンピュータを利用するための識別符号(ユーザID・パスワードなど)であることを確認して、その利用の**制限の全部または一部を解除**する機能をいう。

たとえば、ユーザIDおよびパスワードを入力させ、それが正しければ利用可能な状態にし、誤っていれば利用制限を解除せず利用を拒否する。

●不正アクセス行為

他人の識別符号(ユーザID・パスワードなど)を無断で使用して利用の制限を解除する行為や、セキュリティホールを突いて識別符号以外の情報または指令を入力して利用の制限を解除させる行為などが、不正アクセス行為に該当する。

不正アクセス行為の禁止

> 条文
>
> ### 第3条〔不正アクセス行為の禁止〕
>
> 何人も、不正アクセス行為をしてはならない。

本条は、不正アクセス行為の禁止を明確にしたものであり、例外規定は存在しない。

識別符号の不正取得等の禁止

> 条文
>
> ### 第4条〔他人の識別符号を不正に取得する行為の禁止〕
>
> 何人も、不正アクセス行為(第2条第4項第一号に該当するものに限る。第6条及び第12条第二号において同じ。)の用に供する目的で、アクセス制御機能に係る他人の識別符号を取得してはならない。

第5条〔不正アクセス行為を助長する行為の禁止〕

　何人も、業務その他正当な理由による場合を除いては、アクセス制御機能に係る他人の識別符号を、当該アクセス制御機能に係るアクセス管理者及び当該識別符号に係る利用権者以外の者に提供してはならない。

第6条〔他人の識別符号を不正に保管する行為の禁止〕

　何人も、不正アクセス行為の用に供する目的で、不正に取得されたアクセス制御機能に係る他人の識別符号を保管してはならない。

第7条〔識別符号の入力を不正に要求する行為の禁止〕

　何人も、アクセス制御機能を特定電子計算機に付加したアクセス管理者になりすまし、その他当該アクセス管理者であると誤認させて、次に掲げる行為をしてはならない。ただし、当該アクセス管理者の承諾を得てする場合は、この限りでない。

⑴　当該アクセス管理者が当該アクセス制御機能に係る識別符号を付された利用権者に対し当該識別符号を特定電子計算機に入力することを求める旨の情報を、電気通信回線に接続して行う自動公衆送信（公衆によって直接受信されることを目的として公衆からの求めに応じ自動的に送信を行うことをいい、放送又は有線放送に該当するものを除く。）を利用して公衆が閲覧することができる状態に置く行為

⑵　当該アクセス管理者が当該アクセス制御機能に係る識別符号を付された利用権者に対し当該識別符号を特定電子計算機に入力することを求める旨の情報を、電子メール（特定電子メールの送信の適正化等に関する法律（平成14年法律第26号）第2条第一号に規定する電子メールをいう。）により当該利用権者に送信する行為

　第4条および第6条では、不正アクセス行為（第2条第4項第一号に該当する行為に限る）に用いるために、他人のユーザID、パスワードなどを不正に取得したり保管してはならないとしている。

　また、第5条では不正アクセスを助長する行為を、第7条ではユーザID、パスワードなどの入力を不正に要求する行為すなわち「フィッシング」を、それぞれ禁止している。なお、フィッシングとは、金融機関などの正規のWebサイトを装い、クレジットカード番号などさまざまな個人情報を盗むことをいう。

不正アクセスに加えて以下の行為も禁止されている。

・他人の識別符号を不正に取得、保管する行為
・不正アクセスを助長する行為
・識別符号の入力を不正に要求する行為

アクセス管理者による防御措置

第8条〔アクセス管理者による防御措置〕 条文

　　アクセス制御機能を特定電子計算機に付加したアクセス管理者は、当該アクセス制御機能に係る**識別符号**又はこれを当該アクセス制御機能により確認するために用いる符号の適正な管理に努めるとともに、常に当該アクセス制御機能の有効性を検証し、必要があると認めるときは速やかにその機能の高度化その他当該特定電子計算機を不正アクセス行為から防御するため必要な措置を講ずるよう努めるものとする。

　　アクセス管理者は、コンピュータを不正アクセスから防御するために必要な措置を講じるよう努力義務が課されている。

練習問題

【1】不正アクセス行為の禁止等に関する法律は、不正アクセス行為を禁止するとともに、これについての罰則及びその再発防止のための都道府県公安委員会による援助措置等を定めることにより、電気通信回線を通じて行われる　（ア）　に係る犯罪の防止及びアクセス制御機能により実現される電気通信に関する秩序の維持を図り、もって高度情報通信社会の健全な発展に寄与することを目的とする。
［① 電子計算機　② インターネット通信　③ 不正ログイン］

答（ア）①

第3章

端末設備等規則（Ⅰ）

1. 総　則

用語の定義

重要 第2条〔定義〕　　　　　　　　　　　　　　　　　　　　　条文

　　この規則において使用する用語は、法において使用する用語の例による。

2　この規則の規定の解釈については、次の定義に従うものとする。

⑴　「**電話用設備**」とは、電気通信事業の用に供する**電気通信回線設備**であって、主として**音声の伝送交換**を目的とする電気通信役務の用に供するものをいう。

⑵　「**アナログ電話用設備**」とは、電話用設備であって、端末設備又は自営電気通信設備を接続する点において**アナログ信号を入出力**とするものをいう。

⑶　「**アナログ電話端末**」とは、端末設備であって、アナログ電話用設備に接続される点において**2線式**の接続形式で接続されるものをいう。

⑷　「**移動電話用設備**」とは、電話用設備であって、端末設備又は自営電気通信設備との接続において**電波**を使用するものをいう。

⑸　「**移動電話端末**」とは、端末設備であって、**移動電話用設備**（インターネットプロトコル移動電話用設備を除く。）に接続されるものをいう。

⑹　「**インターネットプロトコル電話用設備**」とは、電話用設備（電気通信番号規則別表第1号に掲げる固定電話番号を使用して提供する音声伝送役務の用に供するものに限る。）であって、端末設備又は自営電気通信設備との接続において**インターネットプロトコル**を使用するものをいう。

⑺　「**インターネットプロトコル電話端末**」とは、端末設備であって、**インターネットプロトコル電話用設備**に接続されるものをいう。

⑻　「**インターネットプロトコル移動電話用設備**」とは、移動電話用設備（電気通信番号規則別表第4号に掲げる音声伝送携帯電話番号を使用して提供する音声伝送役務の用に供するものに限る。）であって、端末設備又は自営電気通信設備との接続において**インターネットプロトコル**を使用するものをいう。

⑼　「**インターネットプロトコル移動電話端末**」とは、端末設備であって、**インターネットプロトコル移動電話用設備**に接続されるものをいう。

⑽　「**無線呼出用設備**」とは、電気通信事業の用に供する電気通信回線設備であって、**無線**によって利用者に対する呼出し（これに付随する通報を含む。）を行うことを目的とする電気通信役務の用に供するものをいう。

⑾　「**無線呼出端末**」とは、端末設備であって、**無線呼出用設備**に接続されるものをいう。

⑿　「**総合デジタル通信用設備**」とは、電気通信事業の用に供する電気通信回線設備であって、主として**64キロビット毎秒**を単位とするデジタル信号の伝送速度により、**符号、音声その他の音響又は影像**を統合して伝送交換することを目的とする電気通信役務の用に供するものをいう。

⒀　「**総合デジタル通信端末**」とは、端末設備であって、**総合デジタル通信用設備**に接続されるものをいう。

⒁　「**専用通信回線設備**」とは、電気通信事業の用に供する電気通信回線設備であって、**特定の利用者**に当該設備を専用させる電気通信役務の用に供するものをいう。

⒂　「**デジタルデータ伝送用設備**」とは、電気通信事業の用に供する電気通信回線設備であって、デジタル方式により、専ら**符号又は影像の伝送交換**を目的とする電気通信役務の用に供するものをいう。

⒃　「**専用通信回線設備等端末**」とは、端末設備であって、**専用通信回線設備又はデジタルデータ伝送用設備**に接続されるものをいう。

⒄　「**発信**」とは、通信を行う相手を**呼び出す**ための動作をいう。

⒅　「**応答**」とは、電気通信回線からの**呼出しに応ずる**ための動作をいう。

⒆　「**選択信号**」とは、主として相手の**端末設備を指定**するために使用する信号をいう。

⒇　「**直流回路**」とは、端末設備又は自営電気通信設備を接続する点において**2線式**の接続形式を有するアナログ電話用設備に接続して電気通信事業者の**交換設備の動作の開始及び終了の制御**を行うための回路をいう。

(21)　「**絶対レベル**」とは、一の**皮相電力の1ミリワット**に対する比をデシベルで表したものをいう。

(22)　「**通話チャネル**」とは、移動電話用設備と移動電話端末又はインターネットプロトコル移動電話端末の間に設定され、主として**音声**の伝送に使用する通信路をいう。

(23)　「**制御チャネル**」とは、移動電話用設備と移動電話端末又はイン

　　ターネットプロトコル移動電話端末の間に設定され、主として**制御信号の伝送**に使用する通信路をいう。

㉔　「**呼設定用メッセージ**」とは、呼設定メッセージ又は応答メッセージをいう。

㉕　「**呼切断用メッセージ**」とは、切断メッセージ、解放メッセージ又は解放完了メッセージをいう。

●電話用設備

　主として**音声の伝送交換**を目的とする**電気通信回線設備**である。なお、ファクシミリ網やデータ交換網は、データの伝送交換を目的としているので電話用設備には該当しない。

●アナログ電話用設備

　従来の一般電話網を指す。一般電話網では、モデムを介してデータの伝送交換を行う場合もあるが、基本的には音声の伝送交換を目的としている。

●アナログ電話端末

　電話機やファクシミリなど、一般電話網に接続される端末設備を指す。アナログ電話用設備との接続形式が**2線式**と規定されているので、2線式以外のインタフェースを有する端末設備はアナログ電話端末ではない。たとえば4線式で全二重通信を行うデータ端末などは、その信号がアナログであってもアナログ電話端末には該当しない。

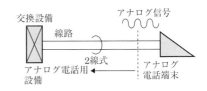

図3・1　アナログ電話端末

●移動電話用設備

　携帯無線通信の電話網のことをいう。

●移動電話端末

　携帯無線通信の端末装置、いわゆる携帯電話機のことをいう。

●インターネットプロトコル電話用設備

　IP電話のことをいう。IP電話は、音声信号をパケットと呼ばれる小さなデータに分割し、IPネットワーク上で送受信することで音声通話を実現する。

●インターネットプロトコル電話端末

　IP電話システムに対応した電話機を指す。

●インターネットプロトコル移動電話用設備

　IP移動電話（VoLTE：Voice over LTE）を指す。3G（第3世代）携帯電話のデータ通信を高速化した規格であるLTE（Long Term Evolution）のネットワークを使用して高品質の音声通話を実現する。

●インターネットプロトコル移動電話端末

　IP移動電話システムに対応した電話機のことをいう。

●無線呼出用設備

　電気通信事業の用に供する電気通信回線設備であって、**無線**によって利用者に対する呼出し（これに付随する通報を含む。）を行うことを目的とする電気通信役務の用に供するものをいう。

●無線呼出端末

　無線呼出用設備に接続される端末設備のことをいう。

●総合デジタル通信用設備

　いわゆる**ISDN**のことをいう。従来の電気通信網は、音声、データ、ファクシミリ、画像などの情報をそれぞれの信号の特性に応じて個別に構築していたが、デジタル技術の発達により、すべての情報をデジタル化し、1つの網で伝送交換することができるようになり、サービスの統合化が可能となった。

●総合デジタル通信端末

　ISDN端末やターミナルアダプタ（TA）のことをいう。

●専用通信回線設備

　いわゆる専用線のことであり、**特定の利用者間**に設置され、その利用者のみがサービスを専有する。

●デジタルデータ伝送用設備

　デジタルデータのみを扱う交換網や通信回線のことをいい、IP網やADSL回線などが該当する。

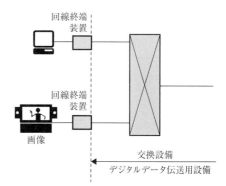

図3・2　デジタルデータ伝送用設備

●専用通信回線設備等端末

　専用通信回線設備または**デジタルデータ伝送用設備**を利用して通信を行うための端末であり、ADSLモデムなどが該当する。

●発信

通信を行う相手を**呼び出す**ための動作をいう。電話番号をダイヤルするなどの動作が該当する。

●応答

電気通信回線からの**呼出しに応ずる**ための動作をいう。電話がかかってきたときに送受器を上げるなどの動作が該当する。

●選択信号

接続すべき通信相手の番号などを、発信側の端末設備から交換機へ伝達するための信号である。一般の電話網で使用する選択信号には、ダイヤルパルスと押しボタンダイヤル信号がある。ダイヤルパルスでは直流電流の断続によるパルスの数で伝達し、押しボタンダイヤル信号では2周波の交流信号の組合せで伝達する。

●直流回路

いわゆる直流ループ制御回路のことをいう。端末設備の直流回路を閉じると電気通信事業者の**交換設備**との間に直流電流が流れ、交換設備は動作を開始する。また、直流回路を開くと電流は流れなくなり、通話が終了する。

●絶対レベル

一の**皮相電力**の**1mW**に対する比を**デシベル**(dBm)で表したものをいう。

●通話チャネル

移動電話用設備と移動電話端末またはインターネットプロトコル移動電話端末の間に設定され、主として**音声の伝送**に使用する通信路をいう。

●制御チャネル

移動電話用設備と移動電話端末またはインターネットプロトコル移動電話端末の間に設定され、主として**制御信号の伝送**に使用する通信路をいう。

●呼設定用メッセージ

総合デジタル通信用設備と総合デジタル通信端末との間の通信路を設定するためのメッセージであり、呼設定メッセージまたは応答メッセージを指す。

●呼切断用メッセージ

総合デジタル通信用設備と総合デジタル通信端末との間の通信路を切断または解放するためのメッセージであり、切断メッセージ、解放メッセージまたは解放完了メッセージを指す。

2. 責任の分界

責任の分界

重要 第3条〔責任の分界〕 　　　　　　　　　　　　　　　　　`条文`

　　利用者の接続する端末設備(以下「端末設備」という。)は、事業用電気通信設備との**責任の分界**を明確にするため、事業用電気通信設備との間に**分界点**を有しなければならない。

2　**分界点**における接続の方式は、端末設備を**電気通信回線ごとに事業用電気通信設備から容易に切り離せる**ものでなければならない。

●分界点の設定

　本条は、端末設備の接続の技術基準で確保すべき3原則(電気通信事業法第52条第2項)の1つである「責任の分界の明確化」を受けて定められたものである。この規定は、故障時に、その原因が利用者側の設備にあるのか事業者側の設備にあるのかを判別できるようにすることを目的としている。一般的には、保安装置、ローゼット、プラグジャックなどが分界点となる。

●分界点における接続の方式

　端末設備を電気通信回線ごとに事業用電気通信設備から容易に切り離せる方式としては、電話機のプラグジャック方式が一般的である。その他、ローゼットによるネジ留め方式、音響結合方式なども該当する。

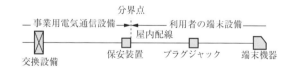

図3・3　分界点の例(電気通信事業者が保安装置まで提供する場合)

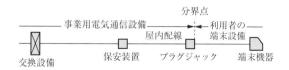

図3・4　分界点の例(電気通信事業者が屋内配線まで提供する場合)

3. 安全性等

漏えいする通信の識別禁止

重要 第4条〔漏えいする通信の識別禁止〕

　　端末設備は、**事業用電気通信設備**から漏えいする通信の内容を意図的に**識別**する機能を有してはならない。

　　本条は、通信の秘密の保護の観点から設けられた規定である。「通信の内容を意図的に識別する機能」とは、他の電気通信回線から漏えいする通信の内容が聞き取れるように増幅する機能や、暗号化された情報を解読したりする機能のことをいう。

鳴音の発生防止

重要 第5条〔鳴音の発生防止〕

　　端末設備は、事業用電気通信設備との間で**鳴音（電気的又は音響的結合により生ずる発振状態をいう。）**を発生することを防止するために総務大臣が別に告示する条件を満たすものでなければならない。

●鳴音

　「鳴音」とは、端末設備に入力した信号が電気的に反射したり、端末設備のスピーカから出た音響が再びマイクに入力されたりして、相手の端末設備との間で正帰還ループが形成され発振状態となることをいう。いわゆるハウリングのことである。

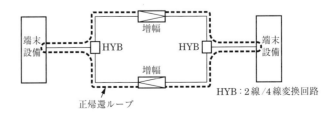

図3・5　鳴音の発生原理

●鳴音の発生防止

　端末設備から鳴音が発生すると、他の電気通信回線に漏えいして他の利用者に迷惑を及ぼしたり、過大な電流が流れて回線設備に損傷を与えるおそれがあるので、これを防止する必要がある。

絶縁抵抗及び絶縁耐力

重要 第6条〔絶縁抵抗等〕　　　　　　　　　　　　　　　　　　　条文

　端末設備の機器は、その電源回路と筐体及びその電源回路と**事業用電気通信設備**との間に次の絶縁抵抗及び絶縁耐力を有しなければならない。

⑴　絶縁抵抗は、使用電圧が**300ボルト以下**の場合にあっては、**0.2メガオーム以上**であり、**300ボルトを超え750ボルト以下の直流及び300ボルトを超え600ボルト以下の交流**の場合にあっては、**0.4メガオーム以上**であること。

⑵　絶縁耐力は、使用電圧が750ボルトを超える直流及び600ボルトを超える交流の場合にあっては、その使用電圧の**1.5倍**の電圧を連続して**10分間**加えたときこれに耐えること。

2　端末設備の機器の金属製の台及び筐体は、接地抵抗が**100オーム以下**となるように接地しなければならない。ただし、安全な場所に危険のないように設置する場合にあっては、この限りでない。

●絶縁抵抗と絶縁耐力

　端末機器は電気的に動作するため電源が必要であるが、電話の一般的な動作については事業用電気通信設備から直流回路を通じて電力が供給されるので、基本的には端末機器自身が電源を有する必要はない。

　しかしながら、電子化された端末機器は、事業用電気通信設備からの給電だけではその高度な機能を実現するには不十分なので、自ら電源回路を備え、これにより商用電源からの電力供給を受けている。このような端末機器については、故障や事故などによる過大電流の危険性から人体や事業用電気通信設備を保護するため、電源回路と端末機器の筐体との間や、電源回路と事業用電気通信設備との間における絶縁抵抗および絶縁耐力が規定されている。

●接地抵抗

　端末機器の金属製の台および筐体は、接地抵抗が**100Ω以下**となるように接地する。接地に関する規定は、感電防止を目的としている。一般の端末設備の場合は特に電気的に危険な場所に設置することはないが、高圧を使用する場合や水分

法規3章

のある場所などで使用する場合は、この規定が適用される。

表3・1　絶縁抵抗と絶縁耐力

使用電圧	絶縁抵抗および絶縁耐力	
	直流電圧	交流電圧
300V	絶縁抵抗0.2MΩ以上	
600V 750V	絶縁抵抗0.4MΩ以上	
	使用電圧の1.5倍の電圧を10分間 加えても耐える絶縁耐力	

> **重要**
>
> ・使用電圧が300V以下の場合、絶縁抵抗は0.2MΩ以上
>
> ・使用電圧が300Vを超え750V以下の直流、および300Vを超え600V以下の交流の場合、絶縁抵抗は0.4MΩ以上

過大音響衝撃の発生防止

重要 第7条〔過大音響衝撃の発生防止〕　　　　　　　　　　　　　条文

　　　通話機能を有する端末設備は、**通話中に受話器から過大な音響衝撃**が発生することを防止する機能を備えなければならない。

　　通話中に、誘導雷などに起因するインパルス性の信号が端末設備に侵入した場合、受話器から瞬間的に過大な音響衝撃が発生し、人体の耳に衝撃を与えるおそれがある。本条は、これを防止するために定められたものである。

　　一般の電話機は、受話器と並列にバリスタを挿入した回路で構成されており、一定レベル以上の電圧が印加されるとバリスタが導通し、過大な衝撃電流はバリスタ側に流れ受話器には流れないようになっている。

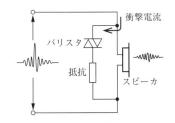

図3・6　受話音響衝撃防止回路

配線設備等

重要 第8条〔配線設備等〕　　　　　　　　　　　　　　　　　　条文

　　　利用者が端末設備を事業用電気通信設備に接続する際に使用する線路及び保安器その他の機器（以下「配線設備等」という。）は、次の各号

により設置されなければならない。

⑴　配線設備等の**評価雑音電力**(通信回線が受ける妨害であって人間の聴覚率を考慮して定められる実効的雑音電力をいい、**誘導によるものを含む。**)は、絶対レベルで表した値で**定常時においてマイナス64デシベル以下**であり、かつ、**最大時においてマイナス58デシベル以下**であること。

⑵　配線設備等の電線相互間及び電線と大地間の絶縁抵抗は、**直流200ボルト以上の一の電圧で測定した値で1メガオーム以上**であること。

⑶　配線設備等と強電流電線との関係については**有線電気通信設備令**(昭和28年政令第131号)第11条から第15条まで及び第18条に適合するものであること。

⑷　**事業用電気通信設備**を損傷し、又はその機能に障害を与えないようにするため、**総務大臣が別に告示する**ところにより**配線設備等の設置の方法を定める場合**にあっては、その方法によるものであること。

●配線設備等

「配線設備等」とは、利用者が端末設備を事業用電気通信設備に接続する際に使用する線路および保安器その他の機器をいう。

●絶縁抵抗

配線設備等の電線相互間および電線と大地間の絶縁抵抗が不十分な場合、交換機が誤作動を起こしたり、無駄な電力を消費したりすることがある。これを防ぐため、**直流200V以上の一の電圧で測定した値で1MΩ以上**と、絶縁抵抗値を規定している。

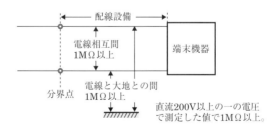

図3・7　配線設備の絶縁抵抗

●評価雑音電力

「評価雑音電力」とは、**通信回線が受ける妨害**であって人間の聴覚の特性を考慮して定められる**実効的雑音電力**をいい、**誘導によるものを含む。**人間の聴覚は

600Hzから2,000Hzまでは感度がよく、これ以外の周波数では感度が悪くなる特性を有している。この聴覚の周波数特性により雑音電力を重みづけして評価したものが、評価雑音電力である。

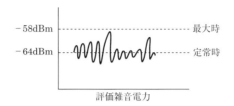

　　　　　　評価雑音電力は定常時において−64dBm以下、
　　　　　　最大時において−58dBm以下とする。

図3・8　評価雑音電力

評価雑音電力 ──┌ 定常時において−**64dBm以下**
　　　　　　　　└ 最大時において−**58dBm以下**

電波を使用する端末設備

条文

第9条〔端末設備内において電波を使用する端末設備〕

　端末設備を構成する一の部分と他の部分相互間において**電波を使用する端末設備**は、次の各号の条件に適合するものでなければならない。

(1)　総務大臣が別に告示する条件に適合する**識別符号**（端末設備に使用される無線設備を識別するための符号であって、通信路の設定に当たってその照合が行われるものをいう。）を有すること。

(2)　使用する**電波の周波数**が**空き状態**であるかどうかについて、総務大臣が別に告示するところにより判定を行い、**空き状態**である場合にのみ**通信路を設定**するものであること。ただし、総務大臣が別に告示するものについては、この限りでない。

(3)　使用される無線設備は、**一の筐体**に収められており、かつ、容易に**開ける**ことができないこと。ただし、総務大臣が別に告示するものについては、この限りでない。

　本条は、コードレス電話や無線LAN端末のように、親機と子機との間で電波を使用するものに適用される規定であり、携帯無線通信の移動局のように端末設備と電気通信回線設備との間で電波を使用する端末設備には適用されない。

●識別符号

　識別符号は、混信による通信妨害や通信内容の漏えい、通信料金の誤課金など
を防止することを目的としている。総務大臣の告示により、端末設備の種類別に
識別符号のサイズが定められている。

●空き状態の判定

　この規定は、電波の混信を防止することを目的としている。既に使われている
周波数の電波を発射すると混信が生じるので、使用する電波の周波数が空き状態
であることを確認してから通信路を設定するようにしている。

●無線設備の同一筐(きょう)体への収容

　この規定は、送信機能や識別符号を故意に改造または変更して他の通信に妨害
を与えることを防止するために定められたものである。なお、送信機能や識別符
号の書換えが容易に行えない場合は一の筐体に収める必要はなく、その条件が総
務大臣の告示で定められている。

> 端末設備を構成する一の部分と他の部分相互間で電波を使用する
> 端末設備は、次の条件に適合しなければならない。
>
> ・総務大臣が別に告示する条件に適合する識別符号を有すること
>
> ・使用する電波の周波数が空き状態であるかどうか判定を行い、
> 　空き状態である場合にのみ通信路を設定するものであること(総
> 　務大臣が別に告示するものを除く)
>
> ・使用される無線設備は、一の筐体に収められており、かつ、容
> 　易に開けることができないこと(総務大臣が別に告示するものを
> 　除く)

練習問題

【1】端末設備は、事業用電気通信設備との間で　(ア)　(電気的又は音響的結合により生ずる発振
状態をいう。)を発生することを防止するために総務大臣が別に告示する条件を満たすもので
なければならない。
　[① 漏　話　② 鳴　音　③ 側　音]

【2】端末設備を構成する一の部分と他の部分相互間において電波を使用する端末設備は、総務大
臣が別に告示する条件に適合する　(イ)　を有するものでなければならない。
　[① 識別符号　② 標識符号　③ 空中線設備]

答（ア）②（イ）①

第4章

端末設備等規則（Ⅱ）

1. アナログ電話端末

基本的機能

第10条〔基本的機能〕

　　アナログ電話端末の**直流回路**は、**発信**又は**応答**を行うとき閉じ、通信が終了したとき開くものでなければならない。

　　アナログ電話端末の直流回路を閉じると、交換設備と端末設備との間に直流電流が流れ、交換設備がこれを検知して端末設備の発信または応答を判別する。また、直流回路を開くと直流電流が流れなくなり、これにより交換設備は通信の終了を判別する。

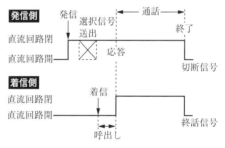

直流回路は、発信または応答を行うとき閉じ、通信が終了したとき開く。

図4・1　直流回路の動作

発信の機能

第11条〔発信の機能〕

　　アナログ電話端末は、発信に関する次の機能を備えなければならない。

(1)　**自動的に選択信号を送出**する場合にあっては、直流回路を閉じてから**3秒以上**経過後に選択信号の送出を開始するものであること。ただし、電気通信回線からの発信音又はこれに相当する可聴音を確認した後に選択信号を送出する場合にあっては、この限りでない。

(2)　発信に際して相手の端末設備からの**応答**を**自動的に確認**する場合

にあっては、電気通信回線からの応答が確認できない場合選択信号
送出終了後**2分以内**に直流回路を開くものであること。

⑶ **自動再発信**(応答のない相手に対し引き続いて繰り返し自動的に
行う発信をいう。以下同じ。)を行う場合(自動再発信の回数が**15回
以内**の場合を除く。)にあっては、その回数は最初の発信から**3分間
に2回以内**であること。この場合において、最初の発信から**3分**を
超えて行われる発信は、別の発信とみなす。

⑷ 前号の規定は、火災、盗難その他の非常の場合にあっては、適用
しない。

●選択信号の自動送出

交換設備は、端末設備からの発呼信号を受信してから選択信号の受信が可能と
なるまでに、若干の時間を要する。交換設備は、選択信号の受信が可能な状態に
なると可聴音(発信音)を送出する。端末設備がこれを確認してから選択信号を送
出すれば問題はないが、確認をせずに自動的に送出する場合は、交換設備が受信
可能状態になる前に選択信号が送出される可能性がある。

そこで、自動的に選択信号を送出する端末設備については、安全な時間を見込
んで、直流回路を閉じてから**3秒以上**経過後に選択信号を送出することにしてい
る(図4・2参照)。

●相手端末の応答の自動確認

相手端末が応答しないときに長時間にわたって相手端末を呼び出し続けると、
電気通信回線の無効保留が生じ、他の利用者に迷惑を及ぼすことになる。

このため、相手端末からの応答を自動的に確認する場合は、選択信号送出終了
後、**2分以内**に直流回路を開くことにしている(図4・3参照)。

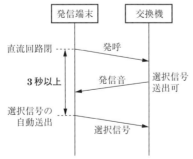

選択信号を自動的に送出する場合は、
直流回路を閉じてから3秒以上経過後に行う。

図4・2　選択信号の自動送出

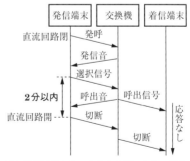

電気通信回線からの応答が確認できない場合、
選択信号送出終了後2分以内に直流回路を開く。

図4・3　相手端末の応答の自動確認

●自動再発信

　短い間隔で同一の相手に再発信すると再度通話中に遭遇^{そうぐう}する確率が高く、電気通信回線設備を無効に動作させ、他の利用者に迷惑を及ぼすことになる。このため、自動的に行う再発信の回数を、原則として最初の発信から**3分間に2回以内**としている。ただし、最初の発信から**3分**経過後に行われる発信は、別の発信とみなすことにしている。

　また、人の操作によって再発信を行う場合や、自動再発信の回数が**15回以内の**ものについては、本規定は適用されない。さらに、火災、盗難その他の非常事態の場合は、緊急措置として何回でも自動再発信が認められている。

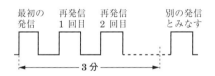

自動再発信の回数は、原則として3分間に2回以内とする。
なお、最初の発信から3分を超えて行われる発信は、別の発信とみなされる。

図4・4　自動再発信の回数

選択信号の条件

条文

第12条〔選択信号の条件〕

　アナログ電話端末の選択信号は、次の条件に適合するものでなければならない。
　⑴　ダイヤルパルスにあっては、別表第1号の条件
　⑵　押しボタンダイヤル信号にあっては、別表第2号の条件

別表第1号　ダイヤルパルスの条件(第12条第一号関係)

第1　ダイヤルパルス数
　　ダイヤル番号とダイヤルパルス数は同一であること。ただし、「0」は、10パルスとする。

第2　ダイヤルパルスの信号

ダイヤルパルスの種類	ダイヤルパルス速度	ダイヤルパルスメーク率	ミニマムポーズ
10パルス 毎秒方式	10 ± 1.0 パルス毎秒以内	30％以上 42％以下	600ms以上
20パルス 毎秒方式	20 ± 1.6 パルス毎秒以内	30％以上 36％以下	450ms以上

注1　ダイヤルパルス速度とは、1秒間に断続するパルス数をいう。
　2　ダイヤルパルスメーク率とは、ダイヤルパルスの接（メーク）と断（ブレーク）の時間の割合をいい、次式で定義するものとする。
　　ダイヤルパルスメーク率＝｛接時間÷（接時間＋断時間）｝×100％
　3　ミニマムポーズとは、隣接するパルス列間の休止時間の最小値をいう。

重要 別表第2号　押しボタンダイヤル信号の条件（第12条第二号関係）

第1　ダイヤル番号の周波数

ダイヤル番号	周　波　数
1	697Hz及び1,209Hz
2	697Hz及び1,336Hz
3	697Hz及び1,477Hz
4	770Hz及び1,209Hz
5	770Hz及び1,336Hz
6	770Hz及び1,477Hz
7	852Hz及び1,209Hz
8	852Hz及び1,336Hz
9	852Hz及び1,477Hz
0	941Hz及び1,336Hz
＊	941Hz及び1,209Hz
＃	941Hz及び1,477Hz
A	697Hz及び1,633Hz
B	770Hz及び1,633Hz
C	852Hz及び1,633Hz
D	941Hz及び1,633Hz

第2　その他の条件

項　目		条　件
信号周波数偏差		信号周波数の±1.5%以内
信号送出電力の許容範囲	低群周波数	（略）
	高群周波数	（略）
	2周波電力差	5dB以内、かつ、低群周波数の電力が高群周波数の電力を超えないこと。
信号送出時間		50ms以上
ミニマムポーズ		30ms以上
周　期		120ms以上

注1　低群周波数とは、697Hz、770Hz、852Hz及び941Hzをいい、高群周波数とは1,209Hz、1,336Hz、1,477Hz及び1,633Hzをいう。
　2　ミニマムポーズとは、隣接する信号間の休止時間の最小値をいう。
　3　周期とは、信号送出時間とミニマムポーズの和をいう。

●ダイヤルパルスの条件

　選択信号は、相手の端末設備を指定するための信号であり、ダイヤルパルスと押しボタンダイヤル信号に大別される。

　このうちダイヤルパルス方式は、ダイヤル番号と同一の数のパルスを断続させ、交換設備側でこのパルスの数をカウントすることによりダイヤル番号を識別する方式である。交換設備側で正しくパルス数がカウントできるよう、各ダイヤル番号のパルス列間の休止（ポーズ）時間の最小値（ミニマムポーズ）、断続するパルス列間の接時間と断時間の割合（ダイヤルパルスメーク率）が規定されている。

●押しボタンダイヤル信号の条件

　押しボタンダイヤル信号は、低群周波数1つと高群周波数1つの組合せにより構成されている。低群と高群それぞれ4つの周波数が規定されているので、これらの組合せで16種類の押しボタンダイヤル信号が規定できる。現在一般的に使用されているのは、1〜9、0、＃、＊の12種類である。交換設備側では、受信した信号がどの周波数の組合せかを判定することでダイヤル番号を識別する。

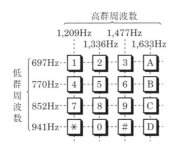

図4・5　押しボタンダイヤル信号の周波数

- 低群周波数 —— 600Hz～1,000Hzの範囲内にある特定の4つ
  の周波数
- 高群周波数 —— 1,200Hz～1,700Hzの範囲内にある特定の
  4つの周波数

押しボタンダイヤル信号方式では、交換設備側で信号を正しく識別できるように信号周波数偏差、信号送出電力、信号送出時間、隣接する信号間の休止時間の最小値（ミニマムポーズ）、信号の周期などの条件が規定されている。

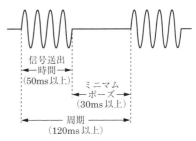

図4・6　押しボタンダイヤル信号の送出時間等

緊急通報機能

条文

第12条の2〔緊急通報機能〕

　アナログ電話端末であって、通話の用に供するものは、電気通信番号規則別表第12号に掲げる緊急通報番号を使用した**警察機関、海上保安機関又は消防機関**への通報（以下「緊急通報」という。）を発信する機能を備えなければならない。

　アナログ電話端末の他、移動電話端末（第28条の2）、総合デジタル通信端末（第34条の4）等も緊急通報機能を備えることが義務づけられている。

直流回路の電気的条件等

第13条〔直流回路の電気的条件等〕

　直流回路を閉じているときのアナログ電話端末の直流回路の電気的条件は、次のとおりでなければならない。

⑴　直流回路の直流抵抗値は、**20ミリアンペア以上120ミリアンペア以下の電流で測定した値で50オーム以上300オーム以下**であること。ただし、直流回路の直流抵抗値と電気通信事業者の交換設備からアナログ電話端末までの線路の直流抵抗値の和が**50オーム以上1,700オーム以下**の場合にあっては、この限りでない。

⑵　ダイヤルパルスによる選択信号送出時における直流回路の静電容量は、**3マイクロファラド以下**であること。

2　直流回路を開いているときのアナログ電話端末の直流回路の電気的条件は、次のとおりでなければならない。

⑴　直流回路の直流抵抗値は、**1メガオーム以上**であること。

⑵　直流回路と大地の間の絶縁抵抗は、直流**200ボルト以上**の一の電圧で測定した値で**1メガオーム以上**であること。

⑶　呼出信号受信時における直流回路の静電容量は、**3マイクロファラド以下**であり、インピーダンスは、**75ボルト**、**16ヘルツの交流に対して2キロオーム以上**であること。

3　アナログ電話端末は、電気通信回線に対して直流の電圧を加えるものであってはならない。

●直流回路を閉じているときの電気的条件

① 直流抵抗値

　直流回路を閉じているときのアナログ電話端末の直流回路の直流抵抗値は、**20mA以上120mA以下**の電流で測定した値で**50Ω以上300Ω以下**でなければならない。ただし、直流回路の直流抵抗値と電気通信事業者の交換設備からアナログ電話端末までの線路の直流抵抗値の和が**50Ω以上1,700Ω以下**の場合にあっては、この限りでない。

　交換設備は、端末設備との間の全体の直流抵抗値が1,700Ω以下になったとき、そこに流れる電流値を検出し、端末設備の発呼、応答を識別している。線路の直流抵抗値は最大1,400Ωに設計されているため、端末設備の直流回路の直流抵抗値は最大300Ωとしている。

　なお、線路を含めた全体の直流抵抗値が1,700Ω以下であれば交換設備の動作には影響がないので、この条件を満たしていればアナログ電話端末の直流回路の直流

抵抗値は300Ωを超えていてもよいとされている。また、下限の50Ωは、電気通信回線設備から過大な電流が流れることを防止するために設けられたものである。

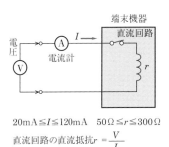

$20\text{mA}\leqq I\leqq120\text{mA}$　　$50\Omega\leqq r\leqq300\Omega$

直流回路の直流抵抗$r=\dfrac{V}{I}$

図4・7　直流回路の直流抵抗

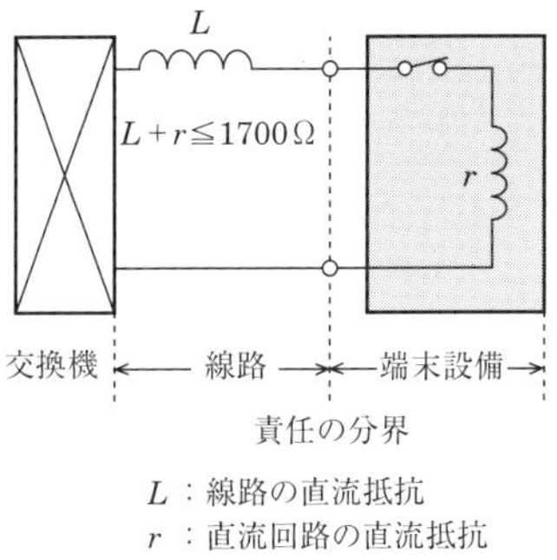

交換機←──線路──→←─端末設備─→

責任の分界

L：線路の直流抵抗
r：直流回路の直流抵抗

図4・8　全体の直流抵抗

② ダイヤルパルスによる選択信号送出時の静電容量

　直流回路の静電容量が大きいと、選択信号を送出したとき、その波形に歪みが生じて交換設備が誤動作するおそれがあるので、これを防止するために静電容量を**3μF以下**としている。

●直流回路を開いているときの電気的条件

① 直流抵抗と絶縁抵抗

　直流回路を開いているときのアナログ電話端末の直流回路の直流抵抗値は**1MΩ以上**。直流回路と大地との間の絶縁抵抗は、**直流200V以上の一の電圧で測定した値で1MΩ以上**としている。

② 呼出信号受信時の静電容量等

　75V、16Hzの交流は、交換設備からの呼出信号の規格値である。この信号を受信したとき信号の波形が歪まないよう静電容量を**3μF以下**、インピーダンスを**2kΩ以上**としている。

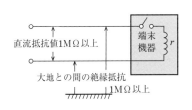

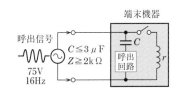

図4・9　直流回路を開いたとき　　**図4・10　呼出信号に対する静電容量とインピーダンス**

●直流電圧の印加禁止

　アナログ電話用設備は、電気通信回線に流れる直流電流によって交換設備を制御しているので、これに他の直流電圧が加わると交換設備の動作に支障が生じる。

電子化電話機やボタン電話装置のように自ら電源回路を有する端末設備については、電気通信回線に**直流電圧が加わらないように**設計する必要がある。

送出電力

条文

第14条〔送出電力〕

　アナログ電話端末の送出電力の許容範囲は、通話の用に供する場合を除き、別表第3号のとおりとする。

別表第3号　アナログ電話端末の送出電力の許容範囲（第14条関係）

項　　目		アナログ電話端末の送出電力の許容範囲
4kHz までの送出電力		**−8dBm**（平均レベル）以下で、かつ**0dBm**（最大レベル）を超えないこと。
不要送出レベル	**4kHz から 8kHz まで**	−20dBm 以下
	8kHz から 12kHz まで	−40dBm 以下
	12kHz 以上の各4kHz帯域	−60dBm 以下

注1　平均レベルとは、端末設備の使用状態における平均的なレベル（実効値）であり、最大
　　　レベルとは、端末設備の送出レベルが最も高くなる状態でのレベル（実効値）とする。
　2　送出電力及び不要送出レベルは、**平衡600オームのインピーダンス**を接続して測定し
　　　た値を絶対レベルで表した値とする。
　3　dBmは、絶対レベルを表す単位とする。

　端末設備からの送出電力がある値以上になると、他の電気通信回線への漏話が発生したり、電気通信回線設備に損傷を与えたりするおそれがあるので、これを防止するための規定である。

　アナログ電話用設備はもともと音声の送出電力を対象として設計されているため、通話信号に対しては問題とはならないが、データ伝送用の変復調装置（モデム）の出力信号のように平均電力の大きい信号が送出されると他の電気通信回線に悪影響を及ぼす。したがって、本規定は、通話の用に供する端末設備には適用しないことになっている。

　送出電力は**4kHz**ごとに許容範囲が定められているが、これは、周波数分割多重方式の伝送路において通話チャネルを4kHzおきに配置しているからであり、多重時における他の電気通信回線への影響を考慮したものである。4kHzまでは通信に利用されるが、4kHz以上の周波数は本来、通信には必要のない高調波であるため**不要送出レベル**としている。

　また、別表第3号中の最大レベルの規定は、近端漏話を防止するために電力のピーク値を制限したものである。一方、平均レベルの規定は、アナログ伝送路に

おける過負荷や歪みを防止するために定められたものである。平均レベルは、端末設備の使用状態における平均的な電力レベルであり、一般に3秒間を単位時間として測定を行う。

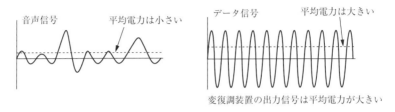

図4・11　音声信号とデータ信号の送出波形

漏話減衰量

第15条〔漏話減衰量〕

複数の電気通信回線と接続されるアナログ電話端末の回線相互間の漏話減衰量は、**1,500ヘルツ**において**70デシベル以上**でなければならない。

本条は、アナログ電話端末の内部での漏話を防止するための規定である。**1,500Hz**において**70dB以上**という規定値は、他の利用者の通信に妨害を与えないという観点から、実態を考慮して定められたものである。

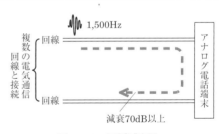

図4・12　漏話減衰量

練習問題

【1】 アナログ電話端末の「選択信号の条件」において、押しボタンダイヤル信号の高群周波数は、
　　 （ア） までの範囲内における特定の四つの周波数で規定されている。

```
① 1,200ヘルツから1,700ヘルツ
② 1,300ヘルツから2,000ヘルツ
③ 1,500ヘルツから2,500ヘルツ
```

答（ア）①

2. 移動電話端末

基本的機能

法規 4 章

> **条文**
>
> **重要** **第17条〔基本的機能〕**
>
> 　移動電話端末は、次の機能を備えなければならない。
>
> ⑴　発信を行う場合にあっては、**発信を要求**する信号を送出するものであること。
>
> ⑵　応答を行う場合にあっては、**応答を確認**する信号を送出するものであること。
>
> ⑶　通信を終了する場合にあっては、**チャネル**(通話チャネル及び制御チャネルをいう。以下同じ。)**を切断**する信号を送出するものであること。

　移動電話端末は、一般の端末設備とは異なり、電気通信回線設備と電波で接続される。本条は、移動電話端末に対して、次の基本的機能を備えるよう義務づけている。

●発信を行う場合

　発信を要求する信号を送出する機能。

●応答を行う場合

　応答を確認する信号を送出する機能。

●通信を終了する場合

　チャネル(通話チャネルおよび制御チャネルをいう。)**を切断**する信号を送出する機能。

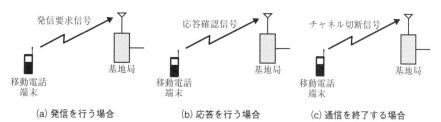

(a) 発信を行う場合　　(b) 応答を行う場合　　(c) 通信を終了する場合

図4・13　移動電話端末の基本的機能

発信の機能

重要 第18条〔発信の機能〕

　　移動電話端末は、発信に関する次の機能を備えなければならない。

(1)　発信に際して相手の端末設備からの応答を自動的に確認する場合にあっては、電気通信回線からの応答が確認できない場合**選択信号送出終了後1分以内**にチャネルを切断する信号を送出し、送信を停止するものであること。

(2)　自動再発信を行う場合にあっては、その回数は**2回以内**であること。ただし、最初の発信から**3分**を超えた場合にあっては、別の発信とみなす。

(3)　前号の規定は、火災、盗難その他の非常の場合にあっては、適用しない。

　　本条は、アナログ電話端末の発信の機能（第11条）に対応したものであるが、ここでは、発呼から選択信号送出までの時間が規定されていないことと、相手の端末設備からの応答の自動確認時間が「1分以内」となっていることに注意する必要がある。

●相手端末の応答の自動確認

　　相手の端末設備からの応答を自動的に確認する場合において、電気通信回線からの応答が確認できない場合は、**選択信号送出終了後1分以内**にチャネルを切断する信号を送出することとしている。

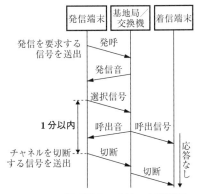

図4・14　相手端末の応答の自動確認

●自動再発信

自動的に行う再発信の回数は、**2回以内**としている。ただし、最初の発信から**3分**を超えた場合や、火災、盗難その他の非常事態の場合は、この規定から除かれている(つまり自動再発信の回数は3回以上でもよい)。

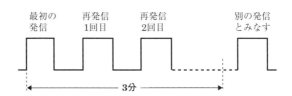

自動再発信の回数は、原則として3分間に2回以内とする。ただし、最初の発信から3分を超えた場合は別の発信とみなされる。

図4・15　自動再発信の回数

送信タイミング

第19条〔送信タイミング〕

移動電話端末は、総務大臣が別に告示する条件に適合する送信タイミングで送信する機能を備えなければならない。

送信タイミングは、移動電話端末が使用する無線設備ごとに規定されている。

漏話減衰量

第31条〔漏話減衰量〕

複数の電気通信回線と接続される移動電話端末の回線相互間の漏話減衰量は、**1,500ヘルツ**において**70デシベル以上**でなければならない。

漏話減衰量の規定値は、アナログ電話端末の場合と同一である(第15条)。

3. 総合デジタル通信端末

基本的機能

 第34条の2〔基本的機能〕 `条文`

　　総合デジタル通信端末は、次の機能を備えなければならない。ただし、総務大臣が別に告示する場合はこの限りでない。
⑴　発信又は応答を行う場合にあっては、**呼設定用メッセージを送出**するものであること。
⑵　通信を終了する場合にあっては、**呼切断用メッセージを送出する**ものであること。

　告示　**基本的機能を要しない総合デジタル通信端末**
　　　（平成**11**年郵政省告示第**160**号）
⑴　通信相手固定端末
⑵　パケット通信を行う端末

　　総合デジタル通信端末が発信・応答を行う場合、および通信を終了する場合には、ITU－T勧告Q.931で定められたメッセージを送出しなければならない。ただし、通信相手固定端末とパケット通信端末は、必ずしもすべてのメッセージを送信するものではないので、告示により規定の対象外となっている。

発信の機能

 第34条の3〔発信の機能〕 `条文`

　　総合デジタル通信端末は、発信に関する次の機能を備えなければならない。
⑴　発信に際して相手の端末設備からの**応答を自動的に確認**する場合にあっては、電気通信回線からの応答が確認できない場合**呼設定メッセージ送出終了後2分以内**に呼切断用メッセージを送出するものであること。
⑵　**自動再発信**を行う場合（自動再発信の回数が**15回以内**の場合を除

く。)にあっては、その回数は最初の発信から**3分間に2回以内**であること。この場合において、最初の発信から**3分**を超えて行われる発信は、別の発信とみなす。

(3)　前号の規定は、火災、盗難その他の非常の場合にあっては、適用しない。

本条は、アナログ電話端末の発信の機能(第11条)に対応したものである。ただし、アナログ電話端末とは通信路の設定方法が異なるため、「自動的に選択信号を送出する場合」のような規定は存在しない。

緊急通報機能

条文

第34条の4〔緊急通報機能〕

総合デジタル通信端末であって、通話の用に供するものは、緊急通報を発信する機能を備えなければならない。

緊急通報機能とは、警察機関、海上保安機関、または消防機関への通報を発信する機能をいう。総合デジタル通信端末は、アナログ電話端末等と同様に、緊急通報機能を備えることが義務づけられている。

電気的条件等

条文

第34条の5〔電気的条件等〕

総合デジタル通信端末は、総務大臣が別に告示する**電気的条件及び光学的条件**のいずれかの条件に適合するものでなければならない。

2　総合デジタル通信端末は、電気通信回線に対して直流の電圧を加えるものであってはならない。

告示(平成11年郵政省告示第161号)によれば、メタリック伝送路インタフェースの総合デジタル通信端末は、TCM方式(ピンポン伝送方式)のインタフェースを有するものにあっては、110Ωの負荷抵抗に対して7.2V(0－P)以下(時間軸方向における孤立パルス中央値)、EC方式(エコーキャンセラ方式)のインタフェースを有するものにあっては、135Ωの負荷抵抗に対して2.625V(0－P)以下とする

こととなっている。

　また、光伝送路インタフェースの総合デジタル通信端末は、光伝送路インタフェースを有するものにあっては、－7dBm（平均レベル）以下とすることとなっている。

アナログ電話端末等と通信する場合の送出電力

条文

第34条の6〔アナログ電話端末等と通信する場合の送出電力〕

　総合デジタル通信端末がアナログ電話端末等と通信する場合にあっては、通話の用に供する場合を除き、総合デジタル通信用設備とアナログ電話用設備との接続点においてデジタル信号をアナログ信号に変換した送出電力は、別表第5号のとおりとする。

別表第5号　インターネットプロトコル電話端末又は総合デジタル通信端末のアナログ電話端末等と通信する場合の送出電力（第32条の8、第34条の6関係）

項　　目	インターネットプロトコル電話端末又は総合デジタル通信端末のアナログ電話端末等と通信する場合の送出電力
送出電力	－3dBm（平均レベル）以下

注1　平均レベルとは、端末設備の使用状態における平均的なレベル（実効値）とする。
　2　送出電力は、端末設備又は自営電気通信設備を接続する点において2線式の接続形式を有するアナログ電話用設備とインターネットプロトコル電話用設備又は総合デジタル通信用設備との接続点において、アナログ信号を入出力とする2線式接続に変換し、平衡600オームのインピーダンスを接続して測定した値を絶対レベルで表した値とする。
　3　dBmは、絶対レベルを表す単位とする。

　総合デジタル通信端末から送出されたデジタル信号は、総合デジタル通信用設備を経由してアナログ電話用設備に伝送される。このとき、デジタル信号はアナログ信号に変換されるが、この変換されたアナログ信号のレベルが高すぎるとアナログ電話用設備に損傷を与えるおそれがある。このため、総合デジタル通信端末の送出電力は、アナログ電話用設備の入力点において平均レベルで**－3dBm以下**となるように規定されている。

模擬試験

この模擬試験は、過去に出題された問題等をもとに、実際の試験を模したものです。本試験直前の実力判定にお役立てください。

試験科目は「基礎」「技術及び理論」「法規」の3科目です。それぞれの科目の満点は100点で、実際の本試験での合格点は60点以上とされています。

電気通信技術の基礎

第1問 次の各文章の _____ 内に、それぞれの[　]の解答群の中から最も適したものを選び、その番号を記せ。 (小計20点)

(1) 図1に示す回路において、抵抗R_1の両端に加わる電圧が20ボルトのとき、抵抗R_3に流れる電流は、 (ア) アンペアである。ただし、電池の内部抵抗は無視するものとする。 (5点)

    [① 4　② 5　③ 8]

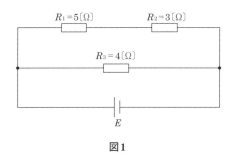

図1

(2) 図2に示す回路において、端子a－b間に12ボルトの交流電圧を加えたとき、回路に流れる全電流は、 (イ) アンペアである。 (5点)

    [① 4　② 5　③ 6]

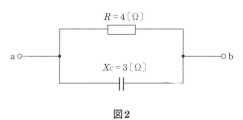

図2

(3) 平行電極板で構成されるコンデンサの静電容量を大きくするには、 (ウ) する方法がある。 (5点)

    [① 電極板の面積を小さく　　　　　② 電極板の間隔を広く
    ③ 電極板間に誘電率の大きな物質を挿入]

(4) 常温付近では金属導体の温度が上昇すると、一般にその抵抗値は (エ) 。 (5点)

    [① 変わらない　② 減少する　③ 増加する]

第2問 次の各文章の _____ 内に、それぞれの[　]の解答群の中から最も適したものを選び、その番号を記せ。 (小計20点)

(1) n形半導体において、 (ア) を生成するために加えられた5価の不純物はドナーといわれる。 (4点)

    [① 正 孔　② 価電子　③ 自由電子]

(2) 図1に示す波形の入力電圧V_Iを (イ) に示す回路に加えると、出力電圧V_Oは、図2に示すような波形となる。ただし、ダイオードは理想的な特性を持ち、$|V| > |E|$とする。　(4点)

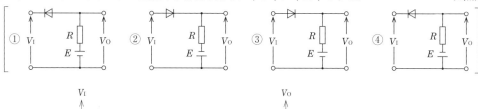

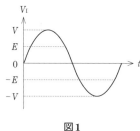

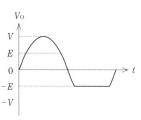

図1　　　　　　　　　　　　　　　　　図2

(3) 可変容量ダイオードは、コンデンサの働きを持つ半導体素子であり、pn接合ダイオードに加える (ウ) 電圧の大きさを変化させることにより、静電容量が変化することを利用している。　(4点)
　　[① 低周波　② 高周波　③ 逆方向　④ 順方向]

(4) トランジスタ回路のエミッタ接地方式では、入力電圧と出力電圧の位相差が (エ) 度である。(4点)
　　[① 0　② 90　③ 180]

(5) トランジスタ回路において、ベース電流が50マイクロアンペア、コレクタ電流が2.76ミリアンペア流れているとき、エミッタ電流は、 (オ) ミリアンペアとなる。　(4点)
　　[① 2.71　② 2.81　③ 3.26]

第3問　次の各文章の 　　　　　 内に、それぞれの[　　]の解答群の中から最も適したものを選び、その番号を記せ。　(小計20点)

(1) 図1、図2及び図3に示すベン図において、A、B及びCが、それぞれの円の内部を表すとき、図1、図2及び図3の斜線部分を示すそれぞれの論理式の論理積は、 (ア) と表すことができる。　(5点)
　　[① $A \cdot B \cdot C$　② $\overline{A} \cdot B \cdot \overline{C} + \overline{A} \cdot \overline{B} \cdot C$　③ $A \cdot \overline{B} \cdot \overline{C} + \overline{A} \cdot B \cdot \overline{C} + \overline{A} \cdot \overline{B} \cdot C$]

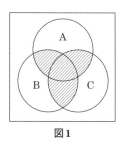

図1

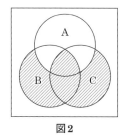

図2

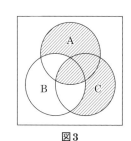

図3

(2) 表に示す2進数 X_1、X_2 について、各桁それぞれに論理積を求め2進数で表記した後、10進数に変換 (5点)
する と、　[　(イ)　] になる。

  [① 21 ② 31 ③ 52]

2進数
$X_1 = 1\ 1\ 1\ 0\ 1$
$X_2 = 1\ 0\ 1\ 1\ 1$

(3) 図4に示す論理回路において、Mの論理素子が [　(ウ)　] であるとき、入力a及びbと出力cとの関係は、
図5で示される。 (5点)

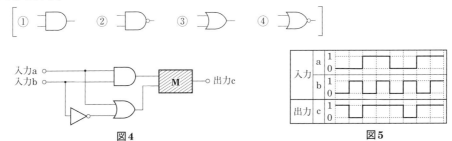

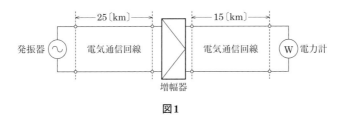

図4 　　　　　　　　　　　　　　　図5

(4) 次の論理関数Xは、ブール代数の公式等を利用して変形し、簡単にすると、 [　(エ)　] になる。 (5点)

  $X = \overline{A} + B + C + \overline{A \cdot \overline{B}}$

  [① 1 ② $\overline{A} + B + C$ ③ $\overline{A} \cdot B + C$]

第4問 次の各文章の [　　　　　] 内に、それぞれの[　]の解答群の中から最も適したものを選び、その
番号を記せ。 (小計20点)

(1) 図1において、電気通信回線への入力電力が28ミリワット、その伝送損失が1キロメートル当たり1.0
デシベル、電力計の読みが2.8ミリワットのとき、増幅器の利得は [　(ア)　] デシベルである。ただし、
入出力各部のインピーダンスは整合しているものとする。 (5点)

  [① 30 ② 40 ③ 50]

発振器 〜 ←25〔km〕→ 電気通信回線 増幅器 ←15〔km〕→ 電気通信回線 W 電力計

図1

(2) 平衡対ケーブル及び同軸ケーブルについて述べた次の二つの記述は、 [　(イ)　]。 (5点)
A 平衡対ケーブルは、一般に、伝送する信号の周波数が高くなるほど伝送損失が減少する。
B 同軸ケーブルは、外部導体の働きにより、平衡対ケーブルと比較して、比較的高い周波数において
漏話の影響を受けにくい。
  [① Aのみ正しい ② Bのみ正しい ③ AもBも正しい ④ AもBも正しくない]

(3) 図2において、電気通信回線のインピーダンスをZ_1、負荷のインピーダンスをZ_2、変成器の1次側の巻線数をn_1、2次側の巻線数をn_2とすると、$\dfrac{Z_1}{Z_2}$ = （ウ） のときにインピーダンスが整合する。ただし、変成器は理想的なものとする。 (5点)

$$\left[\quad ① \left(\frac{n_1}{n_2}\right)^2 \qquad ② \frac{n_1}{n_2} \qquad ③ \left(\frac{n_2}{n_1}\right)^2 \qquad ④ \frac{n_2}{n_1}\quad\right]$$

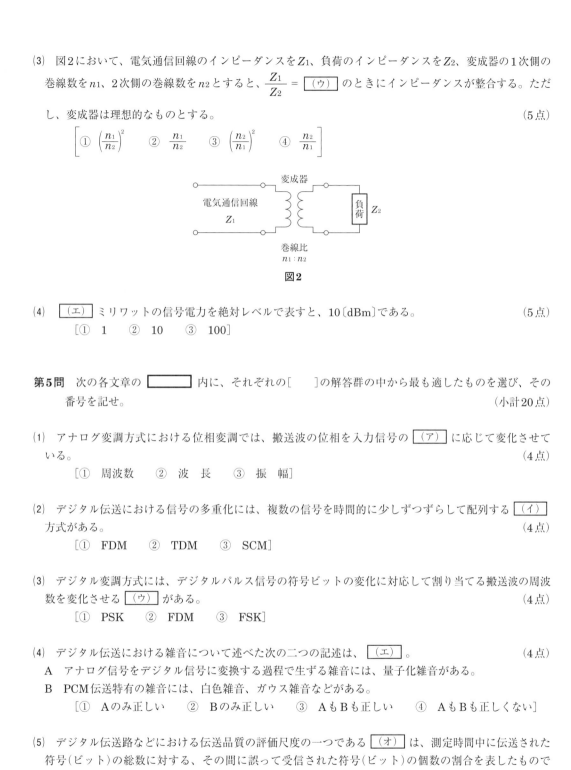

図2

(4) （エ） ミリワットの信号電力を絶対レベルで表すと、10〔dBm〕である。 (5点)

［① 1 ② 10 ③ 100］

第5問 次の各文章の ────── 内に、それぞれの［ ］の解答群の中から最も適したものを選び、その番号を記せ。 (小計20点)

(1) アナログ変調方式における位相変調では、搬送波の位相を入力信号の （ア） に応じて変化させている。 (4点)

［① 周波数 ② 波長 ③ 振幅］

(2) デジタル伝送における信号の多重化には、複数の信号を時間的に少しずつずらして配列する （イ） 方式がある。 (4点)

［① FDM ② TDM ③ SCM］

(3) デジタル変調方式には、デジタルパルス信号の符号ビットの変化に対応して割り当てる搬送波の周波数を変化させる （ウ） がある。 (4点)

［① PSK ② FDM ③ FSK］

(4) デジタル伝送における雑音について述べた次の二つの記述は、 （エ） 。 (4点)

A アナログ信号をデジタル信号に変換する過程で生ずる雑音には、量子化雑音がある。

B PCM伝送特有の雑音には、白色雑音、ガウス雑音などがある。

［① Aのみ正しい ② Bのみ正しい ③ AもBも正しい ④ AもBも正しくない］

(5) デジタル伝送路などにおける伝送品質の評価尺度の一つである （オ） は、測定時間中に伝送された符号（ビット）の総数に対する、その間に誤って受信された符号（ビット）の個数の割合を表したものである。 (4点)

［① 平均オピニオン評点（*MOS*） ② *BER* ③ *%EFS*］

端末設備の接続のための技術及び理論

第1問 次の各文章の ⬚ 内に、それぞれの[ ]の解答群の中から最も適したものを選び、その番号を記せ。 (小計25点)

(1) 端末設備と電気通信事業者の交換設備との間で用いられる加入者線信号方式において、発信端末から交換機へ送信する加入者線信号としては、 (ア) などがある。 (5点)

[① 発信音 ② 呼出音 ③ 発呼信号 ④ 呼出信号]

(2) 加入電話から加入電話への着信応答の接続動作について述べた次の二つの記述は、 (イ) 。 (5点)

A 着信側電話機が応答すると、着信側電話機内部で回路が閉じられて交流ループが形成されることにより、電気通信事業者の交換機は応答を検知する。

B 着信側電話機が応答すると、電気通信事業者の交換機は、着信側電話機に送出していた呼出信号を停止するとともに、発信側電話機に送出していた呼出音を停止する。

[① Aのみ正しい ② Bのみ正しい ③ AもBも正しい ④ AもBも正しくない]

(3) 1.9ギガヘルツ帯の周波数を用いた時分割多元接続方式による広帯域デジタルコードレス電話は、 (ウ) 方式を参考に規格化されたARIB STD－T101に準拠している。 (5点)

[① Bluetooth ② DECT ③ Wi－Fi]

(4) 図は、ファクシミリ通信における基本過程を示したものである。図中の(D)、(E)及び(F)に入るものの組合せとして正しいものは、表に示すイ～ニのうち、 (エ) である。 (5点)

[① イ ② ロ ③ ハ ④ ニ]

送信画 → (C) → 変 調 → 伝 送 → 復 調 → (F) → 受信画

(C) ← (B) 画素分解 ← (A)

(F) ← (E) ← (D) 画素組立て

	(D)	(E)	(F)
イ	同 期	走 査	記録変換
ロ	走 査	同 期	記録変換
ハ	同 期	走 査	光電変換
ニ	走 査	同 期	光電変換

(5) アナログ電話用の電気通信回線設備に接続されるデータ伝送用変復調装置には、全二重通信を実現するため、伝送周波数の帯域を分割する方式や (オ) を用いる方式のものがある。 (5点)

[① エコーキャンセラ ② 振幅分割 ③ 位相差分]

第2問 次の各文章の ⬚ 内に、それぞれの[ ]の解答群の中から最も適したものを選び、その番号を記せ。 (小計25点)

(1) ISDN基本ユーザ・網インタフェースにおいて、 (ア) 層の主な機能には、呼の設定、維持、解放、各種付加サービス要求などに対する制御機能がある。 (5点)

[① ネットワーク ② データリンク ③ 物 理]

(2)　ISDN基本ユーザ・網インタフェースについて述べた次の二つの記述は、　(イ)　。　　　　　(5点)

　A　同一インタフェース上に接続された端末は、発信する呼ごとにパケット交換か回線交換かを選択できる。

　B　同一インタフェース上に複数の端末が接続される配線構成において、複数端末間のDチャネルアクセス制御手順にはエコーチェック方式が用いられる。

　　　[①　Aのみ正しい　　②　Bのみ正しい　　③　AもBも正しい　　④　AもBも正しくない]

(3)　ISDN基本ユーザ・網インタフェースにおいて、バス配線上の伝送速度は、　(ウ)　キロビット／秒である。　　　　　(5点)

　　　[①　64　　②　128　　③　192]

(4)　ISDN基本ユーザ・網インタフェースにおいて、LAPDによる非確認形情報転送モードでは、　(エ)　は行っていない。　　　　　(5点)

　　　[①　輻輳したときのフロー制御
　　　②　非番号制(U)フレームによる制御情報の転送
　　　③　転送エラーが検出されたときのエラーフレームの廃棄]

(5)　図は、ISDN基本ユーザ・網インタフェースの回線交換呼におけるデータ転送から解放完了までの一般的な呼制御シーケンスを示したものである。図中のXは　(オ)　メッセージを示す。　　　　　(5点)

　　　[①　中　断　　②　切　断　　③　呼設定]

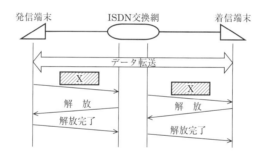

第3問　次の各文章の　　　　　　内に、それぞれの[　　]の解答群の中から最も適したものを選び、その番号を記せ。　　　　　(小計25点)

(1)　ISDN基本ユーザ・網インタフェースで使用されるDSUにおいて、S／Tポートの接続コネクタには、一般に、　(ア)　ピンのモジュラジャックが用いられている。　　　　　(5点)

　　　[①　4　　②　6　　③　8]

(2)　ISDN基本ユーザ・網インタフェースに用いられるDSUは、物理的及び電気的に網を終端する機能を持ち、一般に、加入者線区間の伝送方式に対応した　(イ)　終端回路などで構成されている。　　(5点)

　　　[①　線　路　　②　バ　ス　　③　レイヤ3]

(3)　押しボタンダイヤル式電話機などのアナログ電話端末を、ISDN基本ユーザ・網インタフェースに接続するときの接続先の装置は、　(ウ)　である。　　　　　(5点)

　　　[①　DSU　　②　端末アダプタ　　③　ケーブルモデム]

(4)　英単語をパスワードとして使用している場合、そのパスワードは、　(エ)　により悪意のある第三者に容易に探し当てられるおそれがある。　　　　　　　　　　　　　　　　　　　　　　　　　　(5点)

　　　　　　[① 辞書攻撃　　② 暗号文攻撃　　③ バッファオーバフロー]

(5)　ソーシャルエンジニアリングの一つで、ICカードによる入退出が行われているエリアへ正規に入室する人について行き不正に入室することは、一般に、　(オ)　といわれる。　　　　　　　　　　　(5点)

　　　　　　[① ショルダーハッキング　　② トラッシング　　③ ピギーバック]

第4問　次の各文章の　￣￣￣￣￣￣　内に、それぞれの[　　　]の解答群の中から最も適したものを選び、その
　　　　　番号を記せ。　　　　　　　　　　　　　　　　　　　　　　　　　　　　　　　　　(小計25点)

(1)　JIS C 0303：2000構内電気設備の配線用図記号に規定されている、電話・情報設備のうちの電話用アウトレットの図記号は、　(ア)　である。　　　　　　　　　　　　　　　　　　　　　　　(5点)

　　　[① 　② 　③]

(2)　図は2対カッド形PVC屋内線の断面を示したものである。このPVC屋内線において、心線AのPVC絶縁体の色が白であるとき、心線CのPVC絶縁体の色は、　(イ)　である。　　　　　　(5点)

　　　[① 赤　　② 青　　③ 黒]

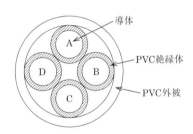

(3)　メタリック平衡対ケーブルを用いたISDN（基本インタフェース）回線の電気的特性についての電気通信事業者側から行われる試験のうち、　(ウ)　試験では、測定値が規格値（判定基準値）を超える大きい値であるとき、当該試験結果は良好であると判定される。　　　　　　　　　　　　　　　(5点)

　　　　　　[① 静電容量　　② ループ抵抗　　③ 絶縁抵抗]

(4)　ISDN基本ユーザ・網インタフェースにおいて、DSUとグループ4（G4）ファクシミリ装置を　(エ)　構成により接続する場合、DSUとG4ファクシミリ装置間の送受各1対のインタフェース線における2線間の極性は、反転してもよいとされている。　　　　　　　　　　　　　　　　　　　(5点)

　　　　　　[① 短距離受動バス　　② ポイント・ツー・ポイント　　③ ポイント・ツー・マルチポイント]

(5)　ISDN基本ユーザ・網インタフェースの配線工事において、端末装置としてアナログ電話機を取り付ける場合、DSU内蔵TAとアナログ電話機との間を　(オ)　モジュラプラグ付きの2線式電話配線コードで接続すればよい。　　　　　　　　　　　　　　　　　　　　　　　　　　　　　　　　　(5点)

　　　　　　[① RJ－11　　② RJ－45　　③ RJ－48]

端末設備の接続に関する法規

第1問 次の各文章の [＿＿＿＿] 内に、それぞれの [　　] の解答群の中から、「電気通信事業法」又は「電気通信事業法施行規則」に規定する内容に照らして最も適したものを選び、その番号を記せ。

(小計25点)

(1) 電気通信事業法又は電気通信事業法施行規則に規定する用語について述べた次の文章のうち、誤っているものは、 (ア) である。 (5点)

> ① 電気通信設備とは、電気通信を行うための機械、器具、線路その他の電気的設備をいう。
> ② データ伝送役務とは、専ら符号又は影像を伝送交換するための電気通信設備を他人の通信の用に供する電気通信役務をいう。
> ③ 電気通信業務とは、電気通信事業者の行う端末系伝送路設備の接続の業務をいう。

(2) 電気通信事業法は、電気通信事業の公共性にかんがみ、その運営を (イ) なものとするとともに、その公正な競争を促進することにより、電気通信役務の円滑な提供を確保するとともにその利用者の利益を保護し、もって電気通信の健全な発達及び国民の利便の確保を図り、公共の福祉を増進することを目的とする。 (5点)

> [① 適正かつ合理的　② 安定かつ長期的　③ 公平かつ安定的]

(3) 電気通信事業法に規定する「工事担任者資格者証」について述べた次の二つの文章は、 (ウ) 。 (5点)
A　総務大臣は、電気通信事業法の規定により工事担任者資格者証の返納を命ぜられ、その日から1年を経過しない者に対しては、工事担任者資格者証の交付を行わないことができる。
B　総務大臣は、工事担任者資格者証の交付を受けようとする者の養成課程で、総務大臣が総務省令で定める基準に適合するものであることの認定をしたものを受講した者に対し、工事担任者資格者証を交付する。

> [① Aのみ正しい　② Bのみ正しい　③ AもBも正しい　④ AもBも正しくない]

(4) 自営電気通信設備とは、電気通信事業者以外の者が設置する電気通信設備であって、 (エ) 設備以外のものをいう。 (5点)

> [① 伝　送　② 端　末　③ 交　換]

(5) 電気通信事業者は、利用者から端末設備をその電気通信回線設備（その損壊又は故障等による利用者の利益に及ぼす影響が軽微なものとして総務省令で定めるものを除く。）に接続すべき旨の請求を受けたときは、その接続が総務省令で定める (オ) に適合しない場合その他総務省令で定める場合を除き、その請求を拒むことができない。 (5点)

> [① 管理規程　② 技術基準　③ 検査規格]

第2問 次の各文章の _____ 内に、それぞれの[ ]の解答群の中から、「工事担任者規則」、「端末機器の技術基準適合認定等に関する規則」、「有線電気通信法」、「有線電気通信設備令」又は「不正アクセス行為の禁止等に関する法律」に規定する内容に照らして最も適したものを選び、その番号を記せ。 (小計25点)

(1) 工事担任者規則に規定する「資格者証の種類及び工事の範囲」について述べた次の文章のうち、<u>誤っているもの</u>は、 (ア) である。 (5点)

　　　① 第一級アナログ通信工事担任者は、アナログ伝送路設備に端末設備等を接続するための工事及び総合デジタル通信用設備に端末設備等を接続するための工事を行い、又は監督することができる。

　　　② 第二級アナログ通信工事担任者は、アナログ伝送路設備に端末設備を接続するための工事のうち、端末設備に収容される電気通信回線の数が1のものに限る工事を行い、又は監督することができる。また、総合デジタル通信用設備に端末設備を接続するための工事のうち、総合デジタル通信回線の数が毎秒64キロビット換算で1のものに限る工事を行い、又は監督することができる。

　　　③ 第二級デジタル通信工事担任者は、デジタル伝送路設備に端末設備等を接続するための工事のうち、接続点におけるデジタル信号の入出力速度が毎秒1ギガビット以下であって、主としてインターネットに接続するための回線に係るものに限る工事を行い、又は監督することができる。ただし、総合デジタル通信用設備に端末設備等を接続するための工事を除く。

(2) 端末機器の技術基準適合認定等に関する規則において、 (イ) に接続される端末機器に表示される技術基準適合認定番号の最初の文字は、Aと規定されている。 (5点)

　　　[① 専用通信回線設備　　② 総合デジタル通信用設備　　③ アナログ電話用設備]

(3) 総務大臣は、有線電気通信法の施行に必要な限度において、有線電気通信設備を (ウ) からその設備に関する報告を徴し、又はその職員に、その事務所、営業所、工場若しくは事業場に立ち入り、その設備若しくは帳簿書類を検査させることができる。 (5点)

　　　[① 設置した者　　② 管理する者　　③ 運用する者]

(4) 有線電気通信設備令に規定する用語について述べた次の文章のうち、正しいものは、 (エ) である。 (5点)

　　　① 絶縁電線とは、絶縁物及び保護物で被覆されている電線をいう。
　　　② 支持物とは、電柱、支線、つり線その他電線又は強電流電線を支持するための工作物をいう。
　　　③ 線路とは、送信の場所と受信の場所との間に設置されている電線及びこれに係る中継器その他の機器をいい、これらを支持し、又は保蔵するための工作物を除く。

(5) 不正アクセス行為の禁止等に関する法律は、不正アクセス行為を禁止するとともに、これについての罰則及びその (オ) のための都道府県公安委員会による援助措置等を定めることにより、電気通信回線を通じて行われる電子計算機に係る犯罪の防止及びアクセス制御機能により実現される電気通信に関する秩序の維持を図り、もって高度情報通信社会の健全な発展に寄与することを目的とする。 (5点)

　　　[① 適正な運営　　② 秘密の漏えいの防止　　③ 再発防止]

第3問 次の各文章の 　　　　　 内に、それぞれの[　　]の解答群の中から、「端末設備等規則」に規定する内容に照らして最も適したものを選び、その番号を記せ。 (小計25点)

(1) 用語について述べた次の文章のうち、<u>誤っているもの</u>は、 (ア) である。 (5点)

〔① 移動電話用設備とは、電話用設備であって、電気通信事業者の無線呼出用設備に接続し、その端末設備内において電波を使用するものをいう。

② 総合デジタル通信端末とは、端末設備であって、総合デジタル通信用設備に接続されるものをいう。

③ アナログ電話用設備とは、電話用設備であって、端末設備又は自営電気通信設備を接続する点においてアナログ信号を入出力とするものをいう。〕

(2) 利用者の接続する端末設備は、事業用電気通信設備との責任の分界を明確にするため、事業用電気通信設備との間に分界点を有しなければならない。分界点における接続の方式は、端末設備を (イ) ごとに事業用電気通信設備から容易に切り離せるものでなければならない。 (5点)

〔① 電気通信回線 ② 自営電気通信設備 ③ 配線設備〕

(3) 端末設備の安全性等について述べた次の二つの文章は、 (ウ) 。 (5点)

A 端末設備は、事業用電気通信設備から漏えいする通信の内容を意図的に識別する機能を有してはならない。

B 端末設備は、事業用電気通信設備との間で鳴音(電気的又は音響的結合により生ずる発振状態をいう。)を発生することを防止するために総務大臣が別に告示する条件を満たすものでなければならない。

〔① Aのみ正しい ② Bのみ正しい ③ AもBも正しい ④ AもBも正しくない〕

(4) 「絶縁抵抗等」において、端末設備の機器は、その電源回路と筐体及びその電源回路と事業用電気通信設備との間において、使用電圧が300ボルト以下の場合にあっては、 (エ) メガオーム以上の絶縁抵抗を有しなければならないと規定されている。 (5点)

〔① 0.1 ② 0.2 ③ 0.4〕

(5) 「端末設備内において電波を使用する端末設備」について述べた次の文章のうち、<u>誤っているもの</u>は、 (オ) である。 (5点)

〔① 総務大臣が別に告示する条件に適合する識別符号(端末設備に使用される無線設備を識別するための符号であって、通信路の設定に当たってその照合が行われるものをいう。)を有すること。

② 使用する電波の周波数が空き状態であるかどうかについて、総務大臣が別に告示するところにより判定を行い、空き状態である場合にのみ直流回路を開くものであること。ただし、総務大臣が別に告示するものについては、この限りでない。

③ 使用される無線設備は、一の筐体に収められており、かつ、容易に開けることができないこと。ただし、総務大臣が別に告示するものについては、この限りでない。〕

第4問　次の各文章の　□□□□□□　内に、それぞれの［　　］の解答群の中から、「端末設備等規則」に規定する内容に照らして最も適したものを選び、その番号を記せ。　　　　　　　　　　　　　　（小計25点）

(1)　アナログ電話端末の「発信の機能」について述べた次の文章のうち、<u>誤っているもの</u>は、　(ア)　である。
　　　（5点）

　　　① アナログ電話端末は、自動的に選択信号を送出する場合にあっては、直流回路を閉じてから3秒以上経過後に選択信号の送出を開始するものでなければならない。ただし、電気通信回線からの発信音又はこれに相当する可聴音を確認した後に選択信号を送出する場合にあっては、この限りでない。
　　　② アナログ電話端末は、自動再発信（応答のない相手に対し引き続いて繰り返し自動的に行う発信をいう。以下同じ。）を行う場合（自動再発信の回数が15回以内の場合を除く。）にあっては、その回数は最初の発信から3分間に2回以内でなければならない。この場合において、最初の発信から3分を超えて行われる発信は、別の発信とみなす。
　　　　なお、この規定は、火災、盗難その他の非常の場合にあっては、適用しない。
　　　③ アナログ電話端末は、発信に際して相手の端末設備からの応答を自動的に確認する場合にあっては、電気通信回線からの応答が確認できない場合選択信号送出終了後1分以内に直流回路を閉じるものでなければならない。

(2)　アナログ電話端末の「選択信号の条件」における押しボタンダイヤル信号の低群周波数は、　(イ)　までの範囲内における特定の四つの周波数で規定されている。　　　　　　　　　　　　　　　　　　　　（5点）
　　　　　① 300ヘルツから700ヘルツ
　　　　　② 600ヘルツから1,000ヘルツ
　　　　　③ 900ヘルツから1,300ヘルツ

(3)　アナログ電話端末の「直流回路の電気的条件等」について述べた次の文章のうち、正しいものは、　(ウ)　である。　　（5点）
　　　① 直流回路を開いているときのアナログ電話端末の直流回路の直流抵抗値は、4メガオーム以上でなければならない。
　　　② 直流回路を開いているときのアナログ電話端末の直流回路と大地の間の絶縁抵抗は、直流200ボルト以上の一の電圧で測定した値で1メガオーム以上でなければならない。
　　　③ 直流回路を開いているときの呼出信号受信時における直流回路の静電容量は、3マイクロファラド以下であり、インピーダンスは、75ボルト、16ヘルツの交流に対して1キロオーム以上でなければならない。

(4)　移動電話端末の「基本的機能」について述べた次の二つの文章は、　(エ)　。　　　　　　　　　（5点）
　A　応答を行う場合にあっては、応答を要求する信号を送出するものであること。
　B　通信を終了する場合にあっては、チャネル（通話チャネル及び制御チャネルをいう。）を切断する信号を送出するものであること。
　　　　　［① Aのみ正しい　　② Bのみ正しい　　③ AもBも正しい　　④ AもBも正しくない］

(5)　総合デジタル通信端末は、電気通信回線に対して　(オ)　の電圧を加えるものであってはならない。
　　（5点）
　　　　　［① 高周波の交流　　② 音声周波の交流　　③ 直　流］

電気通信技術の基礎

第1問 次の各文章の _____ 内に、それぞれの[　　]の解答群の中から最も適したものを選び、その番号を記せ。 (小計20点)

(1) 図1に示す回路において、端子a－b間の合成抵抗は、(ア) オームである。 (5点)

[① 4　② 5　③ 6]

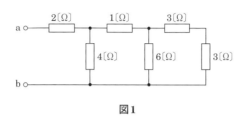

図1

(2) 図2に示す回路において、端子a－b間の合成インピーダンスは、(イ) オームである。 (5点)

[① 6　② 15　③ 21]

図2

(3) 二つの帯電体がそれぞれQクーロンの電荷を持ち、その間隔がrメートルのとき、二つの帯電体の間に働く力は、(ウ) に反比例する。 (5点)

[① Q　② Q^2　③ r　④ r^2]

(4) 断面が円形の導線の長さを16倍にしたとき、導線の直流抵抗値を変化させないようにするためには、導線の直径を (エ) 倍にすればよい。 (5点)

$$\left[① \ \frac{1}{4} \quad ② \ 4 \quad ③ \ 8 \right]$$

第2問 次の各文章の _____ 内に、それぞれの[　　]の解答群の中から最も適したものを選び、その番号を記せ。 (小計20点)

(1) 電子デバイスに使われている半導体には、p形とn形がある。p形半導体で、通電時に電荷を運ぶ主なものは (ア) である。 (4点)

[① 正　孔　② 電　子　③ イオン]

(2) 図に示すトランジスタスイッチング回路において、I_Bを十分大きくすると、トランジスタの動作は
　　 (イ) 領域に入り、出力電力V_Oは、ほぼゼロとなる。このようなトランジスタの状態は、スイッチ
　　がオンの状態と対応させることができる。 (4点)

　　　　　　　　[① 遮　断　　② 飽　和　　③ 降　伏]

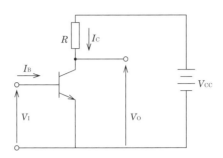

(3) ホトダイオードは、pn接合ダイオードに光を照射すると光の強さに応じた電流が流れる現象である
　　 (ウ) 効果を利用して、光信号を電気信号に変換する機能を持つ半導体素子である。 (4点)

　　　　　　　　[① 光　電　　② ミラー　　③ 圧　電]

(4) トランジスタの動作点の設定を行うために必要な (エ) を供給するための回路は、バイアス回路と
　　いわれる。 (4点)

　　　　　　　　[① 交流電流　　② 直流電流　　③ 入力信号]

(5) 半導体の集積回路(IC)は、回路に用いられるトランジスタの動作原理から、バイポーラ型とユニポー
　　ラ型に大別され、ユニポーラ型のICの代表的なものに (オ) ICがある。 (4点)

　　　　　　　　[① MOS型　　② アナログ　　③ プレーナ型]

第3問 次の各文章の □□□□□ 内に、それぞれの[　　]の解答群の中から最も適したものを選び、その
　　　　 番号を記せ。 (小計20点)

(1) 図1、図2及び図3に示すベン図において、A、B及びCが、それぞれの円の内部を表すとき、斜線部
　　分を論理式がA・B＋A・Cと表すことができるベン図は、 (ア) である。 (5点)

　　　　　　　　[① 図1　　② 図2　　③ 図3]

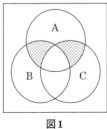
図1

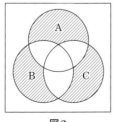
図2

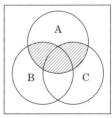
図3

(2) 表は、2入力の論理回路における入力論理レベルA及びBと出力論理レベルCとの関係を表した真理値表を示したものである。この論理回路の論理式が、C ＝ $\overline{(A＋B)}$ ＋ A・Bで表されるとき、出力論理レベルCは、表の出力論理レベルのうちの ［（イ）］ である。 (5点)

  ［① C1 ② C2 ③ C3］

入力論理レベル		出力論理レベル		
A	B	C1	C2	C3
0	0	0	1	1
0	1	1	0	1
1	0	1	0	1
1	1	0	1	0

(3) 図4に示す論理回路において、Mの論理素子が ［（ウ）］ であるとき、入力a及びbと出力cとの関係は、図5で示される。 (5点)

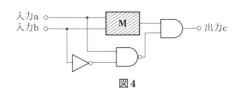

図4

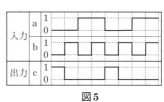

図5

(4) 次の論理関数Xは、ブール代数の公式等を利用して変形し、簡単にすると、 ［（エ）］ になる。 (5点)

  X ＝ $\overline{A＋B}$ ＋ $\overline{A＋\overline{C}}$ ＋ $(\overline{A}＋\overline{B})$ ＋ $(\overline{A}＋C)$

  ［① 1 ② $\overline{B}＋C$ ③ $\overline{A}＋\overline{B}＋C$］

第4問 次の各文章の ［＿＿＿＿＿＿］ 内に、それぞれの［ ］の解答群の中から最も適したものを選び、その番号を記せ。 (小計20点)

(1) 図において、電気通信回線への入力電力が65ミリワット、その伝送損失が1キロメートル当たり1.5デシベル、増幅器の利得が50デシベルのとき、電力計の読みは ［（ア）］ ミリワットである。ただし、入出力各部のインピーダンスは整合しているものとする。 (5点)

  ［① 6.5 ② 65 ③ 650］

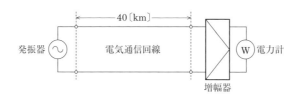

(2) 誘導回線の信号が被誘導回線に現れる漏話のうち、誘導回線の信号の伝送方向を正の方向とし、その反対方向を負の方向とすると、正の方向に現れるものは、 (イ) 漏話といわれる。 (5点)

  [① 直 接 ② 間 接 ③ 近 端 ④ 遠 端]

(3) 特性インピーダンスの異なる通信線路を接続して音声周波数帯域の信号を伝送するとき、その接続点における電圧及び電流のどちらにも (ウ) 現象が生ずる。 (5点)

  [① 放 射 ② 共 振 ③ 反 射]

(4) 信号電力を10ワット、雑音電力を1ワットとすると、信号電力対雑音電力比は、 (エ) デシベルである。 (5点)

  [① −20 ② −10 ③ 10 ④ 20]

第5問 次の各文章の   内に、それぞれの[ ]の解答群の中から最も適したものを選び、その番号を記せ。 (小計20点)

(1) 搬送波として連続する方形パルスを使用し、入力信号の振幅に対応して方形パルスの (ア) を変化させる変調方式は、PWM（Pulse Width Modulation）といわれる。 (4点)

  [① 位 置 ② 位 相 ③ 幅]

(2) 光ファイバ通信における光変調方式の一つである外部変調方式では、光を透過する媒体の屈折率や吸収係数などを変化させることにより、光の属性である (イ) 、周波数、位相などを変化させている。 (4点)

  [① 速 度 ② 強 度 ③ 利 得]

(3) デジタル信号の伝送において、ハミング符号や (ウ) 符号は、伝送路などで生じたビット誤りの検出や訂正のための符号として利用されている。 (4点)

  [① CRC ② AMI ③ B8ZS]

(4) フィルタについて述べた次の二つの記述は、 (エ) 。 (4点)

 A ある周波数以下の周波数の信号を通過させ、その他の周波数の信号に対しては大きな減衰を与えるフィルタは、低域通過フィルタといわれる。

 B ある周波数範囲の周波数の信号のみを通過させ、その他の周波数の信号に対しては大きな減衰を与えるフィルタは、帯域通過フィルタといわれる。

  [① Aのみ正しい ② Bのみ正しい ③ AもBも正しい ④ AもBも正しくない]

(5) 石英系光ファイバには、シングルモード光ファイバとマルチモード光ファイバがあり、一般に、シングルモード光ファイバのコア径はマルチモード光ファイバのコア径と (オ) 。 (4点)

  [① 比較して小さい ② 同じである ③ 比較して大きい]

端末設備の接続のための技術及び理論

第1問 次の各文章の 内に、それぞれの[ ]の解答群の中から最も適したものを選び、その
番号を記せ。 (小計25点)

(1) 公衆交換電話網（PSTN）で用いられるファクシミリ装置などの停電時における利用について述べた次
の二つの記述は、 (ア) 。 (5点)
A グループ3（G3）ファクシミリ装置では、一般に、停電時において、ファクシミリの送信機能は利用
できないが、ファクシミリの受信機能は利用可能である。
B 商用電源を用いた電話機のうち、平常時に電話機の電源コードを抜いた状態で発信音が聴取できる
電話機には停電時でもダイヤル発信が可能なものがある。
[① Aのみ正しい ② Bのみ正しい ③ AもBも正しい ④ AもBも正しくない]

(2) 電話機と交換機との間の加入者線信号方式において、アナログ電話端末の発信時、送受器でダイヤル
トーンを聴取できた場合、発信者は、交換機が (イ) の状態であることを判断できる。 (5点)
[① 選択信号受信準備完了 ② 発呼検出中 ③ 通信相手呼出中]

(3) 押しボタンダイヤル式電話機において、専用のボタンなどにあらかじめ特定の相手の電話番号を登録
し、その特定の相手に接続するときに、登録したボタンのみを押すだけでダイヤルができる機能は、一
般に、 (ウ) ダイヤルといわれる。 (5点)
[① 短 縮 ② オンフック ③ ワンタッチ]

(4) ファクシミリにおける同期とは、送信原稿上の画素の位置と受信用記録紙上の画素の位置とを一致さ
せることであり、その一つに、走査の (エ) を一致させる位相同期がある。 (5点)
[① 振 幅 ② 開始点 ③ 回 数]

(5) 図に示す非同期式変復調装置のブロック図において、リミッタは、受信したアナログ信号の一定
(オ) 以上の部分を取り除いている。 (5点)
[① 周 期 ② 周波数 ③ レベル]

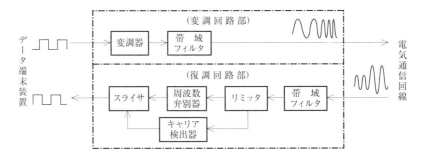

第2問 次の各文章の 内に、それぞれの[ ]の解答群の中から最も適したものを選び、その
番号を記せ。 (小計25点)

(1) ISDN基本ユーザ・網インタフェースにおける機能群は、NT1、NT2、TA、TE1及びTE2から構成
され、 (ア) は、NT2の機能を有している。 (5点)
[① G4FAX ② PBX ③ スプリッタ]

281

(2)　ISDN基本ユーザ・網インタフェースにおけるレイヤ3の呼設定メッセージでは、　(イ)　の指定を
　　行っている。　　　　　　　　　　　　　　　　　　　　　　　　　　　　　　　　　　　　（5点）
　　　　［①　回線交換かパケット交換か　　　　　　　　　　②　フロー制御を行うか行わないか
　　　　　③　コネクション型通信かコネクションレス型通信か　　　　　　　　　　　　　　　　　　］

(3)　ISDN基本ユーザ・網インタフェースのレイヤ1の規定について述べた次の記述のうち、<u>誤っている</u>
　　<u>もの</u>は、　(ウ)　である。　　　　　　　　　　　　　　　　　　　　　　　　　　　（5点）
　　　　［①　NTとTE間におけるデータ信号の伝送ビットレートは、上り下り方向とも192キロビット
　　　　　　／秒である。
　　　　　②　NTからTE及びTEからNTに伝送されるフレームの周期は、125マイクロ秒である。
　　　　　③　NTとTE間のデータ伝送単位であるフレームは、各チャネルの情報ビット、制御用ビット
　　　　　　などを合わせた48ビットで構成されている。　　　　　　　　　　　　　　　　　　　］

(4)　ISDN基本ユーザ・網インタフェースにおいて、LAPDによる　(エ)　フレームの転送は非確認形情
　　報転送モードで行われる。　　　　　　　　　　　　　　　　　　　　　　　　　　　　　　（5点）
　　　　［①　非番号制情報(UI)　　②　制御情報交換　　③　監　視］

(5)　図は、ISDN基本ユーザ・網インタフェースの回線交換呼における呼設定からデータ転送までの一般
　　的な呼制御シーケンスを示したものである。図中のXは　(オ)　メッセージを示す。　　　（5点）
　　　　［①　接　続　　②　選　択　　③　呼　出］

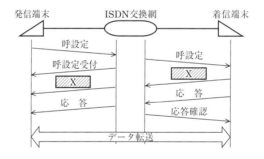

第3問　次の各文章の　□□□□□□□　内に、それぞれの［　　　］の解答群の中から最も適したものを選び、その
　　　　番号を記せ。　　　　　　　　　　　　　　　　　　　　　　　　　　　　　　　　（小計25点）

(1)　ISDN基本アクセスメタリック加入者線伝送方式で用いられるDSUでは、一般に規格が　(ア)　のモ
　　ジュラジャックをU点又はLI点といわれる参照点に相当する端子として用いている。　　（5点）
　　　　［①　RJ－48　　②　RJ－45　　③　RJ－11］

(2)　ISDN基本ユーザ・網インタフェースのレイヤ1における電気的条件では、DSUからISDN端末側へ
　　の制限給電状態における最大給電出力は、　(イ)　と規定されている。　　　　　　　　　（5点）
　　　　［①　420ミリワット　　②　15.4ワット　　③　34.2ワット］

(3)　ISDN基本ユーザ・網インタフェースにおいて使用される端末アダプタには、Bチャネルを2本束ねて、
　　128キロビット／秒の通信速度を実現する　(ウ)　通信といわれる機能をサポートするものがある。（5点）
　　　　［①　全二重　　②　MP　　③　半二重］

(4) データベースに連動したWebサイトに入力するデータの中に悪意のあるコマンドを混入することにより、Webサイト運営者が意図していない処理を発生させ、データベースからの情報漏洩やデータの改ざんを引き起こす攻撃は、　(エ)　といわれる。　(5点)

　　　　① セッションハイジャック　　② クロスサイトスクリプティング
　　　　③ SQLインジェクション

(5) コンピュータウイルスを検出するため、コンピュータウイルス対策ソフトウェアで用いられているデータベースファイルは、一般に、　(オ)　ファイルといわれる。　(5点)

　　　　① ウイルス定義　　② マスタ　　③ ログ

第4問　次の各文章の　＿＿＿＿　内に、それぞれの［　　］の解答群の中から最も適したものを選び、その番号を記せ。　(小計25点)

(1) 電気通信事業者が設置した交換機側から行われる各種試験のうち、アナログ加入者線の　(ア)　試験は、アナログ電話端末の送受器を上げた(オフフック)状態で行う必要がある。　(5点)

　　　　［① 直流ループ抵抗　　② 絶縁抵抗　　③ 静電容量］

(2) デジタル式テスタを用いて抵抗を測定する際、その値がどの程度の大きさか未知の場合であっても、測定値の大きさに応じて自動的に最適な測定範囲に切り替わる　(イ)　機能により、適正な精度で測定することができる。　(5点)

　　　　［① オートレンジ　　② リラティブ測定　　③ データホールド］

(3) ISDN(基本インタフェース)回線に接続して、端末機器としてアナログ電話機を使用し、かつ、アナログ電話機を鳴動させることなく、ガスメータ、水道メータなどを遠隔検針するためのノーリンギング通信サービスを利用する場合の配線形態として正しいものは、図1〜図3のうち、　(ウ)　である。　(5点)

　　　　［① 図1　　② 図2　　③ 図3］

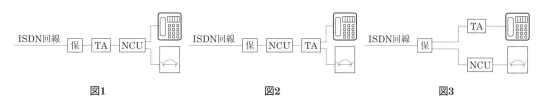

図1　　　　　　　　　　**図2**　　　　　　　　　　**図3**

(凡例)　保：保安器　　NCU：アナログ用網制御装置　　🖵：アナログ電話機　　🔲：メータ　　TA：DSU内蔵ターミナルアダプタ

(4) ISDN基本ユーザ・網インタフェースにおけるポイント・ツー・ポイント構成では、商用電源が停止しても基本電話サービスを維持するために、DSUとISDN端末装置間のT線及びR線を用いた　(エ)　モードの給電により、ISDN端末装置へ給電する方法がある。　(5点)

　　　　［① コモン　　② ファントム　　③ ノーマル］

(5) ISDN基本ユーザ・網インタフェースにおいて、ポイント・ツー・ポイント構成の場合、配線ケーブルに接続されているジャックとISDN標準端末との間に使用できる延長接続コードは、最長　(オ)　メートルである。　(5点)

　　　　［① 5　　② 15　　③ 25］

端末設備の接続に関する法規

第1問 次の各文章の _____ 内に、それぞれの [   ] の解答群の中から、「電気通信事業法」又は「電気通信事業法施行規則」に規定する内容に照らして最も適したものを選び、その番号を記せ。

(小計25点)

(1) 電気通信事業法又は電気通信事業法施行規則に規定する用語について述べた次の文章のうち、<u>誤っているもの</u>は、 <u>(ア)</u> である。 (5点)

> ① 電気通信事業とは、電気通信役務を他人の需要に応ずるために提供する事業(放送法に規定する放送局設備供給役務に係る事業を除く。)をいう。
>
> ② 端末設備とは、電気通信回線設備の一端に接続される電気通信設備であって、一の部分の設置の場所が他の部分の設置の場所と同一の構内(これに準ずる区域内を含む。)又は同一の建物内であるものをいう。
>
> ③ 音声伝送役務とは、おおむね4キロヘルツ帯域の音声その他の音響を伝送交換する機能を有する電気通信設備を他人の通信の用に供する電気通信役務であって専用役務以外のものをいう。

(2) 総務大臣は、電気通信事業者が特定の者に対し不当な差別的取扱いを行っていると認めるときは、当該電気通信事業者に対し、 <u>(イ)</u> 又は公共の利益を確保するために必要な限度において、業務の方法の改善その他の措置をとるべきことを命ずることができる。 (5点)

[① 通信の秘密　② 利用者の利益　③ 公衆の利便]

(3) 電気通信事業法に規定する「検閲の禁止」及び「秘密の保護」について述べた次の二つの文章は、 <u>(ウ)</u> 。 (5点)

A 電気通信事業者の取扱中に係る通信は、検閲してはならない。

B 電気通信事業に従事する者は、在職中電気通信事業者の取扱中に係る通信に関して知り得た他人の秘密を守らなければならない。その職を退いた後においても、同様とする。

[① Aのみ正しい　② Bのみ正しい　③ AもBも正しい　④ AもBも正しくない]

(4) 登録認定機関による技術基準適合認定を受けた端末機器であって電気通信事業法の規定により表示が付されているものが総務省令で定める技術基準に適合していない場合において、総務大臣が電気通信回線設備を利用する他の利用者の <u>(エ)</u> の発生を防止するため特に必要があると認めるときは、当該端末機器は、同法の規定による表示が付されていないものとみなす。 (5点)

[① 通信への妨害　② 電気通信設備への損傷　③ 端末設備との間で鳴音]

(5) 利用者は、端末設備又は <u>(オ)</u> 設備を接続するときは、工事担任者資格者証の交付を受けている者に、当該工事担任者資格者証の種類に応じ、これに係る工事を行わせ、又は実地に監督させなければならない。ただし、総務省令で定める場合は、この限りでない。 (5点)

[① 専用通信回線　② 自営電気通信　③ 事業用電気通信]

第2問 次の各文章の 内に、それぞれの[ ]の解答群の中から、「工事担任者規則」、「端末機器の技術基準適合認定等に関する規則」、「有線電気通信法」、「有線電気通信設備令」又は「不正アクセス行為の禁止等に関する法律」に規定する内容に照らして最も適したものを選び、その番号を記せ。 (小計25点)

(1) 工事担任者規則に規定する「資格者証の種類及び工事の範囲」について述べた次の二つの文章は、 (ア) 。 (5点)

A 第二級アナログ通信工事担任者は、アナログ伝送路設備に端末設備を接続するための工事のうち、端末設備に収容される電気通信回線の数が1のものに限る工事を行い、又は監督することができる。また、総合デジタル通信用設備に端末設備を接続するための工事のうち、総合デジタル通信回線の数が基本インタフェースで1のものに限る工事を行い、又は監督することができる。

B 第二級デジタル通信工事担任者は、デジタル伝送路設備に端末設備等を接続するための工事のうち、接続点におけるデジタル信号の入出力速度が毎秒1ギガビット以下であって、主としてインターネットに接続するための回線に係るものに限る工事を行い、又は監督することができる。ただし、総合デジタル通信用設備に端末設備等を接続するための工事を除く。

[① Aのみ正しい ② Bのみ正しい ③ AもBも正しい ④ AもBも正しくない]

(2) 端末機器の技術基準適合認定等に関する規則において、 (イ) に接続される端末機器に表示される技術基準適合認定番号の最初の文字は、Cと規定されている。 (5点)

[① 総合デジタル通信用設備 ② インターネットプロトコル電話用設備
③ デジタルデータ伝送用設備]

(3) 有線電気通信法の「技術基準」において、有線電気通信設備(政令で定めるものを除く。)の技術基準により確保されるべき事項の一つとして、有線電気通信設備は、人体に危害を及ぼし、又は (ウ) ようにすることが規定されている。 (5点)

[① 物件に損傷を与えない ② 通信の秘密を隠さない ③ 利用者の利益を阻害しない]

(4) 有線電気通信設備令に規定する用語について述べた次の文章のうち、誤っているものは、 (エ) である。 (5点)

[① 絶縁電線とは、絶縁物のみで被覆されている電線をいう。
② ケーブルとは、光ファイバ並びに光ファイバ以外の絶縁物及び保護物で被覆されている電線をいう。
③ 高周波とは、周波数が4,500ヘルツを超える電磁波をいう。]

(5) 不正アクセス行為の禁止等に関する法律において、アクセス管理者とは、電気通信回線に接続している電子計算機(以下「特定電子計算機」という。)の利用(当該電気通信回線を通じて行うものに限る。)につき当該特定電子計算機の (オ) する者をいう。 (5点)

[① 利用を監視 ② 動作を管理 ③ 接続を制限]

第3問　次の各文章の _____ 内に、それぞれの[　　]の解答群の中から、「端末設備等規則」に規定する内容に照らして最も適したものを選び、その番号を記せ。　　　　　　　　　　（小計25点）

(1) 用語について述べた次の文章のうち、誤っているものは、 (ア) である。　　　　　　　　（5点）

　　　① 移動電話端末とは、端末設備であって、移動電話用設備（インターネットプロトコル移動電話用設備を除く。）に接続されるものをいう。
　　　② アナログ電話端末とは、端末設備であって、アナログ電話用設備に接続される点においてプラグジャック方式の接続形式で接続されるものをいう。
　　　③ 応答とは、電気通信回線からの呼出しに応ずるための動作をいう。

(2) 絶対レベルとは、一の (イ) の1ミリワットに対する比をデシベルで表したものをいう。　　（5点）
　　　［① 皮相電力　　② 有効電力　　③ 実効電力］

(3) 責任の分界又は安全性等について述べた次の文章のうち、誤っているものは、 (ウ) である。（5点）

　　　① 利用者の接続する端末設備は、事業用電気通信設備との責任の分界を明確にするため、事業用電気通信設備との間に分界点を有しなければならない。
　　　② 通話機能を有する端末設備は、通話中に受話器から過大な音響衝撃が発生することを防止する機能を備えなければならない。
　　　③ 利用者が端末設備を事業用電気通信設備に接続する際に使用する線路及び保安器その他の機器の電線相互間及び電線と大地間の絶縁抵抗は、直流200ボルト以上の一の電圧で測定した値で0.4メガオーム以上でなければならない。

(4) 安全性等について述べた次の二つの文章は、 (エ) 。　　　　　　　　　　　　　　　　（5点）
　A 端末設備の機器は、その電源回路と筐体及びその電源回路と事業用電気通信設備との間において、使用電圧が750ボルトを超える直流及び600ボルトを超える交流の場合にあっては、その使用電圧の1.5倍の電圧を連続して10分間加えたときこれに耐える絶縁耐力を有しなければならない。
　B 端末設備は、事業用電気通信設備から漏えいする通信の内容を消去する機能を有しなければならない。

　　　　［① Aのみ正しい　　② Bのみ正しい　　③ AもBも正しい　　④ AもBも正しくない］

(5) 「配線設備等」において、利用者が端末設備を事業用電気通信設備に接続する際に使用する線路及び保安器その他の機器の評価雑音電力は、絶対レベルで表した値で (オ) においてマイナス64デシベル以下であり、かつ、最大時においてマイナス58デシベル以下でなければならないと規定されている。
　　　（5点）

　　　　［① 無信号時　　② 定常時　　③ 最小時］

第4問 次の各文章の _____ 内に、それぞれの[　　]の解答群の中から、「端末設備等規則」に規定する内容に照らして最も適したものを選び、その番号を記せ。　　　　　　　　　　　　　　　　(小計25点)

(1) アナログ電話端末の「基本的機能」、「漏話減衰量」又は「緊急通報機能」について述べた次の文章のうち、誤っているものは、 (ア) である。　　　　　　　　　　　　　　　　　　　　　　　　　(5点)

① アナログ電話端末の直流回路は、発信又は応答を行うとき閉じ、通信が終了したとき開くものでなければならない。

② 複数の電気通信回線と接続されるアナログ電話端末の回線相互間の漏話減衰量は、1,500ヘルツにおいて50デシベル以上でなければならない。

③ アナログ電話端末であって、通話の用に供するものは、電気通信番号規則に掲げる緊急通報番号を使用した警察機関、海上保安機関又は消防機関への通報を発信する機能を備えなければならない。

(2) アナログ電話端末は、自動的に選択信号を送出する場合にあっては、直流回路を閉じてから (イ) 秒以上経過後に選択信号の送出を開始するものでなければならない。ただし、電気通信回線からの発信音又はこれに相当する可聴音を確認した後に選択信号を送出する場合にあっては、この限りでない。(5点)

[① 1　② 2　③ 3]

(3) アナログ電話端末の「選択信号の条件」における押しボタンダイヤル信号について述べた次の文章のうち、正しいものは、 (ウ) である。　　　　　　　　　　　　　　　　　　　　　　　　(5点)

① ミニマムポーズとは、隣接する信号間の休止時間の最大値をいう。

② 高群周波数は、1,200ヘルツから1,700ヘルツまでの範囲内における特定の四つの周波数で規定されている。

③ 周期とは、信号送出時間と信号受信時間の和をいう。

(4) 直流回路を開いているときのアナログ電話端末の直流回路と大地の間の絶縁抵抗は、直流200ボルト以上の一の電圧で測定した値で (エ) メガオーム以上でなければならない。　　　　　　(5点)

[① 1　② 2　③ 3]

(5) 総合デジタル通信端末の「基本的機能」について述べた次の二つの文章は、 (オ) 。　　　(5点)

A　総合デジタル通信端末は、総務大臣が別に告示する場合を除き、発信又は応答を行う場合にあっては、呼設定用メッセージを送出する機能を備えなければならない。

B　総合デジタル通信端末は、総務大臣が別に告示する場合を除き、通信を終了する場合にあっては、呼切断用メッセージを送出する機能を備えなければならない。

[① Aのみ正しい　② Bのみ正しい　③ AもBも正しい　④ AもBも正しくない]

第1回模擬試験　[電気通信技術の基礎]

第1問

(ア) ③　8

解説　抵抗 $R_1 = 5〔Ω〕$ の両端に電圧 $V_1 = 20〔V〕$ が加わったときに流れる電流 I_1 は、

$$I_1 = \frac{V_1}{R_1} = \frac{20}{5} = 4〔A〕$$

となる。R_1 と R_2 は直列に接続されているから、R_2 には R_1 と同じ大きさの電流が流れる。したがって、R_2 の両端電圧 V_2 は、

$$V_2 = R_2 × I_1 = 3 × 4 = 12〔V〕$$

となる。R_1 と R_2 の直列部分の両端電圧 V_{12} は

$$V_{12} = V_1 + V_2 = 20 + 12 = 32〔V〕$$

となる。R_3 は R_1 と R_2 の直列部分に並列に接続されているので両端電圧は V_{12} と等しくなる。よって、R_3 を流れる電流 I_3 は、

$$I_3 = \frac{V_{12}}{R_3} = \frac{32}{4} = 8〔A〕$$

となる。

(イ) ②　5

解説　図2の回路は RC 並列回路だから、端子a－b間の合成インピーダンス Z は、

$$\frac{1}{Z} = \sqrt{\left(\frac{1}{R}\right)^2 + \left(\frac{1}{X_C}\right)^2} = \sqrt{\left(\frac{1}{4}\right)^2 + \left(\frac{1}{3}\right)^2}$$

$$= \sqrt{\left(\frac{3}{12}\right)^2 + \left(\frac{4}{12}\right)^2} = \sqrt{\frac{3^2 + 4^2}{12^2}} = \sqrt{\frac{9 + 16}{12^2}}$$

$$= \sqrt{\frac{25}{12^2}} = \sqrt{\frac{5^2}{12^2}} = \frac{5}{12}$$

から、$Z = \frac{12}{5}〔Ω〕$ となる。これとa－b間の交流電圧 $V = 12〔V〕$ から、回路に流れる全電流 I は

$$I = \frac{V}{Z} = V × \frac{1}{Z} = 12 × \frac{5}{12} = 5〔A〕$$

となる。

(ウ) ③　電極板間に誘電率の大きな物質を挿入

☞ 12頁「静電容量」

(エ) ③　増加する

☞ 21頁「電気抵抗」

第2問

(ア) ③　自由電子

☞ 43頁「半導体の種類」、44頁「多数キャリアと少数キャリア」

(イ) ②

解説　図1と図2を比較すると、V_i が直流電圧源の電圧 $-E$ を下回っているとダイオードが遮断され、V_0 が $-E$ になっていることがわかる。

☞ 50頁「波形整形回路」

(ウ) ③　逆方向

☞ 46頁「ダイオードの応用」

(エ) ③　180

解説　エミッタ接地方式のトランジスタ回路では、入力電圧(ベース～エミッタ間電圧)が増加するとコレクタ～エミッタ間に流れる電流が増加するので、出力電圧(コレクタ～エミッタ間電圧)は減少する。これとは逆に、入力電圧が減少するとコレクタ～エミッタ間に流れる電流が減少するので、出力電圧が増加する。よって、入力電圧と出力電圧は逆位相になる。

(オ) ②　2.81

解説　$1μA$ は $1mA$ の1000分の1だから、ベース電流 $I_B = 50〔μA〕$ の単位をmAに換算すると、$0.05〔mA〕$ となる。エミッタ接地方式のトランジスタ回路では、エミッタ電流 I_E は、コレクタ電流 I_C とベース電流 I_B の和なので、

$$I_E = I_C + I_B = 2.76 + 0.05 = 2.81〔mA〕$$

となる。

第3問

(ア) ①　A・B・C

解説　図1、図2、図3のいずれにおいても斜線になっている部分は、次図の網かけ部分になる。これを論理式で表すと、A・B・Cとなる。

（イ）① 21

　解説　まず、X_1 と X_2 の各桁について論理積を求める。論理積では、値がどちらも 1 の桁は 1 になり、どちらか一方または両方が 0 の桁は 0 になるので、結果は 10101 となる。これを 2 進数と見立てて 10 進数に変換すると、

$$1 \times 2^4 + 0 \times 2^3 + 1 \times 2^2 + 0 \times 2^1 + 1 \times 2^0$$
$$= 16 + 0 + 4 + 0 + 1 = 21$$

となる。

（ウ）③

　解説　a、b の各入力について、1 スロットを 1 桁とし、1、0 の値で表現すると、a は 00110011、b は 01010101 である。また、出力 c は、10111011 となる。これらの値を図 4 の論理回路に記入し、さらに論理回路を構成する各論理素子の入出力関係から求められる値を記入していくと、次図のようになる。その結果、未知の論理素子 M は、入力が 00010001 と 10111011 で、出力が回路の出力 c の 10111011 になるので、2 つの入力のいずれも 0 のとき出力が 0 で、どちらか一方または両方に 1 が入力されたときに出力が 1 になることがわかる。解答群の論理素子のうち該当するのは、③の OR（論理和）素子である。

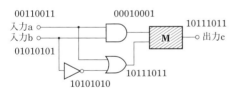

（エ）② $\overline{A} + B + C$

　解説　与えられた論理式を順次展開していくと、次のようになる。

$$\begin{aligned}
X &= \overline{A} + B + C + \overline{\overline{A} \cdot \overline{B}} \\
&= \overline{A} + B + C + \overline{\overline{A}} + \overline{\overline{B}} \quad \text{〔ド・モルガンの法則〕} \\
&= \overline{A} + B + C + \overline{\overline{A}} + B \quad \text{〔復元の法則〕} \\
&= \overline{A} + \overline{\overline{A}} + B + B + C \quad \text{〔交換の法則〕} \\
&= \overline{A} + B + C \quad\quad\quad \text{〔同一の法則〕}
\end{aligned}$$

第4問

（ア）① 30

　解説　図 1 において、発振器から電力計までの電気通信回線の長さは $25 + 15 = 40$〔km〕である。また、電気通信回線の伝送損失 L は 1km 当たり 1.0dB なので、

$$L = 40〔\text{km}〕 \times 1.0〔\text{dB/km}〕 = 40〔\text{dB}〕$$

である。一方、入力電力と電力計の読みの関係から、この電気通信回線における伝送量 A は、

$$A = 10 \, log_{10} \frac{2.8}{28} = 10 \, log_{10} 10^{-1} = 10 \times (-1)$$
$$= -10〔\text{dB}〕$$

となる。ここで、増幅器の利得を G とすれば、

$$A = -L + G〔\text{dB}〕$$

の関係が成り立ち、これを G について整理すれば、

$$G = A + L = -10 + 40 = 30〔\text{dB}〕$$

が求められる。

（イ）② B のみ正しい

　解説　平衡対ケーブルでは、静電結合や電磁結合による漏話が発生する。一方、同軸ケーブルでは、信号の周波数が高くなるほど表皮効果により内部導体が外部導体によってシールドされているため比較的高い周波数において漏話の影響を受けにくい。

☞ 81 頁「漏話の原因」

（ウ）① $\left(\dfrac{n_1}{n_2}\right)^2$

☞ 80 頁「インピーダンス整合」

（エ）② 10

　解説　P〔mW〕の電力を 1〔mW〕を基準電力として絶対レベルで表すと、

$$絶対レベル = 10 \, log_{10} \frac{P〔\text{mW}〕}{1〔\text{mW}〕}〔\text{dB}〕$$

の式で表される。ここで、設問で与えられた絶対レベルの値は 10〔dBm〕だから、これを上式に当てはめてみると、

$$10 = 10 \, log_{10} P〔\text{dB}〕$$
$$\therefore \quad log_{10} P = 1$$

となり、$P = 10^1 = 10$〔mW〕であることがわかる。

第5問

(ア)　③　振幅

☞ 91頁「位相変調方式」

(イ)　②　TDM

☞ 86頁「多重伝送方式」

(ウ)　③　FSK

☞ 90頁「周波数変調方式」

(エ)　①　Aのみ正しい

解説　白色雑音は導体中の自由電子の熱的じょ

う乱運動による雑音で、伝送方式によらず発生する。また、ガウス雑音は自然界に広く存在する雑音である。したがって、これらの雑音はPCM伝送特有の雑音とはいえない。

☞ 量子化雑音については、95頁「PCM伝送の符号化・復号の過程で発生する雑音」

(オ)　②　BER

☞ 88頁「伝送品質」

[端末設備の接続のための技術及び理論]

第1問

(ア)　③　発呼信号

☞ 104頁「電話の接続から切断までの動作」

(イ)　②　Bのみ正しい

解説　着信側電話機が応答して交換機との間に形成されるのは直流ループである。

☞ 104頁「電話の接続から切断までの動作」

(ウ)　②　DECT

☞ 118頁「デジタル方式のコードレス電話装置」

(エ)　①　イ

☞ 133頁「ファクシミリ通信の基本過程」

(オ)　①　エコーキャンセラ

☞ 129頁「データ通信の方式」

第2問

(ア)　①　ネットワーク

☞ 140頁「ユーザ・網インタフェース」

(イ)　③　AもBも正しい

☞ 139頁「情報伝送の方式」、156頁「Dチャネルアクセス競合制御」

(ウ)　③　192

☞ 155頁「基本ユーザ・網インタフェースのレイヤ1構造」

(エ)　①　輻輳したときのフロー制御

☞ 162頁「LAPDの情報転送手順」

(オ)　②　切断

☞ 165頁「回線交換モードの呼制御手順」

第3問

(ア)　③　8

☞ 147頁「DSU」

(イ)　①　線路

☞ 147頁「DSU」

(ウ)　②　端末アダプタ

☞ 149頁「端末アダプタ」

(エ)　①　辞書攻撃

☞ 170頁「不正アクセス等」

(オ)　③　ピギーバック

☞ 170頁「不正アクセス等」

第4問

(ア)　①

☞ 180頁「電話・情報設備の配線用図記号」

(イ)　②　青

☞ 177頁「配線用ケーブル」

(ウ)　③　絶縁抵抗

☞ 191頁「電気通信事業者側から行う試験」

(エ)　②　ポイント・ツー・ポイント

☞ 186頁「ISDN基本ユーザ・網インタフェースの電気的特性」

(オ)　①　RJ－11

☞ 186頁「端末装置の接続」

[端末設備の接続に関する法規]

第1問

（ア）　③　電気通信業務とは、電気通信事業者の行う端末系伝送路設備の接続の業務をいう。

☞　①、③196頁 電気通信事業法第2条「定義」

②197頁 電気通信事業法施行規則第2条「用語」（表1・1「電気通信役務の種類」）

（イ）　①　適正かつ合理的

☞　196頁 電気通信事業法第1条「目的」

（ウ）　①　Aのみ正しい

☞　208頁 電気通信事業法第72条「工事担任者資格者証」

（エ）　②　端末

☞　207頁 電気通信事業法第70条「自営電気通信設備の接続」

（オ）　②　技術基準

☞　203頁 電気通信事業法第52条「端末設備の接続の技術基準」

第2問

（ア）　②　第二級アナログ通信工事担任者は、アナログ伝送路設備に端末設備を接続するための工事のうち、端末設備に収容される電気通信回線の数が1のものに限る工事を行い、又は監督することができる。また、総合デジタル通信用設備に端末設備を接続するための工事のうち、総合デジタル通信回線の数が毎秒64キロビット換算で1のものに限る工事を行い、又は監督することができる。

☞　213頁 工事担任者規則第4条「資格者証の種類及び工事の範囲」

（イ）　③　アナログ電話用設備

☞　218頁 端末機器の技術基準適合認定等に関する規則第10条「表示」

（ウ）　①　設置した者

☞　222頁 有線電気通信法第6条「設備の検査等」

（エ）　②　支持物とは、電柱、支線、つり線その他電線又は強電流電線を支持するための工作物をいう。

☞　224頁 有線電気通信設備令第1条「定義」

（オ）　③　再発防止

☞　232頁 不正アクセス行為の禁止等に関する法律第1条「目的」

第3問

（ア）　①　移動電話用設備とは、電話用設備であって、電気通信事業者の無線呼出用設備に接続し、その端末設備内において電波を使用するものをいう。

☞　238頁 端末設備等規則第2条「定義」

（イ）　①　電気通信回線

☞　243頁 端末設備等規則第3条「責任の分界」

（ウ）　③　AもBも正しい

☞　A　244頁 端末設備等規則第4条「漏えいする通信の識別禁止」

B　244頁 端末設備等規則第5条「鳴音の発生防止」

（エ）　②　0.2

☞　245頁 端末設備等規則第6条「絶縁抵抗等」

（オ）　②　使用する電波の周波数が空き状態であるかどうかについて、総務大臣が別に告示するところにより判定を行い、空き状態である場合にのみ直流回路を開くものであること。ただし、総務大臣が別に告示するものについては、この限りでない。

☞　248頁 端末設備等規則第9条「端末設備内において電波を使用する端末設備」

第4問

（ア）　③　アナログ電話端末は、発信に際して相手の端末設備からの応答を自動的に確認する場合にあっては、電気通信回線からの応答が確認できない場合選択信号送出終了後1分以内に直流回路を閉じるものでなければならない。

☞　250頁 端末設備等規則第11条「発信の機能」

（イ）　②　600ヘルツから1,000ヘルツ

☞ 252頁 端末設備等規則第12条「選択信号の条件」

（ウ）　②　直流回路を開いているときのアナログ電話端末の直流回路と大地の間の絶縁抵抗は、直流200ボルト以上の一の電圧で測定した値で1メガオーム以上でなければならない。

☞ 255頁 端末設備等規則第13条「直流回路の電気的条件等」

（エ）　②　Bのみ正しい

☞ 259頁 端末設備等規則第17条「基本的機能」

（オ）　③　直流

☞ 263頁 端末設備等規則第34条の5「電気的条件等」

第2回模擬試験　[電気通信技術の基礎]

第1問

（ア）　①　4

解説　図1の右方から、下図のように合成抵抗を順次計算していく。

Ⓐ　$3+3=6〔Ω〕$

Ⓑ　$\dfrac{6×6}{6+6}=\dfrac{36}{12}=3〔Ω〕$

Ⓒ　$1+3=4〔Ω〕$

Ⓓ　$\dfrac{4×4}{4+4}=\dfrac{16}{8}=2〔Ω〕$

Ⓔ　$2+2=4〔Ω〕$

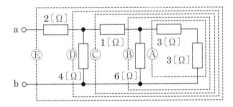

（イ）　①　6

解説　$Z = X_L - X_C = 24 - 18 = 6〔Ω〕$

（ウ）　④　r^2

☞ 8頁「クーロンの法則」

（エ）　②　4

解説　導線の電気抵抗の大きさは、長さに比例し、断面積に反比例するので、導線を置き換えるのに元の導線と同じ材質で長さが16倍のものを使用するとき、導体の断面積が同じなら抵抗値は16倍になり、導体の断面積が16倍なら元の導線と同じ抵抗値となる。断面積は直径の2乗に比例するので、断面積を16倍にするには、直径を4倍にすればよい。

第2問

（ア）　①　正孔

☞ 44頁「多数キャリアと少数キャリア」

（イ）　②　飽和

☞ 57頁「トランジスタのスイッチング動作」

（ウ）　①　光電

☞ 42頁「半導体の性質」

（エ）　②　直流電流

☞ 56頁「増幅回路」

（オ）　①　MOS型

☞ 61頁「半導体集積回路(IC)の概要」

第3問

（ア）　③　図3

解説　論理式A・B＋A・CはA・BとA・Cの論理和なので、その領域はA・BとA・Cの各領域を合成してつくることができる。A・BはAとBに共通の領域、A・CはAとCに共通の領域なので、次図のようになる。

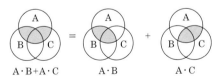

A・B＋A・C　　A・B　　　A・C

（イ）　②　C2

解説　次表のように、まず$(\overline{A＋B})＋A・B$の論理式を$\overline{A＋B}$とA・Bに分けてそれぞれ論理レベルを計算し、さらにその論理和をとればよい。

A	B	$\overline{A+B}$	$A \cdot B$	$\overline{A+B} + A \cdot B$
0	0	1	0	1
0	1	0	0	0
1	0	0	0	0
1	1	0	1	1

(ウ) ③

解説　a、bの各入力について、1スロットを1桁とし、1、0の値で表現すると、aは00110011、bは01010101である。また、出力cは、10001000となる。これらの値を図4の論理回路に記入し、さらに論理回路を構成する各論理素子の入出力関係から求められる値を記入していくと、次図のようになる。出力端(右端)にあるAND回路の入出力関係を見ると、Mの論理素子からの入力が不明で、もう一方の入力は11011101、出力は10001000となっている。AND回路は2つの入力のいずれもが1のとき出力が1になり、どちらか一方または両方に0が入力されたときに出力が0になることから、AND回路のMからの入力すなわちMの出力は10 * 010 * 0 (* はこの時点では0か1か不明であることを表す)であることがわかる。Mの入力は00110011と01010101なので、両方の入力が0のとき出力が1でそれ以外は出力が0になることから、③のNOR(否定論理和)素子が該当する。

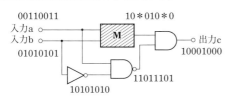

(エ) ③　$\overline{A} + \overline{B} + C$

解説　与えられた論理式を順次展開していくと、次のようになる。

$$X = \overline{\overline{A+B}} + \overline{\overline{A+\overline{C}}} + (\overline{A}+\overline{B}) + (\overline{A}+C)$$
$$= \overline{A} \cdot \overline{B} + \overline{A} \cdot \overline{\overline{C}} + (\overline{A}+\overline{B}) + (\overline{A}+C)$$

〔ド・モルガンの法則〕

$$= \overline{A} \cdot \overline{B} + \overline{A} \cdot C + (\overline{A}+\overline{B}) + (\overline{A}+C)$$

〔復元の法則〕

$$= \overline{A} \cdot \overline{B} + \overline{A} \cdot C + \overline{A} + \overline{B} + \overline{A} + C$$

〔結合の法則〕

$$= \overline{A} \cdot \overline{B} + \overline{A} \cdot C + \overline{A} + \overline{A} + \overline{B} + C$$

〔交換の法則〕

$$= \overline{A} \cdot \overline{B} + \overline{A} \cdot C + \overline{A} \cdot 1 + \overline{A} \cdot 1 + \overline{B} + C$$

〔恒等の法則〕

$$= \overline{A} \cdot (\overline{B} + C + 1 + 1) + \overline{B} + C$$

〔分配の法則〕

$$= \overline{A} \cdot 1 + \overline{B} + C \qquad 〔恒等の法則〕$$
$$= \overline{A} + \overline{B} + C \qquad 〔恒等の法則〕$$

第4問

(ア) ①　**6.5**

解説　図において、発振器から電力計までの電気通信回線の長さは40〔km〕で、電気通信回線の伝送損失Lは1km当たり1.5dBなので、

$$L = 40〔km〕 \times 1.5〔dB/km〕 = 60〔dB〕$$

である。ここで、増幅器の利得をGとすれば、この電気通信回線における伝送量Aは

$$A = -L + G〔dB〕$$

の式で表される。また、設問で$G = 50〔dB〕$が与えられているので、伝送量Aは

$$A = -L + G = -60 + 50 = -10〔dB〕$$

となる。一方、入力電力P_I〔mW〕と電力計の読みP_O〔mW〕の関係で表した伝送量Aは、

$$A = 10 \, log_{10} \frac{P_O}{P_I} 〔dB〕$$

となり、$A = -10〔dB〕$、$P_I = 65〔mW〕$から

$$A = 10 \, log_{10} \frac{P_O}{65} = -10〔dB〕$$

$$\therefore \quad 10 \, log_{10} \frac{P_O}{65} = -1$$

$$\therefore \quad P_O = 65 \times 10^{-1} = 6.5〔mW〕$$

で、電力計の読みは6.5〔mW〕となる。

(イ) ④　**遠端**

☞ 81頁「漏話現象」

(ウ) ③　**反射**

☞ 79頁「反射」

(エ) ③　**10**

解説　信号電力をP_S、雑音電力をP_Nとすれば、信号電力対雑音電力比(SN比)は、

$$SN比 = 10 \, log_{10} \frac{P_{\mathrm{S}}}{P_{\mathrm{N}}} \, 〔\mathrm{dB}〕$$

の式で表される。設問で与えられた$P_{\mathrm{S}} = 10$〔W〕、$P_{\mathrm{N}} = 1$〔W〕を式にあてはめて計算すると、

$$SN比 = 10 \, log_{10} \frac{10}{1} = 10 \, log_{10}10 = 10 〔\mathrm{dB}〕$$

となる。

第5問

（ア）　③　幅

［端末設備の接続のための技術及び理論］

第1問

（ア）　②　Bのみ正しい

解説　公衆交換電話網（PSTN）では、商用電源の停電時でも最低限の通話機能を維持できるよう、電気通信事業者の交換設備から利用者の電話機に電力が供給される。商用電源を利用している電話機でも、電源コードを抜いた状態で送受器を上げたとき、発信音を聴取できれば、停電時にも通話が可能であることがわかる。

（イ）　①　選択信号受信準備完了

☞ 104頁「電話の接続から切断までの動作」

（ウ）　③　ワンタッチ

☞ 112頁「電子化電話機の各種機能」

（エ）　②　開始点

☞ 133頁「ファクシミリ通信の基本過程」

（オ）　③　レベル

☞ 127頁「非同期式変復調装置」

第2問

（ア）　②　PBX

☞ 142頁「参照点と機能群」

（イ）　①　回線交換かパケット交換か

☞ 164頁「レイヤ3のメッセージフォーマット」

（ウ）　②　NTからTE及びTEからNTに伝送されるフレームの周期は、125マイクロ秒である。

☞ 155頁「基本ユーザ・網インタフェースのレイヤ1構造」

（エ）　①　非番号制情報（UI）

☞ 159頁「LAPDのフレーム構成」

（オ）　③　呼出

☞ 165頁「回線交換モードの呼制御手順」

第3問

（ア）　③　RJ－11

☞ 147頁「DSU」

（イ）　①　420ミリワット

☞ 147頁「DSU」

（ウ）　②　MP

☞ 149頁「端末アダプタ」

（エ）　③　SQLインジェクション

☞ 170頁「不正アクセス等」

（オ）　①　ウイルス定義

☞ 168頁「コンピュータウイルス」

第4問

（ア）　①　直流ループ抵抗

☞ 191頁「電気通信事業者側から行う試験」

（イ）　①　オートレンジ

☞ 192頁「テスタ」

（ウ）　①　図1

解説　アナログ用網制御装置（NCU）をISDNで

使用するときは、TAを介して接続する。

（エ）　②　ファントム

☞ 147頁「DSU」

（オ）　③　25

☞ 182頁「ISDN 基本ユーザ・網インタフェースの配線構成」

［端末設備の接続に関する法規］

第1問

（ア）　③　音声伝送役務とは、おおむね４キロヘルツ帯域の音声その他の音響を伝送交換する機能を有する電気通信設備を他人の通信の用に供する電気通信役務であって専用役務以外のものをいう。

☞ ①196頁 電気通信事業法第2条「定義」

②203頁 電気通信事業法第52条「端末設備の接続の技術基準」

③197頁 電気通信事業法施行規則第2条「用語」（表1・1「電気通信役務の種類」）

（イ）　②　利用者の利益

☞ 202頁 電気通信事業法第29条「業務の改善命令」

（ウ）　③　AもBも正しい

☞ A　198頁 電気通信事業法第3条「検閲の禁止」

B　198頁 電気通信事業法第4条「秘密の保護」

（エ）　①　通信への妨害

☞ 205頁 電気通信事業法第55条「表示が付されていないものとみなす場合」

（オ）　②　自営電気通信

☞ 207頁 電気通信事業法第71条「工事担任者による工事の実施及び監督」

第2問

（ア）　③　AもBも正しい

☞ 213頁 工事担任者規則第4条「資格者証の種類及び工事の範囲」

（イ）　①　総合デジタル通信用設備

☞ 218頁 端末機器の技術基準適合認定等に関する規則第10条「表示」

（ウ）　①　物件に損傷を与えない

☞ 222頁 有線電気通信法第5条「技術基準」

（エ）　③　高周波とは、周波数が4,500ヘルツを超える電磁波をいう。

☞ 224頁 有線電気通信設備令第1条「定義」

（オ）　②　動作を管理

☞ 233頁 不正アクセス行為の禁止等に関する法律第2条「定義」

第3問

（ア）　②　アナログ電話端末とは、端末設備であって、アナログ電話用設備に接続される点においてプラグジャック方式の接続形式で接続されるものをいう。

☞ 238頁 端末設備等規則第2条「定義」

（イ）　①　皮相電力

☞ 238頁 端末設備等規則第2条「定義」

（ウ）　③　利用者が端末設備を事業用電気通信設備に接続する際に使用する線路及び保安器その他の機器の電線相互間及び電線と大地間の絶縁抵抗は、直流200ボルト以上の一の電圧で測定した値で0.4メガオーム以上でなければならない。

☞ ①243頁 端末設備等規則第3条「責任の分界」

②246頁 端末設備等規則第7条「過大音響衝撃の発生防止」

③247頁 端末設備等規則第8条「配線設備等」

（エ）　①　Aのみ正しい

☞ A　245頁 端末設備等規則第6条「絶縁抵抗等」

B　244頁 端末設備等規則第4条「漏えいする通信の識別禁止」

（オ）　②　定常時
☞ 247頁 端末設備等規則第8条「配線設備等」

第4問

（ア）　②　複数の電気通信回線と接続されるアナ
　　　　ログ電話端末の回線相互間の漏話減衰量は、
　　　　1,500ヘルツにおいて50デシベル以上でな
　　　　ければならない。
☞ ①250頁 端末設備等規則第10条「基本的機
　　　能」
　②258頁 端末設備等規則第15条「漏話減衰
　量」
　③254頁 端末設備等規則第12条の2「緊急
　通報機能」

（イ）　③　3
☞ 250頁 端末設備等規則第11条「発信の機能」

（ウ）　②　高群周波数は、1,200ヘルツから1,700
　　　　ヘルツまでの範囲内における特定の四つの
　　　　周波数で規定されている。
☞ 252頁 端末設備等規則第12条「選択信号の
　　　条件」

（エ）　①　1
☞ 255頁 端末設備等規則第13条「直流回路の
　　　電気的条件等」

（オ）　③　AもBも正しい
☞ 262頁 端末設備等規則第34条の2「基本的
　　　機能」

科目別索引

端末設備の接続のための技術及び理論

工事担任者 第2級アナログ通信 標準テキスト

2021年 2月 5日　第1版第1刷発行

編　者　　株式会社リックテレコム
　　　　　書籍出版部
発行人　　新関 卓哉
編集担当　塩澤 明、古川 美知子
発行所　　株式会社リックテレコム
〒 113-0034　東京都文京区湯島3—7—7
電話　　03（3834）8380（営業）
　　　　03（3834）8427（編集）
振替　　00160—0—133646
URL　　http://www.ric.co.jp/

装丁　　長久 雅行
組版　　㈱リッククリエイト
印刷・製本　三美印刷㈱

● 訂正等
本書の記載内容には万全を期しておりますが、万一誤りや情報内容の変更が生じた場合には、当社ホームページの正誤表サイトに掲載しますので、下記よりご確認下さい。
＊ 正誤表サイトURL
　　http://www.ric.co.jp/book/seigo_list.html

● 本書の内容に関するお問い合わせ
本書の内容等についてのお尋ねは、下記の「読者お問い合わせサイト」にて受け付けております。また、回答に万全を期すため、電話によるご質問にはお答えできませんのでご了承下さい。
＊ 読者お問い合わせサイトURL
　　http://www.ric.co.jp/book-q

● その他のお問い合わせは、弊社サイト「BOOKS」のトップページ http://www.ric.co.jp/book/index.html 内の左側にある「問い合わせ先」リンク、またはFAX：03-3834-8043にて承ります。
● 乱丁・落丁本はお取り替え致します。

ISBN978—4—86594—269—9